データ分析ツール
Jupyter
入門

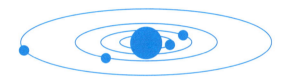

掌田　津耶乃・著

秀和システム

■本書のサンプルコードは、次のURLで試すことができます（アクセスにはGoogleアカウントが必須）。

https://goo.gl/dLqqfZ

Google Colaboratoryの使い方は、本書第1章3節「Google Colaboratoryについて」をご覧下さい。

■**本書について**

・macOS、Windows に対応しています。

■**注意**

1. 本書は著者が独自に調査した結果を出版したものです。
2. 本書は内容に万全を期して作成しましたが、万一誤り、記載漏れなどお気づきの点がありましたら、出版元まで書面にてご連絡ください。
3. 本書の内容に関して運用した結果の影響については、上記にかかわらず責任を負いかねますのであらかじめご了承ください。
4. 本書およびソフトウェアの内容に関しては、将来予告なしに変更されることがあります。
5. 本書の一部または全部を出版元から文書による許諾を得ずに複製することは禁じられています。

■**商標**

1. Microsoft、Windows は、Microsoft Corp. の米国およびその他の国における登録商標または商標です。
2. macOS は、Apple Inc. の登録商標です。
3. Project Jupyter が開発する「Jupyter」は、アメリカ合衆国特許商標庁に登録された商標です。
4. その他記載されている会社名、商品名は各社の商標または登録商標です。

はじめに

「処理の実行」＋「ドキュメント」＝「Jupyter」！

　理工学系の人にとってのプログラミング言語は、なくてはならない道具でしょう。また、ビジネスにおいても、データの集計や分析など、表計算ソフトのマクロや関数のお世話になっている人も多いはずです。あれだって、れっきとしたプログラミングですよ。

　こうした**「道具としてのプログラミング」**が広く利用されるようになる一方で、それを**「レポート」**としてまとめて共有するには、うまい方法が見当たりませんでした。が、その悩みも、もう終わりです。**「Jupyter」**（ジュピター）があれば、プログラミングも、ドキュメント作成も、情報共有も、これ一本ですべてできてしまうんですから。

　Jupyterは、IPythonというPython言語のインタラクティブな実行環境をベースに構築されているデータ分析環境です。Pythonのスクリプトを記述し、その場で実行することができます。また、Markdown記法をサポートしており、ドキュメントを記述して結果をまとめることもできます。

　ところが、Jupyterの使い方を覚え、データ分析などの主な作業を一通り使えるようにするのは、実際にやってみると、思った以上に大変です。Pythonができるだけではダメ。Jupyterや、いくつものモジュールの使い方をマスターしなければいけないのですから。

　そこで、**「これらをすべてまとめて学べる入門書を用意しよう」**との思いから生まれたのがこの本です。

　本書では、Python環境であるAnacondaのセットアップからJupyterの基本的な使い方、Markdownによるドキュメント作成、各種のモジュールの基本、そしてJupyterを機能拡張するためのさまざまな仕組みとプログラムの使い方まで一通り説明してあります。

　本書で取り上げるモジュールは、

- numpy（NumPy、ナムパイ）：行列
- sympy（SymPy 、シムパイ）：代数計算
- scikit-learn（サイキットラーン）：機械学習
- pandas（パンダス）：データ分析
- matplotlib（Matplotlib、マットプロットリブ）：視覚化
- pillow（Pillow、ピロウ）：イメージ処理

と、Pythonの世界における重要な分野から、それぞれ厳選しました。

　Jupyterは、プログラミング言語を道具として利用するための標準ツールとなりつつあります。本書を片手に、ぜひJupyterの実力を感じて下さい。きっと、あなたの日々の作業を強力にサポートしてくれる、よき相棒となってくれるはずですよ。

2018 年 4 月

掌田　津耶乃

目　次

Chapter 1　Jupyter を利用する　1

1.1　Jupyter の基本と Anaconda のセットアップ....................2
Python と数値処理 2
Jupyter とは？ 3
Python について 4
Jupyter と IPython...5
Anaconda ディストリビューション..................................7
Anaconda をインストールする（Windows）...........................8
Anaconda をインストールする（macOS）...........................12
Anaconda のソフトウェア..15

1-2　アプリケーションを利用する 16
Anaconda Navigator を起動する 16
Home 表示について..18
仮想環境の構築 19
仮想環境を作る 21
仮想環境にアプリケーションを追加する 22
Notebook を使う..24
ノートブックを作成する 26
セルについて 28
カーネルの管理 29
ノートブックのメニューとツールバー................................30
「File」メニューについて...30
「Edit」メニューについて 32
「View」メニューについて 33
「Insert」メニューについて 34
「Cell」メニューについて 34
「Kernel」メニューについて......................................35
「Widgets」以降のメニュー.......................................36
キーボードショートカットについて..................................36
ツールバーについて 38

1-3　JupyterLab を使う 40
JupyterLab とは？ 40
JupyterLab のインストール 41
JupyterLab を起動する 41
画面の基本的な役割について 43
各タブの働き 43
Lab で追加されたメニューについて 47

IV

「Settings」メニューについて...48
設定の編集エディタについて 51
Google Colaboratory について 53
Google Colaboratory の基本画面 54
Google Colaboratory の特徴 54
もう 1 つの Jupyter 環境 56

Chapter 2 Markdown によるドキュメント記述　　　　57

2-1 Markdown の基本 58
Markdown について 58
ドキュメントの記述 59
タイトルと見出し 60
Markdown のエディット機能について 61
スタイルの設定 62
テキストの引用 64
ソースコードの記述 65
仕切り線の表示 67
リンクの作成 68
イメージの表示 70

2-2 リストとテーブル 73
箇条書きリストについて 73
階層化されたリスト 74
ナンバリングされたリスト 76
定義リストについて 78
テーブルの作成 80
<table> タグは使える？ 82

2-3 TeX 記法による数式 83
数式の基本は「$」記号..83
数式を記述する 84
べき乗の記述 84
分数の記述 85
三角関数について 86
ルート（平方根） 87
総和について 87
対数について 89
極限について 89
微分について 90
積分について 91
行列について 92
equation と eqnarray 94
スタイルとカラー 96

目 次

数式への番号付け **97**

Chapter 3 numpy によるベクトルと行列演算   **99**

3-1 ベクトルと行列 **100**

numpy と scipy について **100**

numpy と scipy をインストールする **100**

numpy の import について **103**

ベクトル値の作成 **104**

ベクトルと数値の演算 **106**

ベクトルどうしの演算 **107**

行列の作成 **108**

非正方の単位行列 **111**

そのほかの対角行列 **112**

ベクトルから行列への変換 **113**

転置について **115**

3-2 ベクトル・行列の演算 **117**

ベクトルの結合 **117**

ベクトルの内積・外積 **118**

行列の四則演算 **119**

行列の積 **122**

行列の結合 **124**

行列の分割 **126**

総和の計算 **128**

最大値・最小値 **129**

統計計算 **130**

linalg について **133**

逆行列と行列式 **135**

テキストファイルからデータを読み込む **136**

load/save もある **140**

ソートについて **140**

ビューとスライス **143**

Chapter 4 sympy による代数計算   **145**

4-1 sympy の基本 **146**

sympy と代数計算 **146**

sympy のインストール **146**

整数・実数・分数 **148**

int と Integer の違い **148**

分数について **149**

N、evalf による実数換算 **150**

定数（π、e、無限大）について **151**

VI

階乗について...152
平方根について...154
変数とシンボル...155

4-2 式を操作する..158

式の単純化...158
式の展開...159
多項式の因数分解...160
シンボルに値を代入する...161
方程式を解く...162
2元方程式を解く...163
連立方程式を解く...164
y = x は？...166
極限について...167
微分について...168
積分について...169

Chapter 5 scikit-learn による機械学習   171

5-1 scikit-learn による機械学習..................................172

A.I. と機械学習...172
scikit-learn とは...174
scikit-learn をインストールする.....................................175
学習モデルの種類...176
iris データについて...177
学習用と予測用のデータを用意.......................................179

5-2 さまざまなモデルを使う......................................182

K 近傍法で学習する...182
予測を行う...183
ロジスティック回帰を利用する.......................................186
パーセプトロンの利用...188
MLP（多層パーセプトロン）...190
SVM（Support Vector Machine）...................................192
教師なし学習「K 平均法」...194

5-3 さまざまなデータを利用する..............................196

digits データについて...196
digits をロードする...197
K 近傍法を利用する...198
そのほかの学習を利用する...200
教師なし学習を行う...203
mnist を利用する...204
SVM で予測する...206
教師なし学習を試す...208

Chapter 6　pandas によるデータ分析　211

6-1 DataFrame の基礎 212
　pandas とは？ 212
　pandas をインストールする 213
　追加モジュールについて 214
　DataFrame について 215
　DataFrame を作成する 216
　列データについて 219
　列を追加する 220
　行を追加する 221
　1 行ずつ追加するには？ 222
　インデックスの変更 224
　loc と iloc 225
　行列の反転 226

6-2 DataFrame のデータを活用する 228
　ユニークなデータの取得 228
　Series について 228
　Series の演算 229
　Series の統計メソッド 230
　DataFrame のソート 231
　グループについて 233
　各グループの平均点を得る 235
　合計点数でソートする 236
　agg で集計する 237
　特定のグループを取り出す 238
　条件で検索する 239
　ピボットテーブルについて 240

6-3 DataFrame とファイルアクセス 242
　スプレッドシート・データの用意 242
　CSV ファイルを読み込む 244
　CSV ファイルに保存する 246
　Excel ファイルを利用する 247
　Excel ファイルに保存する 249
　タブ区切りデータについて 252

Chapter 7　matplotlib による視覚化　255

7-1 matplotlib の基礎 256
　matplotlib とは？ 256
　matplotlib のインストール 257

pyplot でグラフを描く 258
plot と show. 259
sin 曲線を描く 260
複数のグラフを描く 261
凡例を表示する 262
グラフ表示に関する設定 263
グリッド表示について 264
グラフの表示エリア 265
グラフの形状 266

7-2 グラフを使いこなす 268
Axes の分割 268
Figure に Axes を追加する 271
テキストを追加する 273
矢印の追加 274
注釈を付ける 275
線の描画 277
一定の幅で塗りつぶす 279
指定領域の塗りつぶし 280

7-3 さまざまなグラフ 282
棒グラフを作る 282
グラフを重ねる 283
棒グラフを横に並べる 284
円グラフを描く 287
ヒストグラムの作成 289
確率密度曲線を描く 290
複数データの利用 292
散布図の作成 293
カラーメッシュを描く 294
3D グラフの描画 296

Chapter 8 pillow によるイメージ処理 301

8-1 pillow の基礎 302
pillow とは？ 302
pillow をインストールする 303
イメージを読み込む 304
イメージの情報を得る 305
ファイル保存とフォーマット変換 306
ファイルの例外処理について 307
サイズの変更 308
イメージの回転 310
反転と回転 311
RGB とグレースケールの変換 313

8-2 イメージ処理の機能 314

フィルターについて 314
ブラー処理を行う 315
GaussianBlur について 316
BoxBlur でぼかしをかける 317
アンシャープマスクをかける 318
UnsharpMask クラスについて 319
モルフォロジー変換 319
RankFilter について 321
point と輝度調整 321

8-3 イメージの描画と合成 324

新しいイメージの作成 324
ImageDraw について 324
直線の描画 325
四角形の描画 326
ellipse による円の描画 327
テキストの描画 328
イメージを重ねて描く 330
イメージを切り抜いてペーストする 331
イメージのブレンド 332
RGB の分離とマージ 333
イメージのセピア化 335

8-4 ImageOps/ImageChops 336

オートコントラスト 336
イメージの反転 337
イメージの輝度反転 339
グレースケール化 340
ポスタライズ 341
ソラリゼーション 342
カラーライズ 343
平均化 344
ImageChops モジュールについて 345
darker/lighter 345
add による合成 346
multiply による合成 347
subtract による合成 348
difference による合成 350
composite による合成 351

Chapter 9 Jupyter 機能拡張ウィジェットの活用 353

9-1 ipyleaflet の利用 354
モジュールとウィジェット 354
ipyleaflet とは？ 354
Map クラスを使う 356
マーカーを追加する 357
マーカークラスタについて 359
円形マーカー 361
直線の描画 362
四角形の描画 363
円の描画 365
イメージを表示する 366
描画コントロールの利用 367
設定をスライダーで操作する 368
イベントを利用する 369
リアルタイムに情報を表示する 371

9-2 ipywidgets 373
ipywidgets とは？.. 373
Label によるテキスト表示 374
interact ウィジェット.. 375
ボタンとイベント 379
入力フィールド関連のクラス 380
スライダー関係コントロール 381
真偽値のコントロール 383
複数項目からの選択 384
そのほかの複数項目選択コントロール.................................. 385
複数の項目を選択する 386
Box コンテナについて 387
Accordion によるアコーディオン表示.................................. 388
Tabs によるタブパネル.. 390
コンテナを組み合わせ、更に複雑に！.................................. 391

Chapter 10 Jupyter のカスタマイズ 393

10-1 JavaScript カーネルを利用する 394
カーネルについて 394
IJavascript カーネルを準備する.. 398
カーネルを変更する 399
IJavascript カーネルを利用する.. 401
アウトプットとコンソール出力 402
Node.js のパッケージを利用する 403
HTML を出力する 404
JPEG イメージを出力する 405

10-2 機能拡張 RISE によるスライドショウ 407

RISE によるスライドショウ機能 407

スライドの設定について 409

スライドの作成と実行 410

サブスライドについて 412

フラグメントについて 414

10-3 Jupyter contrib nbextensions 415

Jupyter contrib nbextensions について 415

nbextensions メニューについて 417

LaTeX environments for Jupyter 417

Autopep8 418

AutosaveTime 420

Cell Filter 420

Code Font Size 421

Code folding 422

Equation Auto Numbering 423

Hide Input/Hide Input All 423

Live Markdown Preview 424

nbTranslate 425

Printview 425

Python Markdown 426

Scratchpad 428

Snippets 429

Table of Contents (2) 429

Tree Filter 430

Variable Inspector 431

10-4 Jupyter 設定ファイル 432

設定ファイルの作成 432

jupyter_notebook_config.py の中身 433

パスワードを設定する 433

HTTPS を利用する 436

さくいん 439

Chapter **1**
Jupyterを利用する

Jupyterは、Pythonの パ ッ ケ ー ジ で す。こ れ は、Anacondaというディストリビューションを用いると簡単にセットアップできます。まずはJupyter利用の準備を整え、実際に使ってみましょう。

データ分析ツールJupyter入門

Chapter 1 Jupyter を利用する

1-1 Jupyterの基本とAnacondaのセットアップ

Pythonと数値処理

「プログラミングとは、値を計算するものである」

これはプログラミングの本質を端的に表した言葉でしょう。多くの数値や多量のデータを処理するのにプログラミングは昔から利用されてきました。現在では、例えばExcelのようなビジネスソフトでそうしたことを行っている人も多いでしょうが、これとて組み込み関数やマクロを使い、実質的にプログラミングと同じことを行っているといえます。

現在、こうした数値の処理に広く利用されているプログラミング言語の一つが「**Python**」です。Pythonはスクリプト言語であり、非常にコードがわかりやすく、ほかの言語と比べても比較的短い行数で処理を記述できます。また特に欧米ではかなり前からPythonが使われていたこともあり、非常に多くのライブラリ類が作成されて無償で配布されています。こうしたライブラリの整備などにより、特に理工学系やビジネスユースでのデータ処理の分野などで幅広く利用されています。

難点は「レポート」化

こうしたプログラミング言語でプログラムを作成して各種の処理を行わせる場合、頭を悩ませるのが、「**実行した処理をどのように整理していくか**」でしょう。ただコードを書いて実行してうまくいったら終わり、というのであれば自己流でいいのですが、実行の過程や経過を整理し、ほかの人と共有することを考えた場合、次のような問題が浮かび上がってきます。

・ソースコードの履歴

いろいろと実験した過程などを残すのが難しい。最終的なソースコードと実行結果だけでなく、そこに至るまでの過程をわかりやすい形にして残すのは非常に面倒。

・実行環境の共有

実行した内容を誰でも同じ環境で再実行できるようにするのが難しい。用意するランタイムやライブラリのバージョンなどによってコードを修正しないと動かなくなったりすることもある。

・レポートの生成

実行したソースコードと実行結果を図などを含めてまとめていくには別途専用のツールなどが必要となる。また、レポートはたいてい静的なコンテンツであり、ダイナミックにソースコードをその場で実行・確認できるわけではない。

要するに、「**ただ完成したソースコードを実行するだけ**」でなく、そこに至る過程や現

在の状況などを誰でもいつでも追試可能な状態でわかりやすくまとめ、共有するのは恐ろしく面倒くさいものとなる、ということなのです。

図1-1：プログラムを組んで分析などの処理を行わせる場合、ソースコードの履歴、環境構築と追試、レポート作成などを考えなければいけない。

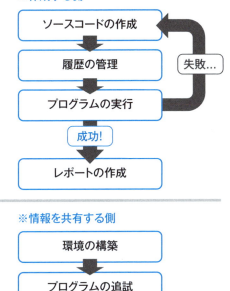

Jupyterとは？

これまで、こうした作業にはさまざまなソフトウェアが使われてきましたが、「**これ一本あればすべて解決！**」といったものはありませんでした。そんな中、近年になってこの分野に急速に広がりつつあるのが「**Jupyter**」（ジュピターまたはジュパイター）と呼ばれるソフトウェアです。

Jupyterは、Pythonの対話型シェルである「**IPython**」から派生したプロジェクトです。これは「**Notebook**」と呼ばれる、Webベースのインタラクティブな実行環境を利用し、WebベースでPythonのソースコードを記述して実行することができます。また「**Markdown**」記法によるドキュメントの作成も可能であり、多数のソースコードを一つにまとめて詳しく説明することができます。

一般的なドキュメント作成ソフトと異なり、Jupyterで記述されたソースコードはその場で実行可能です。またJupyterはサーバープログラムとして実行され、Webブラウザでアクセスしてドキュメントを表示するため、利用するユーザー間で共通の環境で追試することができます。Webベースですから、Pythonの実行環境を個別にインストールする手間もありません。

Jupyterの登場により、「**プログラムを作成して各種の処理を行う過程や実行環境そのものをレポート化して共有する**」という、これまで誰もが頭を悩ませていた部分がかなり解決されたといっていいでしょう。もちろん、完璧ではないでしょうが、多くの人にとって十分満足の行くレベルのレポートが作成できるはずです。

Jupyter は理工学系の専用ツール？

ここまでの説明を読んで、「**結局、理工学系の人間にしか用のないものか……**」と思った人も多いかもしれません。が、そうとは限りません。

例えば、今までExcelを使って面倒な分析などを行ってきた人にとっても、Jupyterは非常に大きな武器となるはずです。Pythonには、CSVやXMLなどのファイルを読み込むライブラリもありますし、またデータをさまざまな形で視覚化するライブラリも多数揃っています。Excelで表やグラフを作っても、それをWordなどでレポートにまとめた段階で、それらはすべて静的なコンテンツとなり、レポートを見た人間がデータを変更して追試したりすることはできなくなります。また、そもそも「**どのような処理を実行したのか**」まで、追試可能な形でレポート化するのは困難でしょう。

Jupyterは、「**高度な処理**」が必要な人にのみ役に立つようなものではないのです。「**ごく単純な演算処理だけど、多量のデータを用いた結果をわかりやすくまとめるのが大変……**」というような人にとってもJupyterによる恩恵を感じられることでしょう。

Python 以外の言語は？

Jupyterは、IPythonのプロジェクトから生まれたものであり、基本はPython言語を利用する前提で作られています。が、現在ではそれ以外の言語にも対応を広げています。Haskell、Fortran、Ruby、JavaScript、Scala、C#、PHP等々、多くの言語がJupyterで利用可能になっています。

Pythonについて

では、実際にJupyterを利用するためにはどのようにすればいいのでしょうか。
まず、誰でもわかるのは「**Pythonというプログラミング言語が必要だろう**」ということですね。が、実をいえばPythonにはいくつもの種類があります。整理すると以下のようになります。

CPython	Pythonのオリジナルといってよいでしょう。C言語で書かれており、WindowsやmacOS、Linuxなど多くの環境に移植されています。
IronPython	.NET Frameworkで動くPythonです。.NET Frameworkがインストールされていれば動作します。
JPython	Java仮想マシン（Javaの実行環境）で動くPythonです。Javaのプログラムとして作成されており、JRE（Java Runtime Environemnt）がインストールされていないと使えません。

これらはどれも同じPythonであり、言語仕様などは同じです。が、リリースされるバー

ジョンなどは異なる場合もあります。通常、CPythonがリリースされて以後、そのバージョンに対応したIronPythonやJPythonがリリースされる、という感じになっています。

▌**図1-2**：Pythonの実装には、さまざまなものがある。CPythonが標準で、IronPythonは.NET Framework上で動き、JPythonはJava仮想マシン上で動く。

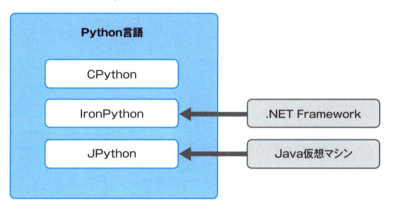

JupyterとIPython

Jupyterとプログラミング言語「**Python**」の関係は、非常にわかりにくいところがあります。「**Jupyter ＝ Python用のプログラム**」と単純化して考えるわけにはいかないのです。Jupyterは、「**IPython**」や「**Notebook**」などいくつものソフトウェアと密接な関連があるため、それらの関係を頭に入れておく必要があるでしょう。

▌IPython について

Jupyterは、「**IPython**」というプログラムと密接な関係があります。IPythonは、Pythonの対話型シェルです。Pythonは、その場でスクリプトを入力して実行することができますが、それを更に拡張し、使いやすくしたものです。「**Jupyter ＝ Python言語**」という印象が持たれているのは、JupyterにおいてこのIPythonの存在が大きいためでしょう。

IPythonは、Jupyterの**カーネル**（システムの中枢となる部分）として動いています。Jupyterは、IPythonにWebベースのドキュメント表示の部分を構築したものと考えるとよいでしょう。

▌カーネルについて

「**IPythonがJupyterのカーネルなら、やっぱりJupyter ＝ Python言語と考えていいんじゃないか**」と思った人も多いかもしれません。が、実はそうではないのです。

Jupyterは、IPythonベースで動く前提で開発されてきましたが、現在は実際にインタラクティブにソースコードを実行していく部分はカーネルとして切り離されています。

標準では、IPythonがカーネルとして設定されていますが、ほかの言語のカーネルを組み込むことで、Python以外の言語で利用できるような仕様になっています。

Notebook について

JupyterのWebベースの表示部分です。Notebookは、NotebookサーバーというWebサーバーと、そこで表示されるWebページのUIの組み合わせと考えるとよいでしょう。Notebookサーバーを実行してWebブラウザからアクセスすることで、インタラクティブに操作してソースコードやドキュメントを記述できるようになります。

Jupyter関係のドキュメントはインターネット上に多数見つかりますが、それらの多くは「**Jupyter Notebook**」と名前を記述していることでしょう。それほどに、JupyterとNotebookは一体となって使われているのです。

Lab について

Jupyterは、Notebookベースでインタラクティブな操作を行います。が、NotebookしかUI部分がないわけではありません。

現在、「**Lab**」と呼ばれる新しいUIの開発が進められています。まだベータ版ですが、LabはNotebookの強化版のようなもので、一度に複数のノートを開いてタブで切り替えながら操作できます。

LabはNotebookを置き換えるものではなく、実際に利用する場合もNotebookと同じサーバーを起動して作業します。Labは「**Jupyterの新しいUI**」と考えるとよいでしょう。

基本は、IPython + Notebook

Jupyterは、カーネルであるIPythonと、Web部分であるNotebookの2つを中心として作られています。が、既に説明したようにカーネル部分もWebのUI部分も、そのほかのプログラムが作られていて代替可能になっています。Jupyterは、「**もともとはIPyton + Notebookというプログラムだったが、現在ではJupyterという一つの環境になっている**」といえるでしょう。Jupyterという環境に対応したさまざまなプログラム（各種のカーネルやLabなど）を組み込むことで、基本のIPython＋Notebookにはなかった、さまざまなことができるようになっているのです。

図1-3：Jupyterは、IPython、Notebookといった基本的なソフトウェアのほかに、その他の言語を使うカーネルや新しいLabといったソフトなどを組み合わせてシステムを構築している。

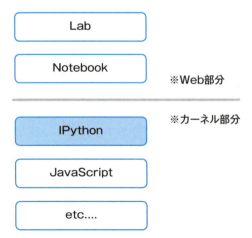

Anacondaディストリビューション

では、Jupyterを使うには、どうすればいいのでしょうか？

Jupyterは、「**Pythonを用意して、それにJupyterを入れて……**」といった形で利用はしないのです。もちろん、そのように個別に環境を整えていくこともできますが、通常は「**Anaconda**」を使うのが一般的です。

Anacondaは、Pythonのディストリビューション（Pythonと各種のパッケージなどをすべてまとめてセットアップしたもの）です。Anacondaには、Jupyterが必要とするソフトウェアが一式、最初から組み込まれています。また、そのほかにもPythonの専用開発ツールやモジュールなどを管理するツールなどが用意されており、誰でも簡単にJupyterを利用できるようになるでしょう。

Anacondaは、以下のアドレスで公開されています。

https://www.anaconda.com/

図1-4：Anacondaのサイト。右上の「Download」ボタンをクリックするとダウンロードページに移動する。

ページの右上に「**Download**」というボタンがあります。これをクリックするとダウンロードページに移動します。

Anaconda のダウンロード

ダウンロードページに移動すると、そのページ内に「**Download for Your Preferred Platform**」という表示が見つかります。そこに、「**Windows**」「**macOS**」「**Linux**」というアイコンがあり、これを選択するとその下にダウンロードのボタンが表示されるように

なっています。

2018年4月現在、「**Python 3.6 version**」「**Python 2.7 version**」の2つが用意されています。ここでは、3.6をダウンロードしておきます。なお、Anacondaは随時アップデートしているため、実際にアクセスした際には更にバージョンが上がっている場合もあります。その場合は、3.x(xはバージョン番号)をダンロードしておきましょう。

図1-5：ダウンロードページ。3.6用をダウンロードする。

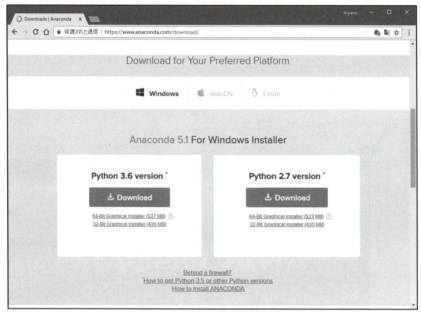

Anacondaをインストールする(Windows)

では、ダウンロードしたインストーラを起動してインストールを行いましょう。以下の手順に沿って作業して下さい。

①Welcome画面
　起動すると、「**ウェルカム画面**」が現れます。そのまま「**Next >**」ボタンで次に進んで下さい。

1-1 Jupyterの基本とAnacondaのセットアップ

■図1-6：最初にWelcome画面が現れる。

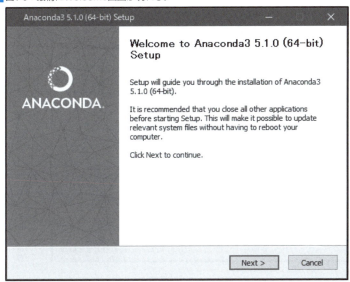

②使用許諾契約

「**License Agreement**」画面に進みます。英文ですが、表示されている契約内容に目を通し、「**I Agree**」ボタンを選択して下さい。

■図1-7：License Agreement。「I Agree」ボタンをクリックする。

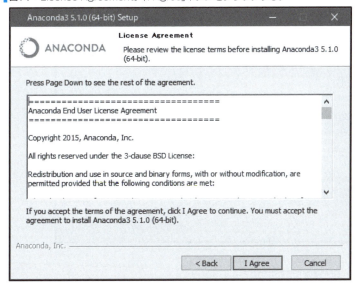

③Select Installation Type

インストールタイプの選択画面に進みます。ここでは「**Just Me**」を選んで、利用者限定でインストールを行うことにします。なお、「**複数ユーザーで使いたい**」という人は、「**All Users**」を選択しても構いません。

9

Chapter 1　Jupyterを利用する

図1-8：Select Installation Type。「Just Me」を選ぶ。

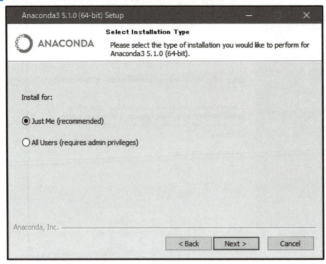

④Choose Install Location

　インストール場所の設定画面に進みます。特に問題がなければ、デフォルトのままにして下さい。

図1-9：Choose Install Location。デフォルトのままにしておく。

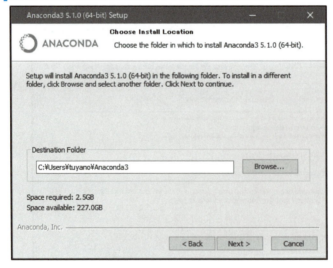

⑤Advanced Installation Options

　オプション設定画面に進みます。これは環境変数Pathへの追加と、デフォルトで使用するPythonの設定に関連する内容です。本書では、Anacondaの仮想環境上で利用するので、これらは特に設定する必要はありません。
　設定後、下にある「**Install**」ボタンを押してインストールを開始します。

▌図1-10：Advanced Installation Options。「Install」をクリックする。

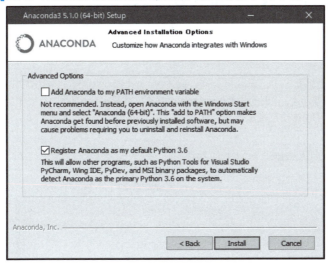

⑥Microsoft Visual Studio Code Installation
　　インストールが終了し、「**Next**」ボタンで次に進むと、この画面になります。これは、マイクロソフトの「**Visual Studio Code**」というエディタツールをインストールするための画面です。特に必要なければ「**Skip**」ボタンで次に進み、「**Finish**」ボタンで終了します。

▌図1-11：Visual Studio Codeのインストール。不要なら次に進んで終了する。

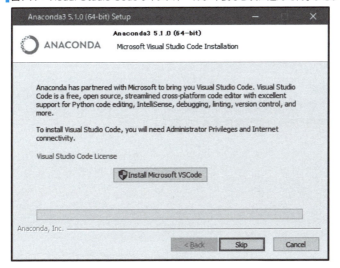

Anacondaをインストールする(macOS)

macOS版も基本的な流れは大体同じです。ダウンロードしたインストーラを起動し、以下の手順に沿って作業をして下さい。

①ようこそ画面

起動すると、「**ようこそAnaconda3のインストーラへ**」というウインドウが現れます。そのまま次に進んで下さい。

▌**図1-12**：ウェルカム画面。そのまま次に進む。

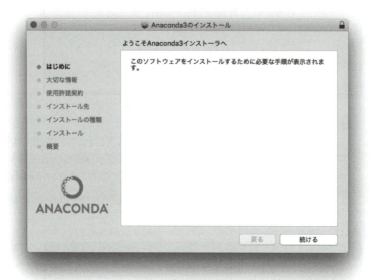

②大切な情報

ソフトウェアの使用許諾契約画面に進みます。「**続ける**」ボタンをクリックし、現れたダイアログシートで「**同意する**」を選びます。

1-1 Jupyterの基本とAnacondaのセットアップ

▌図1-13：使用許諾契約。ダイアログで「同意する」を選ぶ。

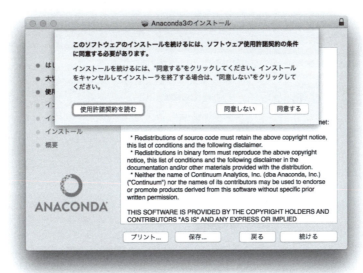

③インストール先の選択

　インストールする場所の指定です。これは、デフォルトでは「**自分専用にインストール**」が選択されています。「**特定のインストール先を選択...**」を選択し、インストールする場所を選びます。

▌図1-14：インストール先の選択。

13

④インストール場所の指定

インストールする場所を選択すると、このような画面となります。そのまま「**続ける**」ボタンで次に進みます。

図1-15：インストール先を指定するとこのような画面になる。

⑤インストールの種類

インストールの種類を指定します。「**カスタマイズ**」ボタンを押すと種類を変更できます。デフォルトでは、標準インストールが選択されているので、特別な事情がない限り、そのまま変更せずに「**インストール**」ボタンをクリックして下さい。

図1-16：インストールの種類。標準インストールでインストールする。

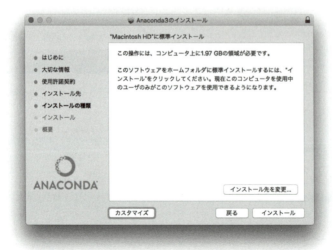

1-1 Jupyterの基本とAnacondaのセットアップ

⑥インストール完了！

しばらく待っていると「**インストールが完了しました**」と表示されます。そのまま「**閉じる**」ボタンを押して終了して下さい。

図1-17：インストールが完了したら、インストーラを終了する。

Anacondaのソフトウェア

Anacondaは、非常に多くのプログラムで構成されています。が、私たちが直接起動して動かすようなプログラムは、わずかしかありません。

Anaconda Navigator	Anacondaに用意されているアプリケーション類を管理したり、仮想環境と呼ばれる実行環境の作成や設定などを行ったりします。Anacondaを使うには、まずこのNavigatorを起動する、と考えてよいでしょう。
Anaconda Prompt	Anacondaのターミナルプログラムです。Anacondaには「conda」というコマンドプログラムがあり、これを使ってパッケージのアップデートなどの管理が行えるようになっています。こうしたAnacondaのコマンドプログラムを実行するのに使います。

Anacondaは、多くのプログラムをまとめたものですので、用意されている機能やプログラムも膨大になります。が、「**Jupyterを利用するためにAnacondaを使う**」ということで割り切って考えれば、覚えるべきことはそれほど多くはありません。

まず、**Navigator**の基本的な使い方。ここで仮想環境と呼ばれる環境を用意したり、アプリケーションを起動したりするので、基本操作は頭に入れておく必要があります。

15

またJupyterで使うパッケージのインストールなどもここで行います。

そして、Jupyter本体の使い方。これは、**Jupyter Notebook**というこれまで基本とされてきたアプリケーションと、**JupyterLab**という新しいアプリケーションの使い方がわかれば十分でしょう。

これだけわかれば、Jupyterを使ったプログラミングが行えるようになります。まずは、これらの使い方から覚えていきましょう。

1-2 アプリケーションを利用する

Anaconda Navigatorを起動する

では、実際にAnacondaを利用してみましょう。といっても、Anacondaはディストリビューション名であり、実際にAnacondaというアプリケーションが入っているわけではありません。Anacondaによる環境の中にいくつかのプログラムが入っており、それらを起動して利用します。

まず最初に利用するのは、「**Anaconda Navigator**」（以後、Navigatorと略）です。これは、Windowsであれば、スタートボタンに追加される＜**Anaconda3(64-bit)**＞メニューの中にあります。macOSの場合は、「**アプリケーション**」フォルダの中に「**Anaconda-Navigator**」というエイリアスが追加されるので、これを起動して下さい。

起動すると、Navigatorのウインドウが現れ、その手前にダイアログが現れます。これは、Navigatorのヘルプに関する表示です。「**OK**」ボタンで閉じて下さい。

図1-18：起動したNavigatorのウインドウ。最初にヘルプに関するダイアログが現れるので閉じておく。

Navigatorの基本画面

ダイアログを閉じると、Navigatorのウインドウがアクティブになり、使える状態になります。

Navigatorでは、アプリケーションの起動からパッケージのインストール、仮想環境の構築まで、Anaconda利用に関するさまざまな操作や設定がすべて行えるようにしてあります。いわば、Navigatorは「**Anacondaの総合案内所**」といった役割を果たしているのです。

このウインドウは、大きく2つのエリアに分かれています。左側にある縦に細長いエリアは、使う機能を選択するメニューの役割を果たしています。ここで項目をクリックして選ぶと、右側のエリアにその項目に関する設定などが表示されるようになっているのです。

図1-19：Navigatorの画面。左側に機能を切り替えるメニューがあり、右側に選択した項目の内容が表示される。

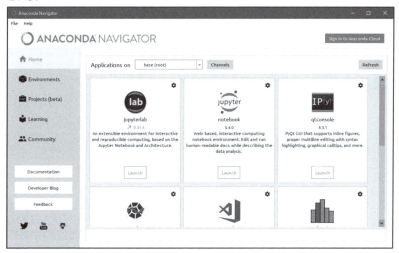

用意されている機能について

では、左側のメニュー部分に用意されている項目について、どのようなものがあるのかざっと説明をしておきましょう。

Home	起動時に表示されています。アプリケーションのインストールや起動などを行います。
Environments	仮想環境に関する機能です。仮想環境の作成や利用するプログラムのインストールなどを行います。
Projects(beta)	プログラムを作成するためのプロジェクト（多数のファイルをまとめて管理する仕組み）を作成します。
Learning	学習用コンテンツです。コンテンツへのリンクがまとめてあります。
Community	各種プログラム利用者のコミュニティへのリンクがまとめてあります。

Home表示について

起動時に選択されているのが「**Home**」です。ここでは、Anacondaにインストールされているアプリケーションを管理します。

仮想環境の選択メニュー

右側には、「**Applications on**」と表示があり、その右側に「**base (root)**」という項目だけがあるプルダウンメニューがあります。

これは、仮想環境を選択するためのメニューです。ここから、使用する仮想環境を選択します。デフォルトでは、rootという本環境（仮想環境でない、実際の環境）のみが用意されています。

図1-20：Applications onのメニュー。デフォルトでは、「base (root)」だけが用意されている。

アプリケーションのリスト

メニューの下には、アイコンを表示した四角いパネルのようなものがずらりと並んでいます。これは、Navigatorから起動できるアプリケーションのリストです。Navigatorでは、普通のWindowsやmacOSのアプリケーションと同じように実行できるプログラムをいくつも用意してあります。

ここから「**Launch**」をクリックすれば、そのアプリケーションを起動できます。また、まだインストールされていないアプリケーションの場合、Launchの代わりに「**Install**」というボタンが表示されるので、それをクリックしてインストールを行えます。

図1-21：アプリケーションの一覧リスト。ここでアプリケーションをインストールしたり、実行したりできる。

アプリケーションのインストール・アンインストール

アプリケーションのアイコンが表示されたパネルには、右上に歯車のマークが付けられています。これは、そのアプリケーションに関する操作がまとめられたメニューです。

ここから、インストール、アンインストール、インストールするバージョンの設定などが行えます。

図1-22：アプリケーションのパネルの右上にある歯車をクリックするとメニューがポップアップして現れる。

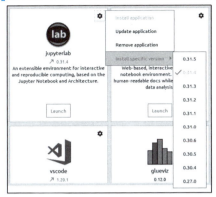

仮想環境の構築

左側にあるメニューから「**Environments**」をクリックして選択すると、仮想環境の設定画面に切り替わります。

仮想環境というのは、Anacondaの本環境の上に構築される環境です。Anacondaでは、さまざまなアプリケーションやパッケージが用意されます。プログラムの開発を行う場合、それぞれに使用するアプリケーションやモジュールが異なることも多々あります。

例えば、あるプログラムの開発では、Aというモジュールの2.0が必要だけれど、以前開発したプログラムではAの1.0でないと動かない、というように、異なる環境で開発されるプログラムがあった場合を考えてみて下さい。このとき、どのようにすればこれらのプログラムを共存して利用できるでしょうか。

これに対する答えが、仮想環境です。仮想環境は、本環境上に、本環境とは切り離して環境を構築することができます。例えば、Xという仮想環境にはモジュールの1.0をインストールしておき、Yという仮想環境には2.0をインストールする、ということができるのです。

このように仮想環境は、本環境の機能をそのまま引き継ぎ、それに仮想環境独自のモジュールなどをインストールして独自の環境を構築できるのです。これは、例えば「**クラスの継承**」の環境版をイメージすると近いでしょう。本環境を継承してX環境とY環境を構築する。それぞれの環境には独自のパッケージを用意できる。それぞれの環境は、ほかの環境にまったく影響を与えない。——そういう環境を提供してくれるのです。

▌図1-23：仮想環境は、本環境の上に、独立した環境を構築する。それぞれの仮想環境に独自のアプリやモジュールを組み込んで環境を整えることができる。

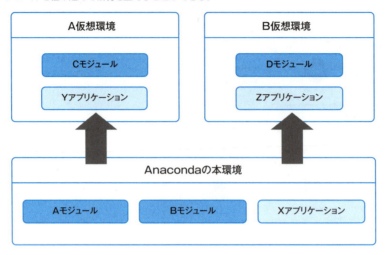

Environments の構成

　では、「**Environments**」の表示を見てみましょう。左側のメニュー項目のすぐ右側には、「**base (root)**」と表示された項目があります。これが、現在用意されている環境（「**base(root)**」は、Anacondaの本環境）です。仮想環境を構築した場合は、ここに更に環境名が追加されます。

　その更に右側には、選択した環境にインストールされているモジュールが一覧表示されています。ここで、モジュールのインストールやアップデートなどの作業を行います。

▌図1-24：Environmentsの表示。用意されている環境名のリストと、選択した環境に組み込まれているモジュールのリストが表示される。

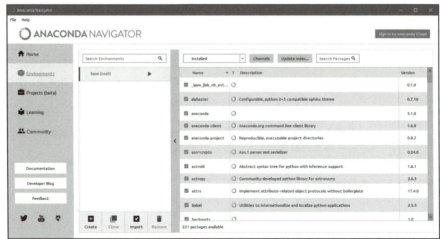

仮想環境を作る

では、実際に仮想環境を作成し、利用してみましょう。「**base(root)**」と書かれているエリアの一番下に、「**Create**」というアイコンがあります。これをクリックして下さい。ウインドウ内にダイアログが現れるので、以下のように設定をします。

Name	仮想環境の名前です。ここでは「my_env」としておきます。
Package	使用するパッケージを選択します。「Python」をチェックし、「3.6」を選択します。これはデフォルトで設定されていると思いますので、そのままでOKです。

図1-25：「Create」ボタンをクリックし、ダイアログに名前とパッケージを設定して作成する。

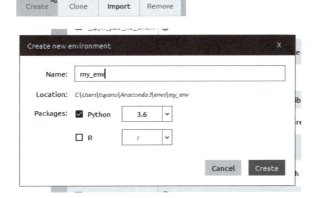

設定を終えて「**Create**」ボタンをクリックすると、「**my_env**」という仮想環境が作成されます（これには若干、時間がかかります）。「**base(root)**」が表示されているリストに、「**my_env**」が追加され、選択された状態となっているはずです。

仮想環境のモジュール

作成した「**my_env**」仮想環境が選択された状態になると、その右側に、デフォルトで組み込まれるモジュールがリスト表示されます。

図1-26:「my_env」仮想環境が選択された状態。右側に、用意されているモジュールがリスト表示される。

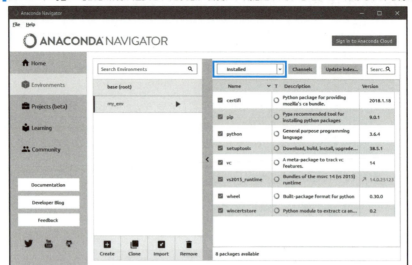

　リスト部分の上部には「**installed**」という表示がありますが、これはプルダウンメニューになっていて、インストールしてあるもの、インストールされていないものなど、表示を切り替えることができます。またインストールされていないモジュールのチェックをONにして、その場でインストールすることもできます。
　つまり、ここで「**仮想環境にどのようなパッケージを用意するか**」を管理できるようになっているのです。

仮想環境にアプリケーションを追加する

　仮想環境ができたら、必要なアプリケーションを追加しましょう。左側のメニューから「**Home**」をクリックし、表示を切り替えて下さい。現在、「**my_env**」仮想環境が選択されていますから、Homeに切り替えても、my_env環境にインストールされているアプリケーションの状態が表示されるようになっています。

　アプリケーションの一覧が表示されているエリアの上部にある「**Applications on**」という表示の右側にプルダウンメニューがあります。これが「**my_env**」になっていれば、作成した仮想環境が選択されています。もし、「**base(root)**」の表示のままになっているようなら、これをクリックして、「**my_env**」に切り替えてください。

図1-27：Homeに切り替えたところ。Applications onのプルダウンメニューは「my_env」に切り替わっている。

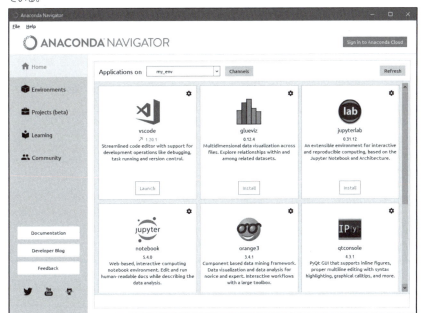

Notebook をインストールする

　my_env環境では、まだすべてのアプリケーションがインストールされていません。アプリケーションのアイコンの下にあるボタンは、「**Install**」になっているはずです（Visual Studio Codeをインストールしている場合は、「**vscode**」の項目だけ「**Launch**」になっているでしょう）。
　アプリケーションのインストールは、ここから使いたいアプリケーションの「**Install**」ボタンをクリックするだけなのです。

　では、アプリケーションのリストから「**Notebook**」を探して、その「**Install**」ボタンをクリックして下さい。このNotebookが、Jupyterを利用する際の基本となるアプリケーションです。
　インストールには少々時間がかかります。アイコンのボタン表示が「**Install**」から「**Launch**」に変わったら、インストールが終わっています。

図1-28：「Notebook」アイコンの「Install」ボタンをクリックする。

Notebookを起動する

インストールが完了すると、Notebookのボタン表示が「**Launch**」に変わります。変更されたら、「**Launch**」ボタンをクリックして下さい。これでNotebookが起動します。

図1-29：Notebookの「Launch」ボタンをクリックして起動する。

Notebookを使う

しばらく待っていると、Webブラウザが起動し、以下のアドレスが開かれます。これは「**Dashboard**」と呼ばれる画面で、NotebookのHomeページになります。

http://localhost:8888/tree

これが、Notebookの画面です。Notebookは、サーバープログラムとWebページで構成されています。Notebookを起動すると、Notebookのサーバープログラムが実行され、そこにアクセスするWebページが開かれるようになっているのです。

Notebookの画面は、ファイルやフォルダ名のリストが表示されたものになっています。初期状態では、ホームディレクトリ内のファイルやフォルダがリスト表示されています。ここから、Notebookのファイルをクリックすれば、そのNotebookが開かれるようになっています。

図1-30：Notebookの画面。デフォルトでは、ホームディレクトリ内のファイル類がリスト表示されている。

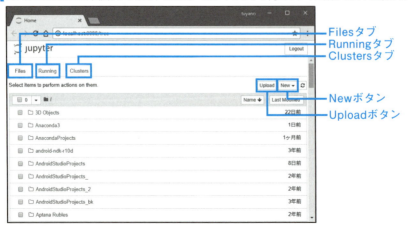

Notebook のインターフェイス

Notebookのファイル表示画面では、上部にいくつかのリンクが並んでいます。それらの役割について簡単にまとめておきましょう。

・「Files」タブ

上部の左端には、3つの切り替えタブがあります。デフォルトでは、「Files」タブが選択されています。これが、ファイルやフォルダ類のリストの表示です。ファイル類を開いたりするのに用いられます。

・「Running」タブ

現在実行中のカーネルを表示します。Jupyterでは、カーネルと呼ばれるプログラムによってPythonのスクリプトなどが処理されています。「Running」タブで、起動しているカーネルを表示し、管理するのです。

・「Clusters」タブ

「クラスタ」を管理します。Jupyterでは、IPython Prallelというパッケージを追加することで、並列処理を行うことができます。ここで、並列処理で利用するクラスタを管理するのです。

Runningで扱うカーネルや、Clustersで扱うクラスタなどは、実際にNotebookでそれらの機能を使うようになって初めて役割が理解できるものでしょう。これらについては別途触れることにします。

・「Upload」ボタン

右側上部に見える「Upload」ボタンは、ファイルのアップロードを行います。クリックするとファイルを選ぶダイアログが現れます。

・「New」ボタン

隣りにある「New」ボタンは、クリックするとメニューがプルダウンします。これは、作成できるファイルを表示します。メニューには、以下のような項目があります。

Python 3	PythonによるNotebookのファイルです。
Text File	プレーンなテキストファイルを作成します。
Folder	現在表示している場所に新たなフォルダを作成します。
Terminal	ファイル類を作成するのではなく、ターミナルのウインドウを開きます。

図1-31：「New」ボタンをクリックすると現れるメニュー。ここから作成したいファイルを選ぶ。

・リロードボタン

右端の円に矢印がついたようなアイコンは、リロードボタンです。現在開いている表示を更新し、最新の状態にします。

・「**Logout**」ボタン

右上には、ログアウトのボタンが付いています。これでNotebookからログアウトします。ただし、Notebookはデフォルトで起動した人間のみがアクセスできるようになっており、マルチアカウントで使えません。このため、ログアウトするとそのままではログインできなくなります。このボタンは、Notebookを公開サーバーとして運用する際に使うものと考えましょう。

ノートブックを作成する

実際にNotebookを使ってPythonのスクリプトなどを実行してみましょう。これには、Notebookのファイルを作成します（プログラムのNotebookと区別するため、Notebookのファイルは「**ノートブック**」とカタカナで表記します）。Notebookは、ノートブックファイルを作成し、これを開いて記述をしていくのです。

では、ウインドウ右上にある「**New**」と表示されたボタンをクリックしてメニューを呼び出し、そこから「**Python 3**」を選んで下さい。これで、Pythonによるノートブックファイルを作成します。

図1-32：プルダウンメニューから「Python 3」を選ぶ。

ノートブックを開く

ノートブックファイルが作成されると、Webブラウザで新たにウインドウまたはタブが開かれます。ここで表示されるのが、ノートブックファイルの画面です。

ノートブックは、ちょっとしたテキストエディタのような機能を持ったPythonのシェルウインドウです。ここには、メニューやツールバーなどが並んで表示されている下に、**In [ ]** という表示が見えるでしょう。これが、ノートブックの入力欄になります。ここにPythonのスクリプトなどを書いて実行するのです。

図1-33：新たに作成されたノートブックのウインドウ。

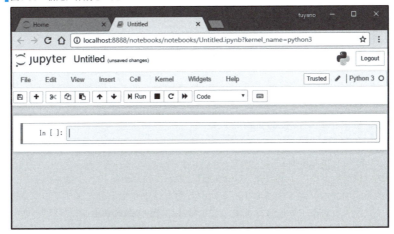

スクリプトを書いて実行する

では、実際に簡単なスクリプトを書いて動かしてみましょう。「**In[]**」の入力エリアに、以下のように記述をして下さい。

リスト1-1
```
print('Hello!')
```

書いたら、上部に見える「**Run**」ボタンをクリックして実行して下さい。書いたスクリプトが実行され、そのすぐ下に「**Hello!**」とメッセージが表示されます。これが、今書いたスクリプトの実行結果です。

Pythonスクリプトは、こんな具合に、その場その場でスクリプトを書いて実行していくことができるのです。実行すると、そのすぐ下には新しい入力エリアが現れます。

こうして、「**新しい入力エリアにスクリプトを書いては実行する**」ということを繰り返していくのですね。

図1-34：スクリプトを実行してみる。

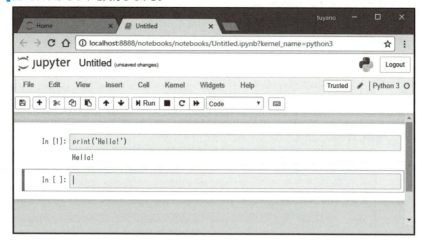

ノートブックに名前を設定する

スクリプトの実行ができたところで、このノートブックにファイル名を設定しておくことにしましょう。

ウィンドウの上部には、「**Untitled**」と表示されたテキストが見えます。これが、このノートブックのファイル名です。この部分をクリックすると、ダイアログが現れ、名前を書き換えられるようになります。ここでは、「**my notebook 1**」としておきましょう。

図1-35：Untitledをクリックし、新たな名前を入力すると、ファイル名が変更できる。

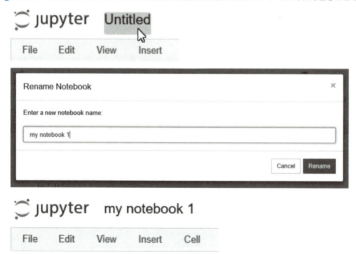

セルについて

「**In[]**」による入力と結果表示のエリアは、「**セル**」と呼ばれます。セルは、入力エリアと結果表示がセットになっています。セルを選択した状態で「**Run**」ボタンをクリックす

ると、選択されていたセルが実行されます。そして正常に実行できると、自動的にその下に新しいセルが追加され、選択された状態となります。

それぞれのセルは、クリックして選択することができます。また、入力エリアをクリックすると、記入したスクリプトが再編集できるようになります。ここでスクリプトを書き換えて「**Run**」ボタンをクリックすれば、再び実行できます。

図1-36：セルをマウスでクリックすると、そのセルが選択された状態となり、再編集できるようになる。

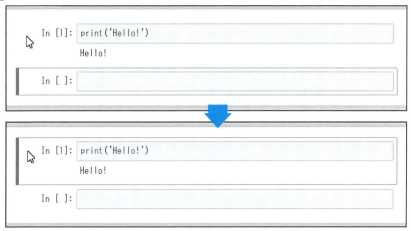

セルとカーネル

セルに記述したスクリプトを実行すると、その実行結果が下に表示されます。このスクリプトの実行は、「**カーネル**」と呼ばれるプログラムによって行われます。

カーネルは、スクリプトを実行して結果を返すプログラムで、ノートブックごとに起動されます。起動されたカーネルは、そのノートブックを開いて使っている間、常に実行し続けています。実行したスクリプトの内容（作成した変数やロードしたライブラリ類など）は、常にカーネルの中で保持されています。

新たなセルでスクリプトを実行すると、それまで実行したセルの内容を利用してスクリプトは動きます。例えば、前に実行したスクリプトで作成した変数などは、そのまま新たなセルで利用できるのです。これは、Pythonをインタラクティブモードで実行した場合と同じと考えればよいでしょう。

カーネルの管理

カーネルは、ノートブックを開くとそれぞれのノートブックごとに起動されます。ノートブックを閉じた後も、カーネルはそのまま起動し続けます。

カーネルは、実行したスクリプトの生成物を保持しているため、場合によっては強制終了したり、リスタートしたりする必要が生じることもあります。

実行中のカーネルは、NotebookのDashboardページ（Notebookを起動して最初に表示されるページ）で管理できます。Dashboardにあった「**Running**」タブをクリックして表示

を切り替えてみて下さい。「**Terminals**」「**Notebooks**」といった項目があり、そこに実行中のターミナルとノートブックがリスト表示されます。

現在は、「**Notebooks**」のところに、my notebook 1.ipynbという項目が表示されているでしょう。これが、作成したmy notebook 1のノートブックファイルです。右側に見える「**Shutdown**」という表示をクリックすれば、ノートブックのカーネルを終了することができます。

図1-37：「Running」タブの表示。ここでノートブックのカーネルを終了できる。

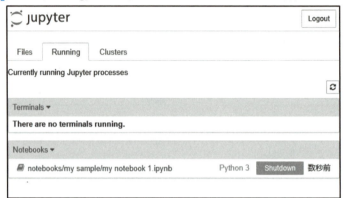

ノートブックのメニューとツールバー

ノートブックを開いたページでは、上部にメニューバーとツールバーが表示されています。ここで、ノートブックに関する操作を行います。

図1-38：ノートブックのメニューバーとツールバー。

「File」メニューについて

「**File**」メニューは、ファイル関連の操作がまとめられています。以下のような項目が用意されています。

New Notebook	新しいノートブックを作成します。サブメニューから、作成するノートブックの種類を選べます。
Open...	ファイルを開きます。
Make a Copy...	ノートブックファイルのコピーを作成します。

Rename...	ファイル名を変更します。
Save and Checkpoint	ファイルを保存し、チェックポイント(後述)を更新します。
Revert to Checkpoint	最後のチェックポイントに戻します。
Print Preview	プレビューを印刷します。
Download as	ノートブックの内容をダウンロードします。サブメニューからファイルの種類を選べます。
Trusted Notebook	トラステッドノートブック(後述)であることを示す表示です。
Close and Halt	ノートブックを閉じます。

図1-39：「File」メニュー。

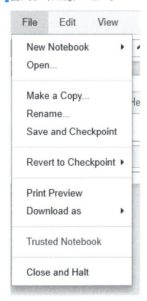

チェックポイントについて

「**File**」メニューには、「**チェックポイント**」を利用するメニューがいくつかありました。チェックポイントとは、**ノートブックのファイル内容と実行状態を保管した地点**を示します。

ノートブックを保存すると、最後に保存した時間にチェックポイントが更新されます。チェックポイントの状態は常に保持されており、「**Revert to Checkpoint**」メニューを選ぶことで、最後のチェックポイントの状態にノートブックを戻すことができます。

「**保存した最後の状態**」をチェックポイントと考えてよいでしょう。ノートブックは、ただテキストなどを書いて保存するだけでなく、スクリプトを実行もします。チェックポイントは、ファイルの内容だけでなく、**実行の状態**(どのセルが実行済みでどれが実行されていないか、など)まで正しく状態を保管し、戻すことができます。

■「トラステッド」について

　ノートブックには「**Trusted Notebook**」という機能があり、そのノートブックが「**トラ
ステッド**」(信頼できる)かどうかを示します。

　ノートブックは、**メタデータ**(設定などを記述したデータ)に署名情報を保管していま
す。これはファイルを保存する際に更新されます。トラステッドであるものは、**ノート
ブックの内容と実行結果が書き換えられていない**ことを保証します。信頼できない出力
が残っていると、署名は更新されません。

　ノートブックは、公開して多くの人と共有することができます。そのような場合、ほ
かの人が実行した結果などが保存されていたりすると、セキュリティ上の問題が発生す
る危険があります。トラステッドは、こうした危険を予防するための機能といってよい
でしょう。

「Edit」メニューについて

　「**Edit**」メニューは、編集に関する機能をまとめています。ただし、これはテキストな
どの編集ではなく、「**セル**」の編集と考えて下さい。

Cut Cells	選択されたセルをカットします。
Copy Cells	選択されたセルをコピーします。
Paste Cells Above	選択されたセルの前にセルをペーストして挿入します。
Paste Cells Below	選択されたセルの後にセルをペーストして挿入します。
Paste Cells and Replace	選択されたセルにセルをペーストして入れ替えます。
Delete Cells	選択されたセルを削除します。
Undo Delete Cells	セルの削除を取り消します。
Split Cell	セルを分割します。
Merge Cell Above	選択されたセルの前にあるセルとマージします。
Merge Cell Below	選択されたセルの後にあるセルとマージします。
Move Cell Up	選択されたセルを1つ上に移動します。
Move Cell Down	選択されたセルを1つ下に移動します。
Edit Notebook Metadata	ノートブックのメタデータを編集します。
Find and Replace	検索・置換を行います。
Cut Cell Attachements	セルにアタッチされているもの(イメージなど)をカットします。
Copy Cell Attachements	セルにアタッチされたものをコピーします。
Paste Cell Attachements	セルにアタッチされたものをペーストします。
Insert Image	イメージを挿入します。

1-2 アプリケーションを利用する

図1-40：「Edit」メニュー。セルの編集関係の機能がまとめられている。

「View」メニューについて

「**View**」メニューは、表示に関する機能をまとめています。基本的に、ページ内のさまざまな要素の表示のON/OFFを行います。

Toggle Header	ヘッダー部分（ファイル名などが表示されているところ）をON/OFFします。
Toggle Toolbar	ツールバーの表示をON/OFFします。
Toggle Line Numbers	各セルの入力エリアに行番号を表示・非表示します。
Cell Toolbar	セルごとにツールバーを表示します。サブメニューに表示内容がいくつか用意されています。デフォルトでは「None」（非表示）になっています。

図1-41：「View」メニュー。さまざまな表示をON/OFFする。

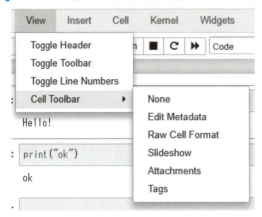

「Insert」メニューについて

「**Insert**」メニューは、セルの挿入に関連する内容です。これは以下の2つの項目が用意されています。

Insert Cell Above	選択されたセルの前に新しいセルを挿入します。
Insert Cell Below	選択されたセルと後に新しいセルを挿入します。

図1-42：「Insert」メニュー。セルの挿入に関するもの。

「Cell」メニューについて

「**Cell**」メニューは、セルの実行に関する機能をまとめています。これには以下のようなメニュー項目があります。

Run Cells	セルを実行します。
Run Cells and Select Below	セルを実行し、その後のセルを選択します。
Run Cells and Insert Below	セルを実行し、その後に新しいセルを挿入します。
Run All	すべてのセルを実行します。
Run All Above	すべてのセルを実行し、一番前のセルを選択します。
Run All Below	すべてのセルを実行し、一番後のセルを選択します。

Cell Type	セルの種類を設定します。スクリプト、Markdown、Raw NBConvert（各種のフォーマットで記述する）から選びます。
Current Outputs	選択されたセルの出力の表示を操作します。表示のON/OFF、スクロールのON/OFF、表示のクリアができます。
All Output	すべてのセルの出力について、Current Outputsと同様に表示を設定します。

■図1-43：「Cell」メニュー。セルの実行に関する機能がまとめてある。

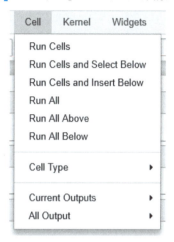

「Kernel」メニューについて

　ノートブックで実行しているカーネルの操作に関連するメニューです。カーネル操作は、Dashboardの「**Running**」にもありましたが、「**Kernel**」メニューではカーネルの中断とリスタートに関する機能が用意されています。

Interrupt	カーネルを中断します。
Restart	カーネルをリスタートします。
Restart & Clear Output	カーネルをリスタートし、出力をクリアします。
Restart & Run All	カーネルをリスタートし、すべてのセルを実行します。
Reconnect	再接続を行います。
Shutdown	シャットダウンします。
Change kernel	カーネルを切り替えます。

■図1-44：「Kernel」メニュー。カーネルの実行に関するメニューが揃えてある。

「Widgets」以降のメニュー

これより後にある「**Widgets**」「**Help**」といったメニュー、またその更に右側にあるリンクなどについてまとめて説明しておきましょう（既出の**図1-38**および後出の**図1-48**参照）。

・「**Widgets**」メニュー
Notebookの「**ウィジェット**」と呼ばれるソフトウェアを利用する際に用います。ウィジェット類がない場合、このメニューは表示されません。

・「**Help**」メニュー
ヘルプ関連のメニューです。最初に操作の説明やキーボードショートカット関連のメニューがありますが、それ以降は基本的にリンク集です。メニューを選ぶとその説明のWebサイトが開くようになっています。

・「**Ttrusted**」
トラステッドのマーク（インジケータ）です。クリックすると消えますが、何か動作するわけではありません。これは単に「**トラステッドである**」ということを表すマークと考えて下さい。

・「**Python**」
メニューバーの右端には「**Python 3**」と表示があり、その隣に○マークが見えます。これは、このノートブックで動作しているカーネルの状態を表します。「**Python 3**」は、現在使用しているカーネルがPythonであることを示し、その隣の○はカーネルが待機状態であることを示します。カーネルがビジー（実行中）の場合は、●マークになります。

キーボードショートカットについて

「**Help**」メニューの中でも、覚えておくと便利なのがキーボードショートカット関連の機能です。

Notebookには、さまざまな操作がキーボードショートカットとして登録されています。これは、「**Help**」メニューの「**Keyboard Shortcuts**」メニューを選ぶと、画面にその一覧リストが表示されます。ここで、どのようなショートカットが用意されているのか確認することができます。

図1-45：「Keyboard Shortcuts」メニューを選ぶと、Notebookのキーボードショートカットが一覧表示される。

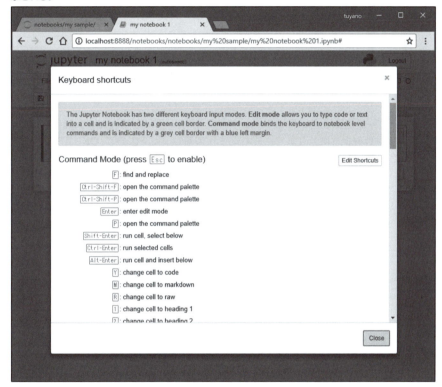

ショートカットを変更する

ショートカットは、自分でカスタマイズすることができます。これは「**Help**」メニューの「**Edit Keyboard Shortcuts**」メニューを使います。

このメニューを選ぶと、画面にはキーボードショートカットのリストが表示されます。ここで、設定したい項目を探し、キーボードショートカットを割り当てます。

実際に簡単なショートカットを設定してみましょう。リストの上から3つ目に、「**shutdown kernel**」という項目があります。この項目の右側にある「**add shortcut**」をクリックして下さい。テキストが記入できるようになります。

この状態で、以下のようにテキストを記入しましょう。

```
Ctrl-R
```

▍図1-46：「Edit Keyboard Shortcuts」メニューを選び、「shutdown kernel」に「Ctrl-R」と入力する。

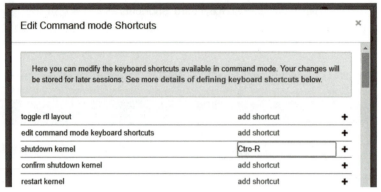

　記述したら、右端の「＋」マークをクリックして下さい。「**Ctrl-R**」が追加され、表示されるようになります。そのままリストの一番下にある「**OK**」ボタンを押して表示を消せば、ショートカットが使えるようになります。

　これで、Ctrlキーを押したまま「**R**」キーを押すと、カーネルがシャットダウン(終了)するようになります。使い方がわかったら、自分なりに操作をカスタマイズしてみましょう。

▍図1-47：「add shortcut」で、ショートカットが登録された。

ツールバーについて

　メニューバーの下には、アイコンが横一列に並んで表示されています。これが、Notebookのツールバーです。ツールバーは、よく使う機能をアイコン化したものです。基本的な機能だけですので、一通りアイコンの役割を覚えておきましょう。

▍図1-48：メニューバーの下にアイコンが並んでいる。これがツールバー。

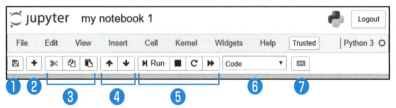

・ツールバーのアイコン（左から順）

❶save and checkpoint	ディスクのアイコンです。ファイルを保存してチェックポイントを更新します。
❷insert cell below	「＋」アイコンです。選択されているセルの下に新たにセルを追加します。
❸cut selected cells/copy selected cells/paste selected cells	選択されたセルのカット、コピー、ペーストを行います。
❹move selected cells up/move selected cells down	「↑」「↓」アイコンです。選択されたセルを1つ上または下に移動します。
❺run/interrupt the kernel/restart the kernel/re-run	セルの実行、カーネルの停止、リスタートを行います。
❻「code」メニュー	選択したセルのタイプを設定します。Code、Markdown、Raw NBConvert、Headingといった項目が用意されています。
❼open the command palette	キーボードのアイコンをクリックすると「コマンドパレット」が現れます。キーボードでコマンドを実行します（**図1-49**）。

図1-49：open the command paletteでは、コマンドパレットが現れる。

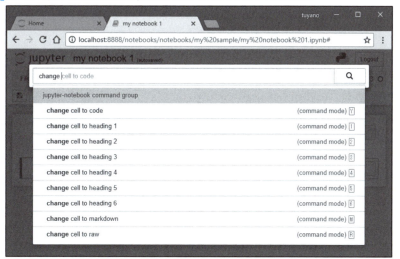

1-3 JupyterLabを使う

JupyterLabとは？

ここまで使ってきたソフトウェアは「**Notebook**」です。これは、Jupyterの基本的なインターフェイスとなるソフトウェアです。

これまで、「**Jupyter = Notebook**」という感じで、両者はほとんど一体のように思われていましたが、この2つは厳密には違うものです。Notebookは、Jupyterを使う最適なツールですが、最近になってNotebook以外のソフトウェアが登場しました。それが「**JupyterLab**」です。

JupyterLab（以後、「**Lab**」と略）は、Notebookとまったく違うソフトウェアではありません。Notebookと同様、ノートブックファイルを開いて利用します。違いは、Labo独自のインターフェイスを持ったWebページが用意されており、更に使いやすくなっている、という点です。Labは「**Notebokの機能に独自インターフェイスの画面を追加したもの**」といえます。

Labは、まだベータ版の段階であり、GitHubで公開されているものが全てです。ここではReadmeなどで使い方などが説明されています（ただし、ここからソフトウェアをダウンロードなどする必要はありません）。

https://github.com/jupyterlab/jupyterlab

図1-50：JupyterLabのGitHubページ。

JupyterLabのインストール

Labは、Notebookを置き換えるものではありません。Notebookにプラスして、より使いやすい環境を提供するソフトウェアです。従って、利用の際にはNotebookもインストールされている必要があります。

では、Labをインストールしましょう。これは、Anacondaを利用しているならば、Navigatorで簡単に行うことができます。

NavigatorのHome画面（最初に表示される画面）を開くと、右側にアプリケーションのアイコンが一覧表示されています。ここに「**JupyterLab**」のアイコンが見えます。この「**Install**」ボタンをクリックすればインストールが実行されます。

なお、Homeを開いたときには、「**Applications on**」のメニューで「**my_env**」仮想環境が選択されているのを確認してからインストールをして下さい（インストールにはけっこう時間がかかります）。

図1-51：Navigatorで「JupyterLab」をインストールする。

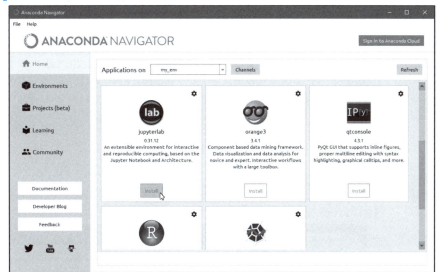

JupyterLabを起動する

インストールが完了すると、Homeに表示されている「**JupyterLab**」アイコンのボタンが、「**Install**」から「**Launch**」に変わります。この「**Launch**」ボタンをクリックすると、Labが起動します。

図1-52：Labの「Launch」ボタンをクリックして起動する。

JupyterLabの起動画面

　Labが起動するとWebブラウザが起動し、以下のアドレスにアクセスしてWebページが表示されます。

http://localhost:8888/lab（http://localhost:8889/lab）

> **Note**
> 　Notebookが起動したままだと、http://localhost:8888/labではなく、http://localhost:8889/labにアクセスをするかもしれません。既に8888ポートが使用中だと、自動的に8889ポートが使われるためです。ポート番号がいくつでも使い方はまったく変わりありません。

　起動すると、Notebookとはまた違った表示が現れます。左側にファイルやフォルダを表示したリストがあり、右側には「**Launcher**」というタブが表示されているでしょう。これがLabの基本画面です（詳細は後述）。

図1-53：Labの画面。

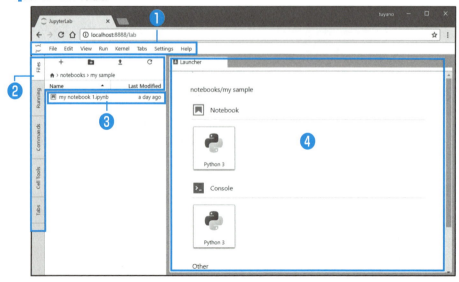

画面の基本的な役割について

では、Labの使い方について説明しましょう。Lab画面は、いくつかのエリアに分かれています。それらの役割について簡単にまとめておきます。

・①メニューバー

上部には、メニューバーが表示されています。このメニューバーは、かなりの部分がNotebookのメニューと同じものです。Lab独自の機能はそれほど多くないので、だいたい使い方はわかることでしょう。

・②左端の切り替えタブ

画面の左端には、縦に「**Files**」「**Running**」「**Commands**」「**Cell Tools**」「**Tabs**」といった切り替えタブが並んでいます。これらは、その右側のエリアの表示を切り替えるためのものです。

起動時に表示されている画面は「**Files**」タブが選択され、ファイルやフォルダの一覧が右側に表示されています。この表示を切り替えることで、そのほかの管理を行えます。これは、Notebookにあった「**Files**」「**Running**」「**Clusters**」といった切り替えタブと同様の役割をするものと考えればいいでしょう。

・③タブの右側の一覧表示エリア

タブの右側には、選択したタブの内容が表示されます。起動時には「**Files**」タブが選択されているので、ファイルやフォルダの一覧が表示されています。

・④右側の「Launcher」タブがあるエリア

その右側の広いエリアでは、開いたファイルの編集などを行います。起動時には「**Launcher**」タブの表示がありますが、これはノートブックファイルなどのファイルを新たに作成して開きます。

Labでは、複数のファイルを開いて表示を切り替えながら作業できます。ノートブックなどを開くと、このエリアに内容が表示されます。開いたファイル類は上部のタブで切り替えることができます。このようにしてLabでは同時に複数のノートブックを利用できます。

各タブの働き

Labの機能としてもっとも重用なのが、左端のタブによる表示の切り替えでしょう。各タブの内容について簡単に整理しておきましょう。

▌「Files」タブ

起動時には、このタブが選択されています。ファイルの一覧を表示します。右側の一覧表示エリアの上部にはいくつかのアイコンが表示されており、これで「**新しいランチャーの表示**」「**フォルダの作成**」「**ファイルのアップロード**」「**表示の更新**」といったことが行えます。

ファイルの一覧表示部分の上部には「**Name**」「**Last Modified**」といったタイトルがあり、これらをクリックしてソート順を変更できます。

一覧部分に表示されているフォルダやファイルは、クリックして開けます。フォルダならばそのフォルダの中に表示を移動しますし、ファイルならばそのファイルを編集する画面が開かれます。

図1-54：「Files」タブの表示。上部にはランチャー起動、フォルダ作成、アップロード、更新といったアイコンが並ぶ。

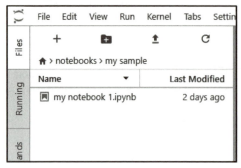

「Running」タブ

現在、実行中のターミナルやカーネルを管理します。これは、ほぼ同じものがNotebookにもありましたね。

「**Running**」タブをクリックすると、右側に「**TERMINAL SESSIONS**」「**KERNEL SESSIONS**」といった項目が表示され、そこに現在実行中のターミナルとノートブックで使っているカーネルが表示されます。

上部には、表示の更新と、全カーネルを終了するアイコンが表示されています。また実行中の項目には「**SHUTDOWN**」というリンクが表示され、これをクリックしてカーネルを終了できます。

図1-55：「Running」タブの表示。実行中のカーネルを管理する。

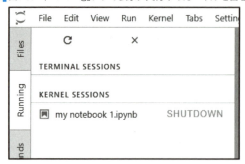

「Commands」タブ

Notebookにあった「**コマンドパレット**」に相当する機能です。「**Commands**」タブをクリックすると、コマンドの一覧リストに表示が切り替わります。ここからコマンドを選択することで実行できます。なお、上の入力フィールドにコマンド名をタイプすると、

そのテキストを含むコマンドに表示が絞り込まれます。

用意されているコマンドは、基本的にメニューバーやボタンやアイコンで用意されている機能です。コマンドでないと実行できない機能というのは特にありません。

図1-56：「Commands」タブの表示。コマンドの一覧が表示される。

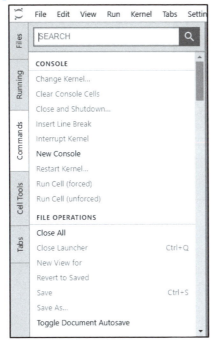

「CellTools」タブ

セルに関する設定を行います。ノートブックが開かれていないと表示されません。

ここには、選択したノートブックやセルに関する設定が用意されています。これを選択すると、以下のような項目が表示されます。

In[ ]	選択したセルの内容が表示されます。
Slide Type	ノートブックでスライド表示を行うときに使います。スライドの方式を選びます。
Raw NBConvert Format	セルでNBConvertを選択した時のフォーマットを選びます。
Edit Metadata	ノートブックやセルには、設定などを記述したデータ（メタデータ）があります。それを編集します。

こうした項目は、実際にスライド表示などを使うようになってから利用すると考えていいでしょう。

図1-57：「CellTools」タブ。セルの設定に関する項目がある。

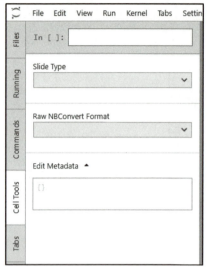

「Tabs」タブ

　タブの管理をします。Labでは、ファイルを開くとそれらはタブの形で表示されます。ここには、開いているタブ（つまり、開いているファイル）が一覧表示されます。ここで、クリックして選択されたタブを切り替えたり、「×」アイコンをクリックしてタブを閉じたりできます。

図1-58：「Tabs」タブ。これはランチャーとノートブックを開いたところ。

Labで追加されたメニューについて

メニューバーは、多くがNotebookと同じものですが、Lab独自に追加されているものもあります。それらについてまとめておきましょう。

「Collapse ～」「Expand ～」

「**View**」メニュー内には、「**Collapse ～**」「**Expand ～**」といったメニューが複数用意されています。これらは、セルの折りたたみと展開に関連する内容です。

セルは、スクリプトなどのソースコードを入力する部分(インプット)と、結果を表示する部分(アウトプット)からなります。メニューには、選択したセルのコード部分とアウトプット部分を折りたたんだり展開したりするものが揃っています。選択したセルのみを操作するもの、すべてのセルを操作するものなどがあります。

図1-59：「View」メニューには、「Collapse ～」「Expand ～」といったメニューが複数用意されている。

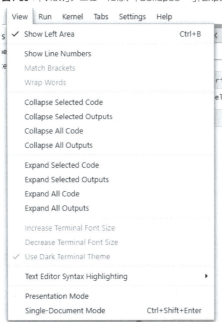

「Tabs」メニュー

Labは複数のファイルを開き、タブで切り替えて表示しますが、そのタブ操作に関するメニューです。以下のような項目があります。

Activate Next Tab	次のタブに切り替えます。
Activate Previous Tab	手前のタブに切り替えます。
それ以降のメニュー	現在開いているタブがメニュー項目として追加されます。これを選ぶことで、選んだタブを選択できます。

■図1-60：「Tabs」メニュー。タブの表示切り替えに関する機能がまとめてある。

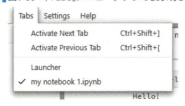

「Settings」メニューについて

　Lab独自の機能をまとめたものとして「**Settings**」というメニューがあります。これは、ノートブックに関する設定です。
　Notebookにも設定はあるのですが、それは簡単に変更できるようにはなっていません。が、Labでは「**Settings**」メニューを使うことで、基本的な設定を操作できるようになっています。

■図1-61：「Settings」メニュー。

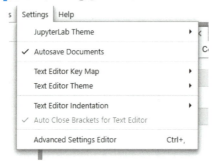

テーマについて

　「**Settings**」メニューにある「**JupyterLab Theme**」は、テーマを設定します。テーマというのは、ページの基本的なルック＆フィールの設定で、標準で「**Dark**」と「**Light**」が用意されています。
　デフォルトでは、Lightが設定されています。「**JupyterLab Theme**」から「**JupyterLab Dark**」メニューを選ぶと、Darkテーマに変更されます。

■図1-62：「JupyterLab Theme」には、DarkとLightのテーマが用意されている。これは、Darkに変更したところ。

自動保存機能

「**Autosave Documents**」メニューは、ファイルの自動保存に関する機能です。このメニューのチェックがONになっていて、ファイルの内容を修正すると自動的に保存されるようになります。保存のし忘れにより書き換えた内容が消えてしまう、といったことを防げます。

図1-63：「Autosave Documents」メニュー。

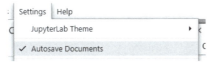

テキストエディタの設定

「**Settings**」メニューには、テキストエディタに関する項目もいくつか用意されています。これは、ノートブックでの入力ではなく、テキストエディタを開いて編集する際に使われます。Labにはノートブック以外にも、テキストファイルを編集するテキストエディタなど各種のエディットツールが用意されています。

・「**Text Editor Key Map**」メニュー

テキストエディタのキー操作の設定を行います。Labでは主なテキストエディタのキーマップが用意されています。このメニューからエディタ名を選ぶことで、そのエディタと同じキー操作で編集作業が行えるようになります。

標準で用意されているエディタは、「**Sublime Text**」「**vim**」「**emacs**」です。

図1-64：「Text Editor Key Map」メニュー。主なテキストエディタのキーマップが用意されている。

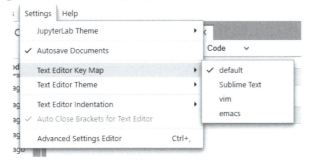

・「**Text Editor Theme**」メニュー

テキストエディタの編集画面にも多数のテーマが用意されています。これはノートブック全体のテーマとは別に設定できます。ノートブック全体のテーマはDarkとLightしかありませんが、テキストエディタのテーマは非常に多くのものが揃っています。

Labのテキストエディタでは、ファイルの種類に応じてキーワードが色分け表示されます。テーマを変更することで、ソースコードの表示色も変わります。

図1-65：「Text Editor Theme」メニュー。さまざまなテーマが用意されている。

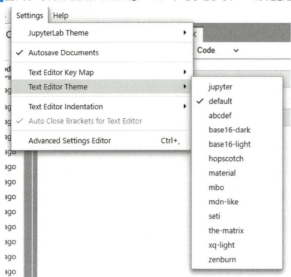

・「Text Editor Indentation」メニュー

　テキストエディタでは、Tabキーでインデント（テキストの開始位置）を設定します。このインデントの幅を調整するのが「Text Editor Indentation」メニューです。

　ここには、タブ記号、半角スペース1、2、4、8個のメニューが用意されています。これらのメニューを選ぶことで、Tabキーでのインデント幅を変更できます。

図1-66：「Text Editor Indentation」メニュー。インデント幅を調整する。

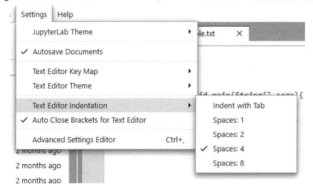

・「Auto Close Brackets for Text Editor」メニュー

　テキストエディタでブラケットを入力する際に、自動的に閉じるブラケットを挿入する機能です。ブラケットとは、{}、()、[]といった記号のことで、プログラミング言語では開始記号と終了記号がセットで使われます。

　メニューのチェックがONになっていると、開始記号をタイプしたときに自動的に終了記号も追加されます。

■**図1-67**：「Auto Close Brackets for Text Editor」メニュー。チェックがONだと、自動的に閉じるブラケットが追加される。

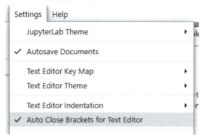

設定の編集エディタについて

「**Settings**」に用意されていない設定類は、一番下にある「**Advanced Settings Editor**」メニュー（**図1-62**参照）で設定することができます。このメニューを選ぶと、設定を編集するための専用エディタが開きます。

左端に設定の項目名がリストとして表示されており、その右側に設定を行うエディット画面が表示されます。このエディット画面には、「**Raw View**」と「**Table View**」が用意されており、デフォルトではRaw Viewが表示されています。両者は、左側のリスト上部にあるリンクをクリックして切り替えることができます。

■**図1-68**：「Advanced Settings Editor」メニューを選ぶとこのような専用エディタが現れる。

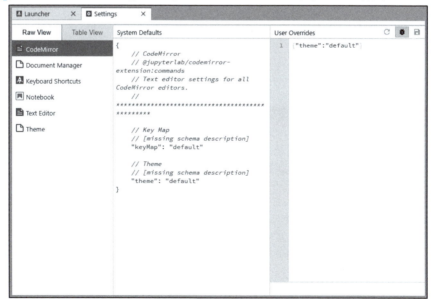

Raw View について

デフォルトで選択されているのが、Raw Viewです。これは、設定ファイルの内容を直接編集します。

Jupyterの設定は、JavaScriptの**JSON**形式のテキストとして用意されています。Raw Viewでは、このJSONのテキストが表示されています。

編集するエリアは更に2つに分かれており、左側(System Defaults)にシステムのデフォルト設定が表示され、右側(User Overrides)にカスタマイズする内容が表示されます。左側は、設定内容が表示されるだけで編集はできません。設定を変更したい場合は、右側のテキストを書き換えます。

Table View について

もう1つのTable Viewは、設定の項目と値をテーブルの形で表示します。これは、左側のリスト上部にある「**Table View**」をクリックすると切り替わります。

Table Viewは、項目と値を表示するだけで、編集することはできません。つまり、内容を確認するためのものと考えましょう。実際に値を編集する場合は、Raw Viewで作業をして下さい。

図1-69：Table Viewでは、設定する項目名と値が一覧表示される。

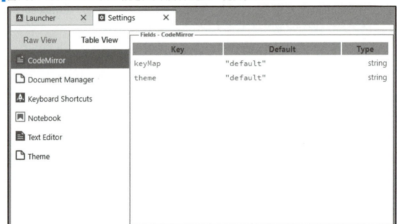

すべての設定内容が記述される

この設定専用のエディタでは、左側のリストをクリックして切り替えることで、設定の内容を変更できます。デフォルトの状態で、既にいろいろな設定内容が記述されているのがわかるでしょう。

これらの多くは、「**Settings**」メニューで設定したものです。「**Advanced Settings Editor**」で表示されるエディタでは、すべての設定項目が表示されます。「**Settings**」メニューにあるそのほかの設定もすべて「**Advanced Settings Editor**」の設定項目に表示されるのです。

とりあえず、ここでは用意されている細かな設定内容などまでは触れません。「**Labを使えば、Jupyterの細かな設定が編集できる**」ということだけわかっていれば十分でしょう。

Google Colaboratoryについて

これでJupyterを利用するための環境構築ができ、一通りの使い方もわかりました。次章から、本格的なJupyterの利用について説明を行っていきます。

が、その前に、「**そもそもこうした環境構築などができない**」という場合のために、**オンラインのJupyter環境**について触れておくことにしましょう。

Anacondaを使った環境構築は、当たり前ですがWindowsやmacOSといったPC用プラットフォームで利用する前提で用意されています。が、現在では必ずしもこうしたPCを利用して作業を行うとは限りません。

教育分野では、Chromebookが日本でも少しずつ使われるようになっています。Chromebookは、基本的にWebブラウザベースのアプリケーションしか利用できず、そのままではAnacondaのインストールも行えません。また、iPadやAndroidタブレットなどのタブレット類を利用している人も多いことでしょう。こうした環境でもAnacondaはインストールできません。

このような環境でもPythonとJupyterを利用することは、実は可能です。Googleが提供する「**Google Colaboratory**」というWebサービスを利用するのです。これは以下のアドレスで公開されています。

https://colab.research.google.com

図1-70：Google Colaboratoryのサイト。アクセスすると、新しいノートブックを作成する画面になる。

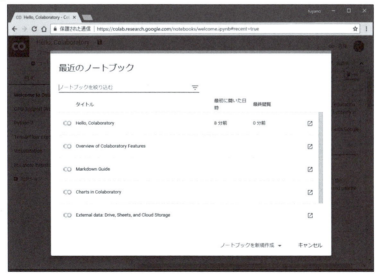

Note

Google Colaboratoryは、2018年3月に公開されたばかりのサービスであり、今後のアップデートにより内容が変わる可能性もあります。ここでの紹介は、2018年4月時点でのものである、という点をご了承下さい。

Google Colaboratoryの基本画面

Google Colaboratoryは、NoteboookベースのWebサイトです。Jupyterで利用される主なライブラリ類がインストール済みとなっており、大抵はそのまま利用することができます。

アクセスしたページで、「**ノートブックを新規作成**」をクリックし、ポップアップして現れるメニューから「**PYTHON 3の新しいノートブック**」を選ぶと、新たなノートブックが作成され、その場で使えるようになります。

■**図1-71**：「ノートブックを新規作成」をクリックし、「PYTHON 3の新しいノートブック」を選ぶ。

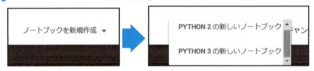

現れる画面は、Notebookとルックアンドフィールが異なりますが、基本的な使い方はだいたい同じです。左側に「**セクション**」のリストが表示され、右側にノートブックの内容が表示されます。ここで、NotebookやLabと同じようにセルを作成し、実行していきます。

■**図1-72**：セルにスクリプトを記入して実行する。基本的な扱いはNotebookと同じだ。

Google Colaboratoryの特徴

Google ColaboratoryはNotebookベースですが、細かな点で違いもあります。主な特徴を整理しておきましょう。

セクションで整理する

Google Colaboratoryでは、「**セクション**」を用意できます。これは、ノートブック内に用意するセルのグループのようなもので、Markdownで記述します。

ノートブックでは、まず左側の「**セクション**」をクリックして新しいセクションを作ります。そして、新しいセルを作ると、セルはそのセクション内に用意されます。そうして、

セクションごとに内部のセルを表示したり隠したりできます。1つのノートブック内をセクションでグループに分けて整理できるのです。

図1-73：Google Colaboratoryでは、セクションを作成し、その中にセルを配置できる。

主なライブラリはインストール済み

Google Colaboratoryでは、Jupyterで利用する主なライブラリがすべてインストール済みになっています。従って、別途インストールなどの作業を行う必要がありません。また後述しますがGoogle Colaboratory独自のライブラリもいろいろと揃っており、それを使ってGoogleドライブなどほかのGoogleサービスと連携することが可能です。

ただし、インストールされていないプログラムを後から追加しようという場合、いろいろと制限があります。Google Colaboratoryの環境は固定であり、ユーザーがカスタマイズする余地はそれほど多くありません。例えば、「**Python以外に、JavaScriptのカーネルを使いたい**」と思っても、Google Colaboratoryが対応していなければ使えないのです。

共同編集機能

Googleドキュメントなどに組み込まれている、複数ユーザーでの共同作業機能がGoogle Colaboratoryにも組み込まれています。ファイルを複数で共有したり、閲覧や編集を共同で行ったりすることができます。

また、コメント機能も標準で備わっており、セルごとに共同編集者がコメントを付けることができます。コメントや編集はユーザーごとに権限を割り当てられるので、「**AとBは共同編集でき、それ以外のメンバーはコメントのみ**」といった設定が簡単にできます。

Jupyterは、デフォルトではJupyterのサーバーを起動した環境での利用のみが考えられており、ノートブックを公開して複数ユーザーがアクセスできるようにするためには

Chapter 1 Jupyter を利用する

面倒な作業が必要になります。Google Colaboratoryなら、すぐにでも仲間でノートブックを共有して利用できます。

▌Google ドライブと連携

作成したノートブックは、Googleドライブに保存されます。Googleドライブの「**Colab Notebooks**」というフォルダの中に保存され、そこからいつでも開いて作業が行えます。

また、GoogleドライブやGoogleクラウドストレージへのアクセスに関するライブラリも用意されており、PythonのスクリプトからGoogleドライブやクラウドストレージのファイルを読み込んで利用することができます。データ解析などは、こうしたサービスを使ってデータを用意しておき、それを読み込んで解析できるわけです。

もう1つのJupyter環境

──以上、その特徴を整理するなら、「**標準でほとんどのことができる、ただし拡張しようとするといろいろ制約がある**」ということでしょう。Webブラウザでアクセスすればいつでもどこでも作業ができるため、「**クラウドのJupyter**」として非常に重宝します。また標準で本格的な共有機能が備わっているため、「**仲間内で共有して使うノートブック**」が欲しい人にはすぐにでも役に立ちます。

ただし、標準的な機能以外のことをさせようとすると、できないことも多いのです。「**できることはいつでもどこでもできるが、できないことはどうやってもできない**」ということですね。

その特徴を把握していれば、非常に強力なツールとしてGoogle Colaboratoryはかなり役に立ってくれるはずです。PCとは別の「**もう1つのJupyter環境**」として覚えておきましょう。

Chapter **2**

Markdownによる
ドキュメント記述

Jupyterでは、Markdownを利用してドキュメントを記述
することができます。ここでは、ドキュメント記述の基本に
ついて一通り説明をしましょう。

データ分析ツールJupyter入門

2-1 Markdownの基本

Markdownについて

では、いよいよJupyterを使ってレポートを作成するための方法を説明しましょう。まずは、ドキュメントの記述に用いられる「**Markdown**」の使い方です。

Jupyterでは、それぞれのセルは、スクリプトを書いて実行するほかに、ドキュメントの記述を行うためにも利用できます。このドキュメント記述に使われるのが、Markdownです。

Markdownは、文書記述のための軽量マークアップ言語です。文書記述のマークアップ言語というとHTMLなどを思い浮かべるかもしれませんが、MarkdownはHTMLとはだいぶ違います。ただし、JupyterのMarkdownでは、HTMLのタグも利用できるため、「**HTMLに更に便利な機能を追加したもの**」と考えても間違いではないでしょう。

Markdownは、ジョン・グルーバー氏によって作成されたのですが、HTMLなどのように標準化団体などによって仕様が決定されているわけではありません。その後、さまざまな実装が登場し、プログラムによって細かな方言が生じています。ですから、ここで説明するものも、「**Jupyterで使うMarkdown**」と考えて下さい。

入力をMarkdownに切り替える

Markdownを利用するためには、セルの種類を変更します。先にサンプルとして作成した「**my notebook 1**」ノートブックを開いて下さい。NotebookでもLabでも構いませんが、ここでは前章の流れをそのまま受け継いで、Labでファイルを開いて操作していくことにします。

ノートブックを開いたら、適当なセルを選択して下さい。まだ未入力のセルがよいでしょう。なければ、「**Insert a cell below**」（Notebookでは「**Insert**」メニュー、Labではノートブックを開いて上部にあるツールバーの「**+**」アイコン）を使ってセルを作成して下さい。

入力を行うセルを選択したら、セルの種類を「**Markdown**」に変更します。これで、そのセルはMarkdownを入力するものに変わります。ここにスクリプトなどを記入しても実行はされなくなります。

図2-1：セルを選択し、「Code」メニューを「Markdown」に変更する。

ドキュメントの記述

Markdownは、基本的に「**プレーンテキストを記述する感覚でドキュメントを記述する**」ということを考えて作られています。ですから、テキストの記述は、特別な記号など必要なく、そのまま書くだけです。

ただし、段落は空行で分けられます。例えば、このような具合です。

リスト2-1
```
最初の段落。

2番目の段落。
```

記述をしたら、セルを実行してみて下さい。ノートブックの表示エリアの上部にあるRunボタン(CDなどのプレイボタンのアイコン)をクリックすると、セルが実行されます。Codeのセルの場合、これでスクリプトが実行されるのですが、Markdownの場合は記述内容を元にドキュメントが生成されます。

図2-2：RunボタンをクリックするとMarkdownのドキュメントが表示される。

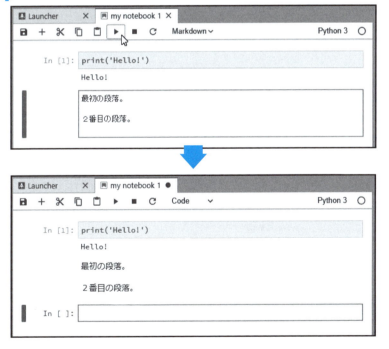

Runすると、2つの文はそれぞれ別々の段落として表示されるようになります。本文のテキストを記述するとき、注意すべき点は「**スペースなどでインデントを入れない**」という点でしょう。

タイトルと見出し

本文の次に覚えるべきは、「**見出し**」でしょう。HTMLでは、<h1> 〜 <h6>の6段階の見出し用タグが用意されていますが、これと同等のものがMarkdownにも用意されています。実際に使ってみましょう。

先ほど書いたセルの入力部分(現在は、Markdownによる表示がされているところ)をダブルクリックして下さい。セルが、元のテキストを入力できる状態に戻り、再び編集できるようになります。ここに、以下のように記述をしてRunしてみましょう。

リスト2-2
```
# レベル1の見出し
## レベル2の見出し
### レベル3の見出し
#### レベル4の見出し
##### レベル5の見出し
###### レベル6の見出し
```

図2-3：実行すると、6段階の見出しが表示される。

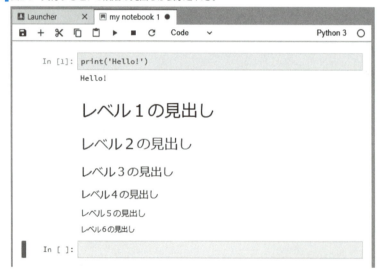

これが、見出し用の記述です。見出しは、文の最初に「#」記号を必要な数だけ付け、半角スペースを空けてから見出しとなるテキストを記述します。#は、1つがもっともレベルの高い見出し(HTMLでの<h1>に相当するもの)で、6つが最も低いレベルの見出し(HTMLでの<h6>相当)となります。

= または - による指定

もっとも重要度の高い二種類の見出しについては、別の書き方も用意されています。それは、見出しになるテキストの**次の行**に=または-記号を**2つ以上**記述した行を用意します。例えば、このような具合です。

リスト2-3
```
レベル1の見出し
===
レベル2の見出し
---
本文のテキスト。
```

図2-4：レベル1と2の見出しには、別の書き方も用意されている。

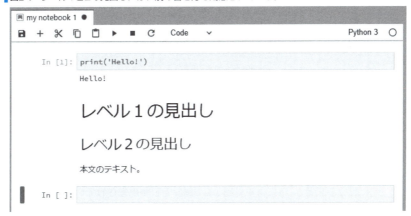

　このように記述をしてRunすると、見出しと本文が表示されます。見出しとなるテキストの次行に===や---を付けることで、その前の行が見出しとして扱われるようになるのがわかります。また、この===や---は、同じ記号が2つ以上続いていれば、いくつ書いてあっても同じように認識します。

Markdownのエディット機能について

　実際に試してみるとわかりますが、文の冒頭に#を付けると、その文の終わりまでが青いボールドで表示されるようになります。これは、「**この文が見出しであること**」がわかるようにテキストスタイルを変えているのです。

　これは、Jupyterに内蔵されているMarkdown用の編集機能です。Jupyterでは、Markdownを記述する際、Markdownで用意されている記号類などをもとに、テキストの表示スタイルを変更します。

図2-5：#を付けると、その文は青いボールドで表示される。

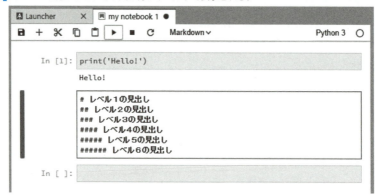

　これは、Markdownで実際に表示されるドキュメントの表示とは別のものです。記述した内容が、Markdownで特別な意味を持っていることを一目で確認できるようにしているのです。
　この機能は、Markdownの文法を基に機能しているため、表示を見ていれば、正しく書けているかどうかがわかります。例えば、#を7つ記述すると、その文は青いボールドにはなりません。#による見出しは6個までしか用意されていないためです。このように、タイトルを書こうとしてテキストが青いボールドに変わらなければ、「**どこか間違っている**」とわかるのです。

図2-6：#が7つ、8つと増えると、もうボールドでは表示されなくなる。Markdownが対応していないためだ。

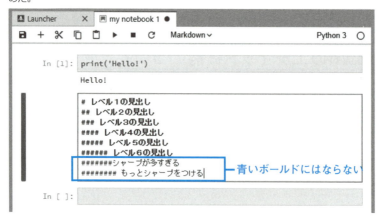

スタイルの設定

　続いて、スタイルの設定です。Markdownのテキストでは、任意のテキスト部分にスタイルを設定できます。
　これは、「*」記号または「_」記号を使って記述します。これらの記号でテキストの前後を挟むことで、その間の部分にスタイルを設定することができます。スタイルは、記述する記号の数によって設定されます。

記号1つ	記号で挟んだ部分をイタリックにする。
記号2つ	記号で挟んだ部分をボールドにする。
記号3つ	記号で挟んだ部分をイタリック&ボールドにする。

これは、*でも__でも同じように使えますが、必ず最初と最後を同じ記号で記述して下さい。例えば、「**○○__」というように、前後が異なる記号になっていると正しく認識されません。

では、実際に利用してみましょう。Markdownセルの内容を以下のように書き換え、Runして下さい。

リスト2-4

```
# スタイルの設定
*Italic*の表示。


**Bold**の表示。


***Italic & Bold***の表示。
```

図2-7：イタリックとボールドのスタイルを設定する。

Runすると、テキストの一部分がイタリックやボールドで表示されるようになります。見出しなどは、指定するとその文全体が設定されますが、スタイル関係はテキストの一部分だけを指定できます。

取り消し線も！

このほかのスタイルとして、取り消し線(テキストの真ん中に横線を引いたもの)もサポートしています。これは、「~~」(チルダ)という記号を使います。利用例を見てみましょう。

リスト2-5

```
# スタイルの設定
~~取り消し線~~の表示。
```

図2-8：取り消し線を表示した例。

ボールドやイタリックなどと同様に、~~記号でテキストの前後をはさみます。これで、その間のテキストに取り消し線を表示します。

> **Note**
>
> 下線はMarkdownではサポートされていません。Jupyterの場合、HTMLの<u>タグを使ってもうまく下線は表示できないようです。ただし、これはバージョンによるかもしれません。今後のアップデートで対応するようになる可能性もあるでしょう。

テキストの引用

引用は、メールなどでよく用いられる「>」記号を使います。文の始まりに>を付けることで、その文が引用扱いになります。

また、>を複数付けることで、引用の階層を表すこともできます。例えば、>>とすれば、引用内から更に引用をしているように扱われます。

リスト2-6

```
# 引用の設定
引用文の指定。以下、引用テキスト。
```

>引用されたテキスト。
>>更に引用されたテキスト。
>>>更に更に引用されたテキスト。

引用終わり。本文に戻る。

▌図2-9：引用テキストの例。階層的に引用を表示している。

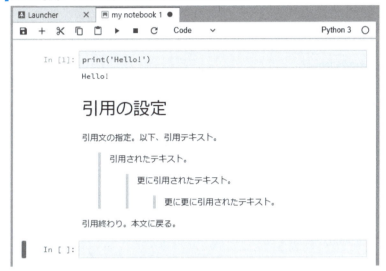

　これを実際にRunして表示してみると、引用が3段階でされていることがわかるでしょう。引用、引用の引用、引用の引用の引用……という具合に、引用は階層的に設定できることがよくわかります。

ソースコードの記述

　Jupyterはプログラムを作成して実行するためのものですから、ドキュメント内にプログラミング言語のソースコードを記述することも多々あるでしょう。こうしたソースコードの記述には、「```」という記号を使います。

・ソースコードの記述
```
```
ソースコード
```
```

　このように、ソースコードの前後に```を付けてソースコードをはさみます。これで、間の部分がソースコードとして認識されるようになります。

言語の指定

ただし、このやり方では、HTMLの<pre>タグで掲載しているような感じで、ソースコード自体は何の操作もされません。単に等幅フォントで表示されるというだけです。

ソースコードは、なるべく見やすく表示する必要があります。Markdownでは、```記号の後に言語名を指定することで、その言語のソースコードとしてテキストを解析し、スタイルを設定して表示させることができます。

これは、実際に違いを見てみるのが早いでしょう。以下のようにドキュメントを記述してみて下さい。

リスト2-7

```
# ソースコードの設定
デフォルトのソースコード
```
def hello():
    print("hello")
```

言語の指定をした場合
```Python
def hello():
    print("hello")
```
表示の違いが確認できる。
```

図2-10：ソースコードの記載例。言語名を指定すると、ソースコードのキーワードなどにスタイルが設定され、より見やすくなる。

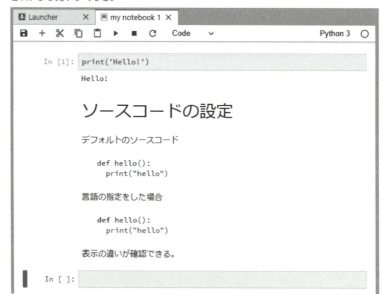

Runして表示を確認しましょう。ここでは2つのリストを```で記載してあります。1つ目は、単に```でくくっただけです。2つ目は、「```**Python**」というように、言語名を指定しています。1つ目が、ただテキストを表示するだけであるのに対し、2つ目は**単語の役割に応じてボールドになったり、色分けして表示されていたりする**のがわかります。

対応している言語は非常に多岐にわたっています。CやJava、JavaScriptといったメジャーなものはもちろん、COBOLやFORTRAN、Lispといった古い言語からGo、Dart、TypeScriptといった比較的新しいものまで幅広く対応しています。2018年3月現在で確認した限りでは、メジャーな言語で対応していないのは、BASIC、Pascal、Logo、Smalltalkといったものぐらいでした。これらは現在、あまり現役では使われていませんから、実際に利用されている言語はほぼすべて対応していると考えていいでしょう。

仕切り線の表示

HTMLでは、**<hr>**で仕切り線を表示できますが、Markdownでも同様の仕切りは作成できます。これは、以下のような記号を使います。

```
***
---
___
```

アスタリスク、マイナス、アンダースコアといった記号を**3つ以上**続けて書くと、仕切り線になります。これらの記号で仕切りを作成する際には、この記号以外のものを同じ行内に記述してはいけません。***の後になにかのテキストなどが書かれていると、仕切りとは判断されなくなります。

また、HTMLの<hr>タグでも仕切り線を表示させることができます。この場合、sizeなどの属性は無視されます。

リスト2-8
```
# 仕切りの設定
テキストその1.
***
テキストその2.
```

図2-11：Runすると、テキストの間に仕切り線が表示される。

　上記のリストをRunすると、2つのテキストの間に仕切り線が表示されます。非常に簡単ですね。

リンクの作成

　HTMLでは、ほかのWebページを開くリンクが非常に重用な働きをしています。Markdownの文書でも、もちろんリンクは作成できます。
　Markdownでは、**http://** あるいは **https://** で始まるURLのテキストを書くと自動的にリンクとして扱われます。ただし、その後にテキストを続ける場合は、どこまでがURLかわかりにくくなるため、**URLの最後に半角スペース**などを入れておきます。

　場合によっては、URLを表示するのではなく、テキストなどにリンクを割り付けておきたいこともあります。このような際には、以下の形で記述をします。

```
[ テキスト ]( リンク先 )
```

　こうすることで、指定したテキストにリンクが割り当てられます。では実例を挙げておきましょう。

リスト2-9
```
# リンクの設定
リンクの表示1. http://google.com リンクの表示。

リンクの表示2. [リンク](http://google.com)の表示。
```

図2-12：リンクの表示。URLをそのままリンクとして表示する方法と、テキストにリンクを割り当てる方法がある。

Runすると、2つのリンクが表示されます。URLをそのまま書く場合は、半角スペースを空けるのを忘れないで下さい。[]()記号で指定する場合は特に必要ありません。

引用タイプ・リンク

ある程度のまとまったドキュメントを記述する場合、その中に細かくリンクなどを用意しておくのはドキュメントをわかりにくくしてしまいます。一般のドキュメント（紙媒体のドキュメントなど）では、こうしたものは**「引用」**として用意しておくのが一般的です。つまり、ドキュメントの本文には、[1]、[2]といった引用番号だけを挟んでおき、本文の後にまとめて引用先などを掲載しておくわけですね。

Markdownでは、この**「引用タイプ」**のリンクをサポートしています。これは以下のような形で記述をします。

・引用の指定

```
[ テキスト ][ 引用番号など ]
```

・引用の記述

```
[ 引用番号など ]: リンク先の指定
```

引用タイプのリンクは、本文の中に引用の指定を埋め込んでおき、本文が終わった後で引用の内容を記述します。本文内に埋め込む引用指定は、2つの[]記号を使います。1つ目の[]には引用を割り当てる本文テキストを記述し、2つ目の[]には引用の番号などを指定します。これで、1つ目の[]に記述したテキストに指定の引用が割り当てられることになります。

これはちょっとわかりにくいので、実例を見ながら記述を確認しておきましょう。簡単なサンプルを挙げておきます。

リスト2-10

```
# リンクの設定
引用によるリンクの設定。[Google][1]や[Yahoo!][2]のリンク。

[1]: http://google.com "Google"
[2]: http://yahoo.co.jp "Yahoo!"
```

図2-13：引用を利用したリンクの指定。本文内にリンクが埋め込まれる。

　ここでは、本文内に**[Google][1]**というように引用が埋め込まれています。これで、「**Google**」というテキストに、**[1]**の引用が設定されます。
　本文の後には、**[1]: http://google.com "Google"**というように引用が記述されています。これで、[1]の引用にhttp://google.comのリンクが割り当てられるようになるのです。

イメージの表示

　イメージの表示は、いくつかのやり方があります。直接イメージファイルを指定するやり方と、リンクと同様に引用を指定するやり方です。それぞれの書き方をまとめましょう。

・イメージファイルを指定して表示する

```
![ 代用テキスト ]( イメージファイル タイトル )
```

・引用を指定して表示する

```
![ 代用テキスト ][ 引用番号など ]
```

・引用の記述

```
[ 引用番号など ]: イメージファイル タイトル
```

イメージの指定は、「**代用テキスト**」「**イメージファイル**」「**タイトル**」の3つの要素で構成されます。

代用テキストは、イメージが読み込まれ表示されるのに時間がかかる場合、イメージの代わりに表示されるテキストです。イメージファイルは、ファイルのURLやパスなどの形で指定をします。タイトルは、イメージにマウスポインタを重ねたときなどに表示されるテキストのことです。

イメージを用意する

では、これもサンプルを掲載しておきましょう。まずは、イメージファイルを用意しておきます。ここでは、ノートブックファイル（ここでは「**my notebook 1**」）があるフォルダ内に「**image.jpg**」という名前のファイルを用意しておくことにします。

Labの場合、左側のファイルのリストが表示されているエリアの上部のアップロードアイコン（「↑」アイコン）をクリックし、イメージファイルを選択します。Notebookの場合は、Dashboardに戻り、「**Upload**」ボタンをクリックしてファイルをアップロードして下さい。

図2-14：アップロードアイコンを使い、イメージファイルをノートブックと同じ場所にアップロードしておく。

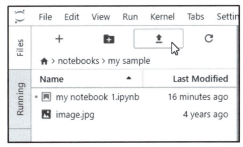

イメージを表示する

では、用意したイメージファイルを表示させましょう。ここでは、ファイルパスを指定してイメージを表示する例を挙げておきます。

リスト2-11
```
# イメージの設定
![代用テキスト](image.jpg "サンプルイメージ")
```

図2-15：image.jpgのイメージを表示する。

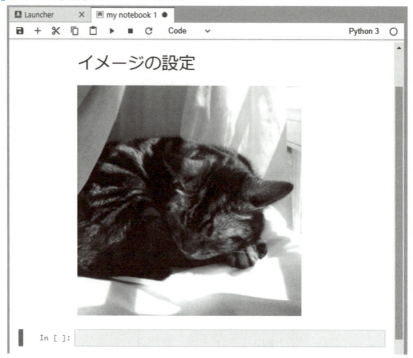

　Runすると、image.jpgが表示されます。非常に簡単にイメージが表示されますね。ここでは直接パスを指定していますが、引用を利用してもまったく同じようにイメージが表示されます。

イメージサイズを指定するには？

　ただし、実際に使ってみると、このイメージ表示はちょっと使いにくいかもしれません。なぜなら、イメージの大きさを指定できないからです。

　では、イメージサイズを指定したい場合はどうすればいいのか。それは、Markdownの記法を使わず、HTMLの**<img>**タグを利用するのです。MarkdownではHTMLタグも正しく認識できるのですから。

リスト2-12

```
# イメージの設定
サイズを指定して<img src="image.jpg" width="100px">イメージを表示する。
```

図2-16：イメージを100ドットのサイズで表示する。

このようにすると、イメージを100ドットの大きさで表示することができます。
<img>タグを使い、**width**に幅を指定すればいいのです。

Markdownの記法は非常に効率的にドキュメントを記述でき便利ですが、それだけで完璧に記述できるわけではありません。必要に応じてHTMLタグを組み合わせることも考えながら記述するとよいでしょう。

2-2 リストとテーブル

箇条書きリストについて

ドキュメントの中では、構造的にコンテンツを構築していく、複雑な要素もあります。その代表的なものが「**リスト**」と「**テーブル**」でしょう。これらの記述についてまとめて説明しましょう。

まずは、「**リスト**」についてです。リストというは、わかりやすくいえば「**箇条書き**」のことです。これは、行の冒頭にリストを示す記号を付けることで簡単に記述することができます。使える記号は、「*」「+」「-」といったものです。これらの記号を冒頭に付け、半角スペースを空けてからテキストを記述すると、そのテキストは箇条書きのリストとして扱われます。

リスト2-13

```
# リストの設定
箇条書きのリストの作成。
* 最初の項目。
```

```
+ 次の項目。
- 最後の項目。
```

図2-17：箇条書きリストの表示。

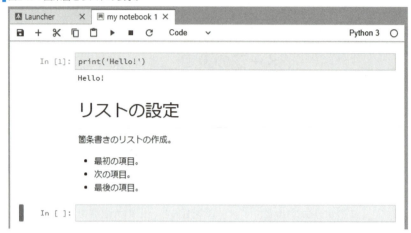

ここでは3つの箇条書きの項目を表示しています。見ればわかるように、3つの項目はそれぞれ異なる記号を使っています。記号が混在していても問題なくリスト表示されることがわかります。

階層化されたリスト

　ドキュメントの構成案などをまとめるような場合、単純な箇条書きではなく、階層化されたリストの作成が必要になります。

　Markdownでは、リストの項目をインデントすることで簡単に階層化することができます。これは、Tabキーを使ってタブでインデントをしてもいいですし、半角スペースを使っても行えます。この場合、「**スペースいくつで1つ深い階層になるか**」といった指定はありません。スペースなどでテキストの開始位置を右にずらせば、自動的に1つ下の階層になります。

　では、実際の利用例を挙げておきましょう。

リスト2-14
```
# リストの設定
箇条書きのリストの作成。
+ 最初の項目。
    + 内部の項目。
        - 更に内部の項目。
    + 内部の項目その2。
+ 次の項目。
    + 内部の項目。
    + 内部の項目その2。
```

図2-18：階層化されたリストの例。

　Runしてみると、最大で3階層になったリストが表示されます。ここでは、リストの階層は**半角スペース4つ**でインデント指定をしてあります。このようにスペースで開始位置を調整することで、階層的なリストが作れます。

　注意したいのは、「**インデントの位置**」です。タブを利用した場合は、「**タブいくつ分か**」を考えればいいのですが、半角スペースを使う場合、同じ階層にあるものはすべて同じスペース数に揃えておかないと予想外の表示になってしまいます。
　例えば、サンプルのリストが以下のようになっていたとしましょう。

リスト2-15

```
+ 最初の項目。
    + 内部の項目。
        - 更に内部の項目。
    + 内部の項目その2。
  + 次の項目。
    + 内部の項目。
    + 内部の項目その2。
```

▍**図2-19**：「次の項目」が、「最初の項目」と同じ階層ではなくなっている。

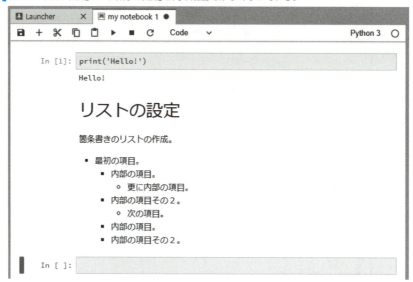

これをRunしてみると、先ほどとは表示が変わってしまっているのがわかるでしょう。「**次の項目**」が、「**最初の項目**」の内部の階層として扱われていることがわかります。これは、「**次の項目**」の前に半角スペースが1つはいっているためです。これにより、「**次の項目**」は「**最初の項目**」と同じ階層とは判断されなくなってしまうのです。

同じ階層のインデントは必ず揃える、という点に注意して下さい。

ナンバリングされたリスト

箇条書きの場合、番号を割り振って表示することもあります。こうしたリストは、冒頭の記号の代わりに「**数字.**」というように、数字の後にドットを付けます。その後に半角スペースを付けてテキストを記述すれば、それがナンバリングされたリストの項目として表示されるようになります。

ここで重用なのは、「**実際にリストが表示されるときは、番号は新たに割り振り直される**」という点です。記述した番号とは関係なく、通し番号が割り振られるのです。

では、実際にやってみましょう。

リスト2-16
```
# リストの設定
箇条書きのリストの作成。
1. 最初の項目。
1. 次の項目。
1. 最後の項目。
```

▎**図2-20**：Runすると、1から順に番号が割り振られたリストが表示される。

　Runしてみると、ナンバリングされた3項目のリストが表示されます。注目してほしいのは、記述している番号です。ここでは、3つの項目全てに「**1.**」と番号が割り振られていますね。それなのに、リストにはちゃんと1. 2. 3. ……と番号が割り振られています。Markdownで記述したテキストと実際の表示はイコールではない、ということを覚えておきましょう。

▎**階層化ナンバリングリスト**

　このナンバリングリストも、インデントを使うことで階層化することができます。試しに、先ほど作った階層化リストのサンプルをナンバリングする形に書き直してみましょう。

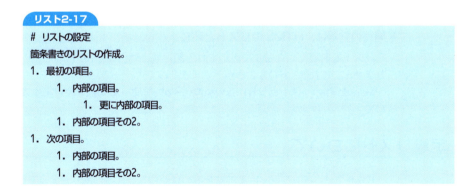

リスト2-17

▎**図2-21**：階層化されたナンバリングリストの例。

　これをRunすると、階層化されたリストが表示されます。一番上の階層にある項目には、「**1.** ○○」「**2.** ○○」というように整数でナンバリングがされます。
　その内部の階層は、「**A.** ○○」「**B.** ○○」というように、アルファベットの大文字を使って項目が表示されます。更にその内部の階層では、「**a.** ○○」「　**b.** ○○」といった具合に小文字のルファベットでナンバリングされます。
　ナンバリングは、数字、大文字英文字、小文字英文字という具合に階層ごとに表記が変わります。この表記は、階層ごとに入れ替えたりすることはありません。自動的に割り振られます。

▎**階層の記号は、HTMLのリストと同じ**

　リストを階層化したときに表示される記号は、Markdownが管理しているわけではありません。これは、HTMLの表示そのままなのです。
　Markdownのリストは、HTMLの**<ul>**や**<ol>**を使ったリストを自動生成するだけのものです。

定義リストについて

　HTMLでは、<ol>や<ul>によるリストのほかにもリストがあります。それは「**定義リスト**」と呼ばれるもので、**<dl>**、**<dt>**、**<dd>**といったタグを使って記述します。同等のものは、Markdownでは用意されていません。直接、これらのタグを使って記述することはできますが、注意しておく点があります。

2-2 リストとテーブル

リスト2-18

```
# リストの設定
箇条書きのリストの作成。
<dl>
    <dt>項目その1<dt>
    <dd>項目その1の説明テキスト。</dd>
    <dt>項目その2<dt>
    <dd>項目その2の説明テキスト。</dd>
</dl>
```

図2-22：Notebook（上）とLab（下）での表示の違い。Labではリストとして表示されない。

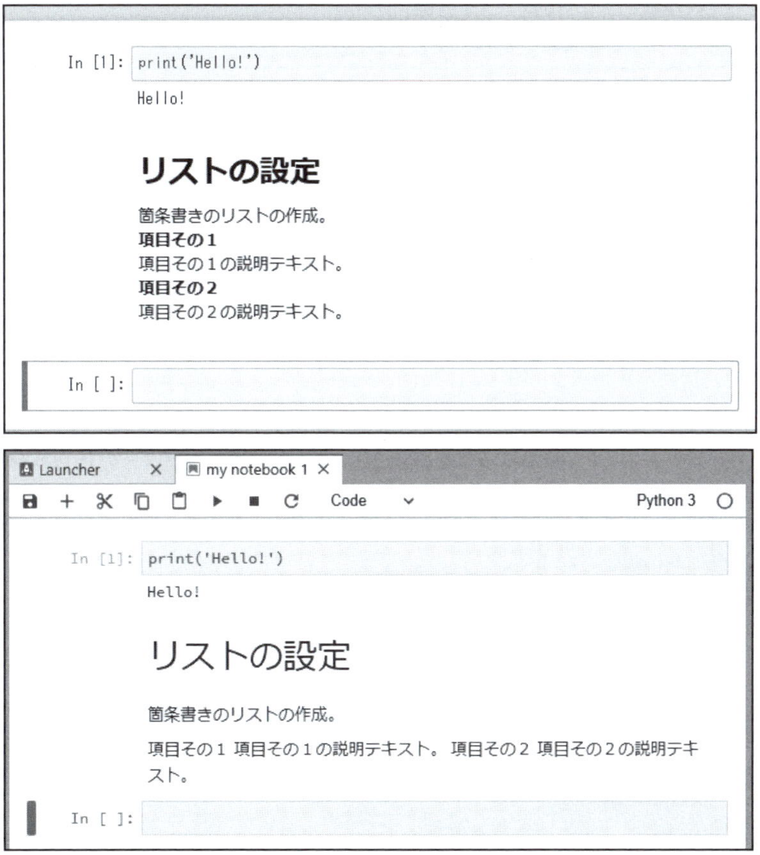

簡単なサンプルを書いてRunしてみましょう。すると、Notebookを利用している場合、リストとして表示されるのですが、**Labではタグを認識せず、ただのテキストになってしまいます。**

Labはまだ開発中のソフトウェアですので、今後のバージョンアップによっては対応するようになる可能性もあります。ただ、本書執筆時点では、そういう動作の違いがある、ということです。そのあたりを理解した上で使うかどうか決めるべきでしょう。

79

テーブルの作成

多くのデータを整理して表示するのに用いられるのが、テーブルです。HTMLでは**\<table\>**タグを使って記述をしますが、Markdownではもっとシンプルな形でテーブルを記述することができます。

テーブルの基本的な書き方は以下のようになるでしょう。

```
| header1  | header2  | …略… |
|--------- |--------- | …略… |
| item1    | item2    | …略… |
| item1    | item2    | …略… |
| ……必要なだけ記述…… |
```

① テーブルは、複数の項目を並べた文を複数行用意して作成する。

② 各行の最初と最後は｜を付ける。また各項目は、｜記号を使って区切る。

③ 最初の行にはヘッダーを用意する。

④ ヘッダーの次行には、---（複数の半角マイナス記号）を項目とする行を用意する。これがヘッダーとテーブルの内容の仕切りになる。

⑤ テーブルの前後は空行を用意する。これにより、どこからどこまでがテーブルの記述か判別するようになる。

要するに、「**｜記号で項目を区切る**」「**ヘッダーと、ヘッダーの仕切り線を用意する**」という点に注意して書く、ということです。なお、ここでは半角スペースで各項目の幅を揃えてありますが、各行の幅は揃える必要はありません。テーブルが生成される段階で自動的に調整されます。

では、実際の利用例を挙げておきましょう。

リスト2-19

```
# テーブルの設定
テーブルの表示。

|支店|販売数|
|-|-|
|東京|12300|
|大阪|9870|
|名古屋|450|
|ロンドン|40|


テーブルの終了。
```

図2-23：テーブルを表示したところ。

Runすると、簡単なテーブルが表示されます。「**支店**」「**販売数**」というヘッダーがあり、その下に各店舗の販売数が表示されます。

リストを見ればわかるように、テーブルの各行は幅などバラバラです。それでも、表示されるテーブルはきれいに整形されます。幅などを「**-**」や「**半角スペース**」などで揃えて細かく調整するのは「**無駄な手間**」であることがわかります。

作成されるテーブルは、偶数行と奇数行で背景色が交互に変わります。またマウスポインタをテーブル上に移動すると、ポインタのある行が選択されることがわかります。これらはすべてMarkdownによって自動的に設定される機能です。

図2-24：マウスポインタをテーブル上に持っていくと、ポインタのある行が自動的に選択される。

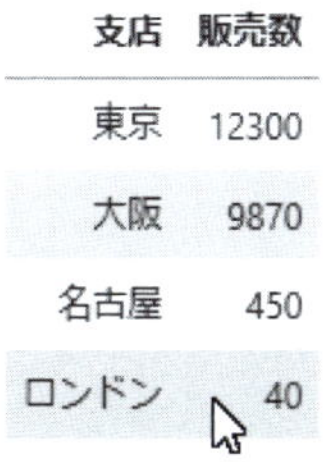

位置揃えについて

実際に表示されたテーブルをよく見ると、テキストの位置揃えがすべて「**右揃え**」になっていることに気がつくでしょう。これは、JupyterのMarkdownでテーブル表示を行う際の基本のようです。

Markdownでは、テキストの位置揃えに関する機能が用意されています。これは、ヘッダーの後に記述する仕切り線の部分で行います。項目部分にセミコロン（：）を用意し、

Chapter 2 Markdown によるドキュメント記述

それによって位置揃えを変更するのです。

```
|:----|:---:|----:|
```

例えば、このように記述すると、左から「**左揃え**」「**中央揃え**」「**右揃え**」に設定されます。

> **Note**
>
> ただし！ 本書執筆時（2018年4月）では、これらの設定を行っても、テーブルの文字揃えは右揃えのまま変更がされません。これはNotebookでもLabでも同様です。
> 以前のバージョンでは、これらの設定によって位置揃えが変わることを確認しています。従って、アップデートにより使えなくなったか、あるいは一時的な問題で今後また使えるようになるのか定かではありません。
> 今後、また機能するようになったときのことを考え、位置揃えの方法としてここで説明だけしておきました。

＜table＞タグは使える？

Markdown記法によるテーブルは、デフォルトのスタイルで簡単に表示するものであり、細かな設定などは行えません。もっと細かく設定をしたいと思ってもできないのです。

「**では、＜table＞を使えばいいのでは？**」と思うかもしれません。その通りで、実はMarkdownでは、＜table＞タグを使ってもちゃんとテーブルを作成し、表示することができます。ただし、タグに細かな属性を用意しても、それらは無視され、Markdownの基本的なスタイルでテーブルが表示されます。

従って、「**スタイルを設定したい**」という理由で＜table＞タグを使うのはお勧めしません。

Markdown のスタイルを使う

では、まったく何もスタイル設定できないのか？ というと、そうでもありません。Markdownには、イタリックやボールドなどの指定を行う記法が用意されていました。それらはテーブルの中でも使うことができます。

リスト2-20

```
# テーブルの設定
テーブルの表示。

|支店|販売数|
|-|-|
|東京|*12300*|
|大阪|**9870**|
|名古屋|***450***|
|~~ロンドン~~|40|
```

図2-25：テーブルの中でイタリックやボールド、取り消し線などを指定する。

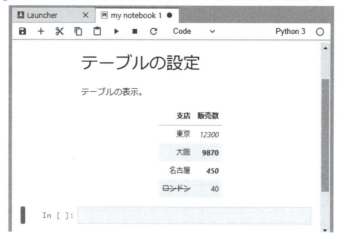

　これは、表示する値にスタイルを設定した例です。このように、テーブルに表示するテキストにMarkdownのスタイルを指定することで、ちょっとしたスタイル設定ぐらいはできるようになります。

　が、できるのはせいぜいそこまで。HTMLのスタイルのように細かな設定までは行えない、と考えて下さい。

2-3 TeX記法による数式

数式の基本は「$」記号

　Jupyterでは、さまざまなデータ処理を行いますから、ドキュメント内で数式を記述することも多くなります。Markdownでは、数式はいくつかの書き方のルールがあります。

　もっとも基本となるのは、「**$ ではさむ**」書き方でしょう。これは以下のように記述をします。

```
$……式……$
$$……式……$$
```

　両者の違いは、「**インラインかどうか**」です。**$を1つ**だけ使った場合、その数式は**インライン**（テキストの段落内に埋め込めるもの）となり、テキスト内に数式を記述することができます。

　$$を2つ使った場合、それは**ブロック**（独立した段落）となり、テキスト内に記述してあったとしても、その数式は本文から改行され、その式だけが1つの文として表示されるようになります。

$$の場合、独立した扱いになりますから、$$ 〜 $$の間にどれだけ数式を記述してあっても問題ありません。複数行にわたって記述してもすべて正常に表示されます。

数式は「TeX」

この$や$$を使った書き方は、実はMarkdown独自のものではありません。**TeX**（テフ）という組版処理システム（正確には、TeXをベースにした**LaTeX**）による記法なのです。TeXは、特に数式などの記述に適しており、学術的な論文作成などに多用されています。

Markdownでは、TeXによる数式の記法をサポートしており、マーク段内にTeXによる文を用意することで複雑な数式が記述できるようになっているのです。

数式を記述する

では、実際に数式を記述してみましょう。簡単な利用例を挙げておきます。Markdownセルの入力エリアに、以下のように記述をして下さい。

リスト2-21
```
# 数式の設定
数式 $y = x + 1$ を表示する。

数式 $$y = x + 1$$ を表示する。
```

図2-26：数式の記述。$はテキスト内に式を埋め込む。$$は独立した文として表示される。

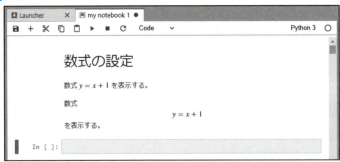

Runすると、2つの式が表示されます。1つ目は、テキストの中にそのまま挿入された状態で表示されますが、2つ目のものは独立した文としてほかと切り離されて表示されているのがわかるでしょう。

いずれも、数式のフォントは本文とは異なっており、本文中に記述してあってもそこだけが目立って見えるようになっています。

べき乗の記述

数式では、一般的な英数字以外の特殊な記号が多数使われます。それらはどのように記述すればいいかわかっていないと、数式は書けません。主な記号類を整理していきましょう。

まずは、べき乗です。これは、「^」記号をそのまま使って記述できます。例を見ましょう。

リスト2-22
```
$$y = x ^ 2$$
$$y = x^{z + 1}$$
```

図2-27：べき乗記号。

$$y = x^2$$
$$y = x^{z+1}$$

「**xの2乗**」ならば、単純に**x ^ 2**でいいでしょう。ただし、添字部分が2文字以上になると、どこからどこまでが添え字なのかわからなくなります。こういう場合は、添字部分を**{ }**記号でくくって記述をします。

下付き文字は？

なお、数式などによっては下付き文字を指定する必要が生じることもあります。この場合は、「**_**」記号（アンダースコア）を使います。**x_a**とすれば、xにaという下付き文字を付けることができます。

上付き（べき乗）、下付き文字の指定は、これから先の例で何度か登場することになるでしょう。

分数の記述

分数は、除算記号(/)では記述できません。これは「**\frac**」という専用のキーワードを使い、以下のような形で記述をします。

```
\frac{ 分子 }{ 分母 }
```

fracの後に**{ }**を2つ付け、分子と分母をそれぞれ記述します。これは、数値や記号だけでなく、{}内に更に式を記述することも可能です。では例を挙げましょう。

リスト2-23
```
$$y = \frac{1}{3}x$$
```

図2-28：分数の表示。

$$y = \frac{1}{3}x$$

これも、べき乗と同様に分子と分母に指定するのが1文字ならば、{}を付けずに、**\frac 1 3**と記述することもできます。ただし、そんな単純な分数しか使わないことはあ

Chapter 2　Markdownによるドキュメント記述

まりないでしょう。大抵は2文字以上が必要となりますから、最初から「**\fracは{}{}で分子分母を指定する**」と覚えたほうが確実です。

三角関数について

三角関数は、キーワードとして用意されています。それぞれ、関数名の前に「****」記号を付けて記述をします。ほかに、πやθなどの記号も同様に用意されています。

三角関数	\sin、\cos、\tan
π記号	\pi
θ記号	\theta

これらは、その後に式や値を続けるときは、半角スペースを空けて記述して下さい。続けて書くと、どこまでが関数名や記号名かわからなくなります。

では、これらの利用例を挙げておきましょう。ここでは3つの式を記述してあります。それぞれの式は、最後に「****」を付けることで**改行表示**しています。

リスト2-24
```
$$
y = \sin 2 \pi\\
y = \cos 2 \pi\\
y = \tan \theta
$$
```

図2-29：三角関数の記述例。

$$
y = \sin 2\pi \\
y = \cos 2\pi \\
y = \tan \theta
$$

Runすると、3つの三角関数を利用した式が表示されます。πやθなどの記号も問題なく表示されることが確認できます。

ここでは基本の三角関数のみ挙げておきましたが、**逆三角関数**(\arcsin、\arccos、\arctan)や、**三角関数の逆数**(\sec、\csc、\cot)なども記述できます。

▌ギリシャ文字について

ここでは、πとθだけ紹介しておきましたが、基本的にギリシャ文字はすべて書き方が用意されています。以下に、数式で使うギリシャ文字の表記をまとめておきます(なお、数学記号として使われる変体文字の表記も含めて挙げておきます)。

```
\alpha      \beta       \gamma      \delta      \epsilon    \varepsilon
\zelta      \eta        \theta      \vartheta   \iota       \kappa
\lambda     \mu         \nu         \xi         \o          \pi
\varpi      \rho        \varrho     \sigma      \varsigma   \tau
\upsilon    \phi        \varphi     \chi        \psi        \omega
\sum        \prod
```

ルート（平方根）

　三角関数などは、要するにアルファベットでsinやcosといった関数名を書くだけなので、わざわざ専用の書き方など知らなくてもなんとかなるような気もします。が、ルートとなるとそうはいきません。「√」記号を使い、その中にどんなものでもうまく収めるにはきちんとした書き方を知っていないといけません。

```
\sqrt[ べき根 ] { ルートの内容 }
```

　ルートは、**\sqrtの後に{}**を使い、ルートに含める内容を記述します。もし、べき根（√の左に乗っている数字）が必要となる場合は、**[ ]**記号を使って記述します。

リスト2-25
```
$$y = \sqrt[2]{3x^2 + 1}$$

$$y = \sqrt{ \frac{1}{3x} }$$
```

図2-30：ルート記号を使った式。

$$y = \sqrt[2]{3x^2 + 1}$$

$$y = \sqrt{\frac{1}{3x}}$$

　ここでは、指数や分数がルート内にある例を挙げておきました。このように\sqrtを使えば、どんな式であってもきれいにルート内に収まっていることがわかります。

総和について

　総和（Σ）記号は、数学記号の\sumで表記することができます。が、これは単純に記号を表示するだけでなく、上付・下付の文字を設定する必要があります。それまで含めて記述する場合は、単にΣだけとは微妙に書き方が異なります。

Chapter 2　Markdown によるドキュメント記述

・Σ の表記

```
\sum
```

・上付、下付文字の指定

```
\sum_{ 下付 }^{ 上付 }
```

　上付、下付の文字は{}を付けてありますが、1文字だけならば{}を省略できます。では、表示例を挙げておきましょう。

リスト2-26

```
$$
\sum\\
\sum_{i=0}^n\\
\sum_{i=1}^\infty a_k^2
$$
```

図2-31：シグマの記述例。

$$
\sum
$$

$$
\sum_{i=0}^n
$$

$$
\sum_{i=1}^\infty a_k^2
$$

　ここでは、単純な記号だけの表示、上付、下付文字の指定、更にその後に記述が続く場合について掲載してあります。

　なお、無限大の記号として、\inftyを使っています。これも必要となることは多いので覚えておきましょう。

上付と下付の順番

　シグマでは、上付と下付の文字を指定します。これは、それぞれ「_」と「^」という記号で指定をします。これらは、実は各順番は決まっていません。どちらから書いても構わないのです。例えば、

```
\sum_{i=1}^n
\sum^n_{i=1}
```

　この2つは、まったく同じ総和を表しています。_と^は、それぞれΣに上付文字と下付文字を指定するものなので、どちらが前でどちらが後でも最終的に描かれるものは同じなのです。

88

対数について

対数は、「**\log**」というキーワードを使って記述をします。また自然対数として「**\ln**」も用意されています。これらは以下のような形になります。

・**底を省略**

```
\log 値
```

・**底を指定**

```
\log{ 底 } 値
```

・**自然対数**

```
\ln 値
```

底の指定に違いがあるくらいで、基本的にはどれも似たような書き方ですね。では例を挙げましょう。

リスト2-27
```
$$
y = \log x \\
y = \log{2} x \\
y = \ln 3x
$$
```

図2-32：対数と自然対数の表示。

$$y = \log x$$
$$y = \log 2x$$
$$y = \ln 3x$$

極限について

極限は、「**\lim**」というキーワードとして用意されています。通常、極限(lim)はその下に値を近づける式が用意されていますから、そこまで含めた書き方を覚えておく必要があるでしょう。

```
\lim_{ 値1 \to 値2 }
```

{ }内に、2つの値を用意します。\toというのは、値を近づける「→」を表すキーワードです。**{x \to 1}**ならば、「**x→1**」という極限値を求める式になります。では例を挙げておきましょう。

Chapter 2 Markdown によるドキュメント記述

リスト2-28
```
$$
\lim_{n \to 0} f(x)
$$
```

図2-33：極限の表示例。

$$\lim_{n \to 0} f(x)$$

ここでは、n→0に近づける極限を表示しています。なお関数は、**f(x)**とすれば、自動的にfのフォントが設定され、関数を表すようになります。

微分について

微分は、極限のところで既に関数を使いましたが、その書き方でそのまま記述できます。また、dx、dyなどを利用した導関数は、そのまま分数の\fracを利用して書くことができます。

リスト2-29
```
$$
f(x) \\
f'(x) \\
f''(x) \\
\frac{dy}{dx}
$$
```

図2-34：微分の導関数を表示する。

$$f(x)$$
$$f'(x)$$
$$f''(x)$$
$$\frac{dy}{dx}$$

簡単な例を挙げておきました。これまでの説明を組み合わせて、だいたい記述できることがわかるでしょう。

90

2-3 TeX 記法による数式

積分について

積分は、「**\int**」というキーワードを使います。また重積分は、**\iint**、**\iiint**というように、iの数を増やしていくことで多重積分を表せます。

・積分

```
\int_下付 ^上付
```

・重積分

```
\iint_下付 ^上付
\iiint_下付 ^上付
……略……
```

例によって、下付文字と上付文字はどちらを先に書いても問題ありません。では、例を挙げておきましょう。積分、重積分を表示します。

リスト2-30

```
$$
\int_a^b f(x) dx \\
\iint_D dx \\
\iiint_D dx
$$
```

図2-35：積分、重積分の表示例。

$$\int_a^b f(x)dx$$

$$\iint_D dx$$

$$\iiint_D dx$$

91

Chapter 2　Markdown によるドキュメント記述

行列について

　行列は、非常に複雑なデータです。これは、複数行のデータを1つにまとめたような形をしています。普通の数式のように1行で済むようなものとはだいぶ違います。

　行列は、縦横に並んだ値を直感的に記述できるように、以下のような書き方をします。

・行列の記法

```
\begin{matrix}
値1 & 値2 & …… \\
値1 & 値2 & …… \\
……略……
\end{matrix}
```

　これは、数字を縦横に配置した行列の基本です。**\begin{matrix}**と**\end{matrix}**という2つの文の間に行列の内容を記述して作ります。1つ1つの値は**&**でつなぎ、最後に****で改行をします。

　行列には、数値の部分を**( )**や**[ ]**でくくったものや、**‖**で挟んだ逆行列なども用いられますが、これらの記法も用意されています。

・()による表示

```
\begin{pmatrix}
……略……
\end{pmatrix}
```

・[]による表示

```
\begin{bmatrix}
……略……
\end{bmatrix}
```

・‖による表示（行列式）

```
\begin{vmatrix}
……略……
\end{vmatrix}
```

　数値の部分の書き方はすべて通常の行列と同じです。では、利用例を挙げておきましょう。

リスト2-31

```
\begin{matrix}
1 & 0 & 0 \\
0 & 1 & 0 \\
```

2-3 TeX 記法による数式

```
0 & 0 & 1
\end{matrix}

\begin{pmatrix}
1 & 0 & 0 \\
0 & 1 & 0 \\
0 & 0 & 1
\end{pmatrix}

\begin{bmatrix}
1 & 0 & 0 \\
0 & 1 & 0 \\
0 & 0 & 1
\end{bmatrix}

\begin{vmatrix}
1 & 0 & 0 \\
0 & 1 & 0 \\
0 & 0 & 1
\end{vmatrix}
```

図2-36：行列の表示例。

$$
\begin{matrix}
1 & 0 & 0 \\
0 & 1 & 0 \\
0 & 0 & 1
\end{matrix}
$$

$$
\begin{pmatrix}
1 & 0 & 0 \\
0 & 1 & 0 \\
0 & 0 & 1
\end{pmatrix}
$$

$$
\begin{bmatrix}
1 & 0 & 0 \\
0 & 1 & 0 \\
0 & 0 & 1
\end{bmatrix}
$$

$$
\begin{vmatrix}
1 & 0 & 0 \\
0 & 1 & 0 \\
0 & 0 & 1
\end{vmatrix}
$$

　それぞれの行列を表示させています。表示内容はすべて同じです。beginとendの部分だけが書き換わっていることがわかります。

equationとeqnarray

ここまで、$$などを使って複数行を記述してきましたが、数式を記述する方法として、別の書き方もあります。こういうものです。

・数式の記述

```
\begin{equation}
……数式……
\end{equation}
```

・複数行の数式

```
\begin{eqnarray}
……数式……
\end{eqnarray}
```

これらを使った場合と$$によるもので何が違うか？というと、実は特に違いはありません。もともと、LaTeXでは、これらは「**番号付き数式**」といって、数式にラベルを付けたりするような使い方がされていました。そうしたプラスアルファの部分では違いがありますが、数式の記述そのものについては特に違いはありません（番号付き数式については後述します）。

では、実際の利用例を挙げておきましょう。

リスト2-32

```
\begin{equation}
y = \frac{3}{4} \pi r^3 \\
y = \sqrt{ax + 1}
\end{equation}
```

リスト2-33

```
\begin{eqnarray}
y = \frac{3}{4} \pi r^3 \\
y = \sqrt{ax + 1}
\end{eqnarray}
```

図2-37：equationまたはeqnarrayを使った数式の記述例。

$$y = \frac{3}{4}\pi r^3$$
$$y = \sqrt{ax + 1}$$

equationでもeqnarrayでも、\\で改行して複数行の式を記述できる点は同じです。ただ、先に述べたように、LaTeXでは両者は「**1行の式の記述**」「**複数行の記述**」と明確に分かれています。ですから、Markdownで使う場合も、1行か複数行かによってどちらを使うか考えたほうがよいでしょう。

begin{eqnarray} による式の整列

$$でもequationでもeqnarrayでも違いはない、といいましたが、実は厳密にいうと違いはあります。eqnarrayでは、**イコールの位置を揃える**ことができます。これは、以下のような形で指定をします。

```
左辺 &=& 右辺
```

ここではイコールにしてありますが、不等号(<>記号)であっても基本的には同じです。このように記述をすることで、そのイコールの位置で複数の式を整列させることができます。

では、試してみましょう。まずは、通常の表示です。

リスト2-34

```
\begin{eqnarray}
x^2-6x+4=0 \\
x_1= \frac{6+\sqrt[2]5}{2} \\
x_2= \frac{6-\sqrt[2]5}{2} \\
x_1=3+\sqrt{5} \\
x_2=3-\sqrt{5}
\end{eqnarray}
```

図2-38：数式を表示する。センタリングされて表示される。

$$x^2 - 6x + 4 = 0$$
$$x_1 = \frac{6 + \sqrt[2]{5}}{2}$$
$$x_2 = \frac{6 - \sqrt[2]{5}}{2}$$
$$x_1 = 3 + \sqrt{5}$$
$$x_2 = 3 - \sqrt{5}$$

リスト2-35

```
\begin{eqnarray}
x^2-6x+4 &=& 0 \\
x_1 &=& \frac{6+\sqrt[2]5}{2} \\
```

Chapter 2 Markdown によるドキュメント記述

```
x_2 &=& \frac{6-\sqrt[2]5}{2} \\
x_1 &=& 3+\sqrt{5} \\
x_2 &=& 3-\sqrt{5}
\end{eqnarray}
```

図2-39：イコールの位置で揃えられている。

$$x^2 - 6x + 4 = 0$$

$$x_1 = \frac{6 + \sqrt[2]{5}}{2}$$

$$x_2 = \frac{6 - \sqrt[2]{5}}{2}$$

$$x_1 = 3 + \sqrt{5}$$

$$x_2 = 3 - \sqrt{5}$$

スタイルとカラー

フォントのスタイルとカラーの指定についても触れておきましょう。LaTeXは、ドキュメント作成のためのシステムですから、スタイルやカラーの機能も一通り揃っています。ここでは、基本的なものだけ挙げておきましょう。

・ボールドの指定

```
\mathbf { ……内容…… }
```

・イタリックの指定

```
\mathit { ……内容…… }
```

・色の指定

```
\color { 色 }{ ……内容…… }
```

いずれも、{ }内にスタイルを割り付ける内容を記述します。では、これも利用例を挙げておきましょう。

リスト2-36

```
\begin{eqnarray}
y = \color{red}{\frac{3}{4}} \mathbf{\pi r^3} \\
y = \sqrt{\color{blue}{\frac{1}{\mathit{ax+1}}} }
\end{eqnarray}
```

図2-40：ボールドとイタリック、赤と青のカラーを指定した表示例（実機で確認して下さい）。

$$y = \frac{3}{4}\pi\mathbf{r}^3$$

$$y = \sqrt{\frac{1}{ax+1}}$$

ここでは数式の一部分をボールド、イタリック、赤、青に設定しています。数式の記述内に、スタイルのためのキーワードを組み込むため、数式の構造がよりわかりにくくなってしまうきらいはありますが、使い方さえわかれば自由にスタイルや色を変更できるようになるでしょう。

数式への番号付け

複数行に渡る数式を記述するような場合、各数式を参照する番号が表示できるとずいぶんと便利ですね。これには「**\label**」を使います。

複数行の表示ですから、eqnarrayを利用して記述します。実際にやってみましょう。

リスト2-37
```
\begin{eqnarray}\label
x^2-6x+4=0 \\
x_1= \frac{6+\sqrt[2]5}{2} \\
x_2= \frac{6-\sqrt[2]5}{2} \\
x_1=3+\sqrt{5} \\
x_2=3-\sqrt{5}
\end{eqnarray}
```

図2-41：右側に番号が振られる。

$$x^2 - 6x + 4 = 0 \tag{1}$$

$$x_1 = \frac{6 + \sqrt[2]{5}}{2} \tag{2}$$

$$x_2 = \frac{6 - \sqrt[2]{5}}{2} \tag{3}$$

$$x_1 = 3 + \sqrt{5} \tag{4}$$

$$x_2 = 3 - \sqrt{5} \tag{5}$$

これは、先ほど**begin{eqnarray}**で表示した数式に番号を割り振ったものです。実行すると、各式の右側に「**(1)**」というように番号が割り振られます。

Chapter 2 Markdown によるドキュメント記述

　式ごとにナンバリングがされていると、ほかのドキュメント部分からそれらの式を参照するのが容易になります。ドキュメント中に式を組み入れるときなどには覚えておきたい書き方ですね。

Column \labelは動作に注意！

　実際に試してみると、\labelによるナンバリングが表示されない人もいるかもしれません。筆者の環境でも、表示されていたものがアップデートにより表示されなくなるなどの現象が確認できました。

　ナンバリングについては、\labelのほかに、Jupyter contrib nbextensionsというエクステンションのEquation Auto Numberingを利用すれば同等のことが行えます。この機能については、**10-3節**の「Equation Auto Numbering」（423ページ）で説明しています。

Chapter **3**

numpyによるベクトルと
行列演算

Jupyterでは、行列やベクトルなどを使った数値演算処理を行う場合、numpyというモジュールの機能を利用します。ここでは、numpyによるベクトル・行列演算についてまとめておきましょう。

データ分析ツールJupyter入門

3-1 ベクトルと行列

numpyとscipyについて

　では、Jupyterの基本的な使い方がわかったところで、実際にJupyterでさまざまな処理を行っていくことにしましょう。

　「**Jupyterの使い方**」というと、Jupyter本体の機能の説明などよりも、実際にそこで活用されるさまざまなモジュールを利用したスクリプトの作成法を理解することのほうがはるかに重要です。Anacondaでは標準でデータ処理や視覚化などに関する多くのモジュールが用意されています。これらを必要に応じてインストールし、importすれば、Python標準の機能では難しかった処理もスムーズに行えるようになります。

　インストール可能なモジュールは膨大な数となるため、ここでは重用なものについていくつかピックアップしていくことにしましょう。

　まず最初に取り上げるのは、数値演算関係でもっとも重要となるモジュール「**numpy**」「**scipy**」の2つです。

> numpy（ナムパイ）── ベクトルや行列などを処理するための型付き多次元配列を用意し、その処理や各種の数学関数を用意します。
> scipy（サイパイ）── numpyをベースに作成された科学や工学などの計算に関するライブラリです。

　scipyは、numpyの機能を利用しているため、scipyを使うにはnumpyも必要となります。この2つは、多くの場合、セットでインストールして利用されているでしょう。また、ほかの数値処理に関するモジュールの中にもこれらを利用しているものが多くあるため、「**Pythonで数値処理を行う場合は、この2つをセットで用意する**」というのが基本と考えましょう。

numpyとscipyをインストールする

　では、モジュールをインストールしましょう。これらは、Pythonの管理ツールである「**pip**」でもインストールできるのですが、AnacondaではNavigatorでモジュール類を管理しているので、ここではNavigatorでインストールを行うことにします。

　Navigatorの「**Environments**」に表示を切り替え、使用している仮想環境（ここでは「**my_env**」）を選択して下さい。これで、その仮想環境にインストールされているモジュール類が右側に一覧表示されます。

■図3-1：「Environments」で、my_env仮想環境を選択する。

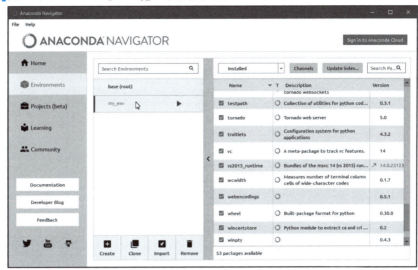

　右側のモジュールのリスト上部に見えるプルダウンメニューから「**All**」を選択して下さい。そして右側の検索フィールドに「**numpy**」とタイプします。これで、numpyを含むモジュールが検索されます。
　この中から、「**numpy**」を探して左端の□をクリックし、チェックします。

■図3-2：numpyを検索し、チェックする。

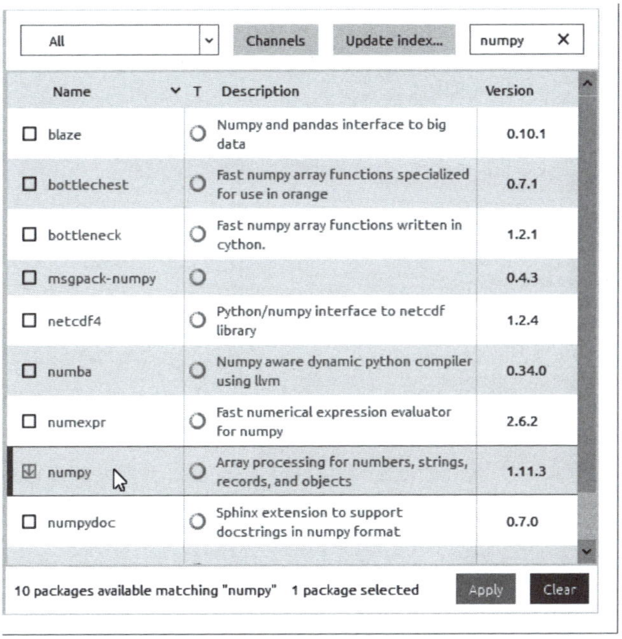

続いて、検索フィールドに「**scipy**」とタイプし、モジュールを検索します。検索された項目から「**scipy**」をチェックします。これで2つのモジュールがチェックされました。

図3-3：「scipy」を検索し、モジュールをチェックする。

右下の「**Apply**」ボタンをクリックすると、モジュールをチェックし、インストールするモジュールの一覧をダイアログ表示します。内容を確認し、「**Apply**」ボタンをクリックすると、インストールを開始します。

図3-4：インストールするモジュールが表示される。そのまま「Apply」をクリックすればインストールを開始する。

> **Column** インストール時は実行中プログラムを終了する
>
> インストールを行う際、Navigatorから起動したPythonのプログラムが実行中だとうまくインストール作業ができない場合があります。具体的には、Navigatorで「**Apply**」ボタンをクリックしても、インストールするモジュールを表示するダイアログがいつまでたっても現れない、というような症状です。
>
> このような場合は、一度Navigatorを終了して下さい。終了する際に、実行中のプログラムを終了するか確認するダイアログが現れるので、すべてチェックをONにして「**Apply**」ボタンをクリックすれば、すべてのプログラムが終了されます。その後、改めてNavigatorを起動して作業をして下さい。

図3-5：Navigatorを終了しようとすると、実行中のプログラムを終了するか確認のダイアログが現れる。

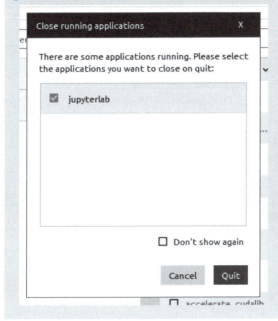

numpyのimportについて

　numpyを利用するには、事前にnumpyをimportしておく必要があります。これには、いろいろとやり方があるでしょう。基本は、このようになります。

```
import numpy
```

　ただし、このやり方だと、numpyの機能を呼び出す際には、「**numpy.○○**」という形で記述しなければならず、少々面倒ではあります。そこで多くは以下のようにimportを用意します。

```
import numpy as np
```

これで、「**np.○○**」とすればnumpyの機能を呼び出せるようになります。numpyのサンプルコードなどを見ると、多くの場合npとしてnumpyをimportしているため、この形式でimportしておけば多くのサンプルをそのままコピー＆ペーストで動かせます。

ベクトル値の作成

numpyの特徴は、型付き多次元配列によるベクトルや行列の処理でしょう。まずはベクトルから利用していきましょう。

ベクトル値の作成には、「**array**」という関数を利用します。使い方は以下のようになります。

・ベクトルの作成

```
変数 = np.array( リスト )
```

引数には、ベクトルに設定する値を用意します。これは、1つ1つの値を引数にするのではなく、必ず全体をリストにまとめて記述して下さい。

このほか、すべての値がゼロあるいは1のベクトルも以下のように作成できます。

・ゼロのベクトル

```
変数 = np.zeros( 要素数 )
```

・1のベクトル

```
変数 = np.ones( 要素数 )
```

いずれも引数には、いくつの要素を用意するか指定します。例えば「**5**」とすれば、5つの要素からなるベクトルを作成します。

では、簡単な利用例を挙げておきましょう。

リスト3-1

```
import numpy as np

arr = np.array([10, 20, 30.])
print(arr)

arr0 = np.zeros(5)
arr1 = np.ones(5)
print(arr0)
print(arr1)
```

図3-6：ベクトルを作成して表示する。

```
In [13]:  import numpy as np

          arr = np.array([10, 20, 30.])
          print(arr)

          arr0 = np.zeros(5)
          arr1 = np.ones(5)
          print(arr0)
          print(arr1)

          [10. 20. 30.]
          [0. 0. 0. 0. 0.]
          [1. 1. 1. 1. 1.]
```

　ここでは、（10, 20, 30.）の要素を持つベクトル、すべての要素がゼロあるいは1のベクトルを作成して表示しています。作成したベクトルは、printで見る限り、ごく普通のリストのように見えますね。

　が、np.arrayの引数には、**10, 20**という整数と、**30.**という実数がまとめられています。それがarrayで作成されたarrの出力を見ると、すべて実数になっていることがわかります。引数のリストに1つでも実数値があれば、すべて実数の値として扱われるのです。

Column　リストではなくndarray

　arrayなどで作成されるのは、通常のリストではありません。これは、numpyに含まれているndarrayというクラスのインスタンスです。

　ndarrayは、リストと同様の機能を持っており、リスト感覚で扱えます。あまり「**ndarrayという特別なオブジェクト**だ」と考えず、「**numpyでリストを強化したものだ**」と考えて利用するとよいでしょう。

等差数列の作成

　ベクトル作成機能としては、ほかに等差数列を作る機能もあります。これも覚えておきましょう。

・ステップ数で作成

```
変数 = np.arange( 開始数 , 終了数 , ステップ )
```

・分割数で作成

```
変数 = np.linspace( 開始数 , 終了数 , 分割数 )
```

　これらは、開始数から終了数までの範囲で一定数ごとの値を数列にまとめたものを作成します。arangeではステップ（いくつずつ増加するか）を指定し、linspaceは分割数（範囲をいくつに分割するか）で数列を作成します。では利用例を見てみましょう。

リスト3-2

```python
import numpy as np

arr1 = np.arange(0, 100, 20)
arr2 = np.linspace(0, 100, 5)
print(arr1)
print(arr2)
```

図3-7：0 ～ 100の範囲で、20ずつ値を増加させるやり方と、全体を5つに分割するやり方でベクトルを作成する。

```
In [28]: import numpy as np

         arr1 = np.arange(0, 100, 20)
         arr2 = np.linspace(0, 100, 5)
         print(arr1)
         print(arr2)

         [ 0 20 40 60 80]
         [  0.  25.  50.  75. 100.]
```

　ここでは、0 ～ 100の範囲内で、一定数ごと増加させるやり方と、全体を均等分割するやり方で、それぞれベクトルを作成しています。arangeの場合、0 ～ 100の範囲で20ずつ値を増加させてベクトルを作成すると、結果は [0 20 40 60 80] となります。**100は含まれない**点に注意して下さい。

　一方、linspaceの場合は、0 ～ 100を5つ均等に表示をしていますが、こちらでは**100も含まれています**。均等分割と一定数の増加では上限の扱いが微妙に異なる、という点は頭に入れておきましょう。

ベクトルと数値の演算

　ndarrayによるベクトル値は、専用のメソッドなどを使わなくとも、普通の数値と同じ感覚で四則演算ぐらいは行えます。

　まずは、ベクトルと数値の四則演算からです。これは、ベクトルの各要素の値ごとに演算処理されます。実際に見てみましょう。

リスト3-3

```python
import numpy as np

arr1 = np.array([1, 2, 3, 5, 8])
print(arr1)
print(arr1 + 10)
print(arr1 - 10)
print(arr1 * 2)
print(arr1 / 2)
print(arr1 % 2)
```

3-1 ベクトルと行列

図3-8：Runすると、ベクトルを四則演算した結果を表示する。

```
In [46]:  import numpy as np

          arr1 = np.array([1, 2, 3, 5, 8])
          print(arr1)
          print(arr1 + 10)
          print(arr1 - 10)
          print(arr1 * 2)
          print(arr1 / 2)
          print(arr1 % 2)

          [1 2 3 5 8]
          [11 12 13 15 18]
          [-9 -8 -7 -5 -2]
          [ 2  4  6 10 16]
          [0.5 1.  1.5 2.5 4. ]
          [1 0 1 1 0]
```

　ここでは、あらかじめ $[1, 2, 3, 5, 8]$ というベクトルを用意し、これに四則演算した結果を表示しています。実行すると、以下のように結果が出力されます。

```
[1 2 3 5 8]
[11 12 13 15 18]
[-9 -8 -7 -5 -2]
[ 2  4  6 10 16]
[0.5 1.  1.5 2.5 4. ]
[1 0 1 1 0]
```

　見ればわかるように、ベクトルの1つ1つの要素に四則演算が適用されています。ndarrayと整数を演算すると、このように各要素に演算が適用されるのです。

ベクトルどうしの演算

　では、ベクトルどうしで演算を行った場合はどうなるでしょうか。これも実際に行ってみましょう。

リスト3-4
```
import numpy as np

arr1 = np.array([1, 2, 3, 5])
arr2 = np.array([8, 13, 21, 34])
print(arr2 + arr1)
print(arr2 - arr1)
print(arr2 * arr1)
print(arr2 / arr1)
print(arr2 % arr1)
```

図3-9：ベクトルどうしの演算。ベクトルの各値ごとに演算が実行される。

```
In [53]:  import numpy as np

          arr1 = np.array([1, 2, 3, 5])
          arr2 = np.array([8, 13, 21, 34])
          print(arr2 + arr1)
          print(arr2 - arr1)
          print(arr2 * arr1)
          print(arr2 / arr1)
          print(arr2 % arr1)

          [ 9 15 24 39]
          [ 7 11 18 29]
          [  8  26  63 170]
          [8.  6.5 7.  6.8]
          [0 1 0 4]
```

　これを実行すると、どのような結果になるか試してみて下さい。以下のように結果が出力されます。

```
[ 9 15 24 39]
[ 7 11 18 29]
[  8  26  63 170]
[8.  6.5 7.  6.8]
[0 1 0 4]
```

　リストならば、[1, 2, 3, 5] + [8, 13, 21, 34] を実行すれば、リストを結合して [1, 2, 3, 5, 8, 13, 21, 34] となるはずです。

　が、**ndarray**では、[9 15 24 39] となります。ベクトルの各値どうしが演算されていることがわかります。すなわち、こういうことですね。

```
[1, 2, 3, 5] + [8, 13, 21, 34]
 ↓
[1 + 8, 2 + 13, 3 + 21, 5 + 34]
```

　そのほかの演算についても同様のことがいえます。ベクトルどうしの演算については、リストとは挙動がだいぶ違っています。

行列の作成

　ベクトルは1次元の数列ですが、次は2次元の数列である「**行列**」について見ていきましょう。行列の作成は、以下のように行います。

・ndarrayを作成する

```
変数 = np.array( 2次元リスト )
```

・matrixを作成する

```
変数 = np.matrix( 2次元リスト )
```

numpyでは、行列は**ndarray**と**matrix**という2つが使われています。

ndarrayは、既にベクトルで使っていますね。これは、あくまで「**配列的な働きをするもの**」です。行列のためのものというわけではなく、配列を行列的に利用できるのです。

行列のための**オブジェクト**として用意されているのが「**matrix**」です。これは**numpyのクラス**で、行列として扱うための機能が組み込まれています。どちらも同じように2次元配列を扱えますが、行列としての挙動という点では異なる部分があります。「**どっちでも同じ**」というわけではないので注意が必要です（挙動の違いについては、今後の行列関係の説明の中で必要に応じて行います）。

オブジェクトとしては異なりますが、基本的な扱い方はどちらもリストと変わりありません。行列内の値を取り出すのも、普通の2次元リストと同じように、[行 ,列] といった形で添え字を指定して行えます。

では、行列の作成例を挙げておきましょう。

リスト3-5

```
import numpy as np


arr1 = np.matrix([[1, 2, 3],
                  [4, 5, 6],
                  [7, 8, 9]])
print(arr1)
```

図3-10：行列を作成して表示する。

```
In [60]:   import numpy as np

           arr1 = np.matrix([[1, 2, 3],
                             [4, 5, 6],
                             [7, 8, 9]])
           print(arr1)

           [[1 2 3]
            [4 5 6]
            [7 8 9]]
```

ここでは、matrixで行列を作成し、表示をしています。実行すると、以下のように行列の内容が表示されるのがわかるでしょう。

```
[[1 2 3]
 [4 5 6]
 [7 8 9]]
```

matrixの引数に指定した2次元リストがそのまま行列として使われています。「**行列＝2次元のリスト**」というわけです。

Chapter 3 numpy によるベクトルと行列演算

単位行列の作成

行列の作成は、ほかにもメソッドが用意されています。まずは、単位行列の作成について です。単位行列は、主対角線上の要素がすべて1で、それ以外の要素がすべてゼロ である行列ですね。例えば、こういうものです。

```
[[1, 0, 0]
 [0, 1, 0]
 [0, 0, 1]]
```

こうした単位行列は、numpyでは簡単に作ることができます。それが「**identity**」メソッ ドです。

・正方の単位行列

```
変数 = np.identity( 要素数 )
```

正方(縦横の要素数が同じ)の行列を作成するものです。引数に「**3**」とすれば、3×3の 正方行列を作成します。100にすれば100×100の正方行列が瞬時に作れます。では、 サンプルを挙げましょう。

リスト3-6

```python
import numpy as np

arr1 = np.identity(3)
arr2 = np.identity(5)
print(arr1)
print(arr2)
```

図3-11：単位行列を作成して表示する。

```
In [62]:  import numpy as np

          arr1 = np.identity(3)
          arr2 = np.identity(5)
          print(arr1)
          print(arr2)

          [[1. 0. 0.]
           [0. 1. 0.]
           [0. 0. 1.]]
          [[1. 0. 0. 0. 0.]
           [0. 1. 0. 0. 0.]
           [0. 0. 1. 0. 0.]
           [0. 0. 0. 1. 0.]
           [0. 0. 0. 0. 1.]]
```

実行すると、3×3と5×5の単位行列を作成し表示します。出力結果を見ると、以下 のように値が表示されているでしょう。

110

```
[[1. 0. 0.]
 [0. 1. 0.]
 [0. 0. 1.]]
[[1. 0. 0. 0. 0.]
 [0. 1. 0. 0. 0.]
 [0. 0. 1. 0. 0.]
 [0. 0. 0. 1. 0.]
 [0. 0. 0. 0. 1.]]
```

　正方の単位行列ならば、このようにどれだけ大きなものであっても、簡単に作成することができます。

非正方の単位行列

　正方行列はとても単純ですが、非正方の単位行列になると、もう少し引数が複雑になります。これには「**eye**」という関数を使います。

・非正方の単位行列

```
変数 ＝ np.eye( 行数 ， 列数 ， オフセット )
```

　行数・列数は、それぞれ縦方向と横方向の要素数です。オフセットは、1が割り当てられる位置のオフセット（ずれ幅）の指定です。
　これも、実際にサンプルを見ながらのほうがわかりやすいでしょう。

リスト3-7

```python
import numpy as np

arr1 = np.eye(5,7,0)
arr2 = np.eye(5,7,2)
print(arr1)
print(arr2)
```

図3-12：非正方の単位行列を作成する。

```
In [64]: import numpy as np

         arr1 = np.eye(5,7,0)
         arr2 = np.eye(5,7,2)
         print(arr1)
         print(arr2)

         [[1. 0. 0. 0. 0. 0. 0.]
          [0. 1. 0. 0. 0. 0. 0.]
          [0. 0. 1. 0. 0. 0. 0.]
          [0. 0. 0. 1. 0. 0. 0.]
          [0. 0. 0. 0. 1. 0. 0.]]
         [[0. 0. 1. 0. 0. 0. 0.]
          [0. 0. 0. 1. 0. 0. 0.]
          [0. 0. 0. 0. 1. 0. 0.]
          [0. 0. 0. 0. 0. 1. 0.]
          [0. 0. 0. 0. 0. 0. 1.]]
```

ここでは、縦5×横7の非正方単位行列を作成しています。オフセット値がゼロの場合、作成される行列は以下のようになります。

```
[[1. 0. 0. 0. 0. 0. 0.]
 [0. 1. 0. 0. 0. 0. 0.]
 [0. 0. 1. 0. 0. 0. 0.]
 [0. 0. 0. 1. 0. 0. 0.]
 [0. 0. 0. 0. 1. 0. 0.]]
```

左上の要素が1となり、そこから右下へと1が並びます。非正方であるため、右下の値は1にはならずゼロです。

続いて、オフセットを2に設定して非正方単位行列を作成します。今度は以下のように行列が作成されます。

```
[[0. 0. 1. 0. 0. 0. 0.]
 [0. 0. 0. 1. 0. 0. 0.]
 [0. 0. 0. 0. 1. 0. 0.]
 [0. 0. 0. 0. 0. 1. 0.]
 [0. 0. 0. 0. 0. 0. 1.]]
```

今度は、左上の要素はゼロで、その2つ右側の要素が1になっています。オフセットを2とすることで、このように左上から2ずれたところに1が設定されているのです。そして右下に1が並び、最終的に右下の要素が1になっています。同じ5×7の非対称単位行列といっても、要素の値がだいぶ異なることがわかるでしょう。

そのほかの対角行列

単位行列は、代表的な対角行列ですが、そのほかの対角行列も実は簡単に作ることができます。それを行うのが「**diag**」関数です。

・対角行列の作成

```
変数 = np.diag( リスト )
```

リストには、行列に配置する値をまとめたものを用意します。このリストの値は、作成される行列の主対角線上の要素に設定されていきます。では、サンプルを見ましょう。

リスト3-8

```
import numpy as np

arr1 = np.diag([1, 2, 3])
arr2 = np.diag([3, 5, 8, 13, 21])
print(arr1)
print(arr2)
```

図3-13：対角行列を作成して表示する。

```
In [65]:  import numpy as np

          arr1 = np.diag([1, 2, 3])
          arr2 = np.diag([3, 5, 8, 13, 21])
          print(arr1)
          print(arr2)

          [[1 0 0]
           [0 2 0]
           [0 0 3]]
          [[ 3  0  0  0  0]
           [ 0  5  0  0  0]
           [ 0  0  8  0  0]
           [ 0  0  0 13  0]
           [ 0  0  0  0 21]]
```

　ここでは、2つの対角行列を作って表示しています。実行すると、以下のように行列が出力されるのがわかるでしょう。

```
[[1 0 0]
 [0 2 0]
 [0 0 3]]
[[ 3  0  0  0  0]
 [ 0  5  0  0  0]
 [ 0  0  8  0  0]
 [ 0  0  0 13  0]
 [ 0  0  0  0 21]]
```

　正方対角行列が作られ、引数に用意したリストの値が主対角線上の要素に割り当てられているのがわかります。

ベクトルから行列への変換

　実際のデータを行列にして処理する場合、ベクトル（1次元配列）のデータをもとに行列を作成することが多いでしょう。こういう場合、numpyでは、まずベクトルを作成し、それを行列に変換することができます。

・ベクトルを行列に変換

```
変数 = [ndarray].reshape(( 行数 , 列数 ))
```

　reshapeは、ベクトルを指定の行数×列数の行列に変換します。引数には、行数と列数をひとまとめにしたタプルを用意します。では、実際に使ってみましょう。

リスト3-9

```
import numpy as np
```

```
arr1 = np.array([1,2,3,5,8,13,21,34,55])
arr2 = arr1.reshape((3,3))
print(arr1)
print(arr2)
```

図3-14：ベクトルを行列に変換する。

```
In [71]:  import numpy as np

          arr1 = np.array([1,2,3,5,8,13,21,34,55])
          arr2 = arr1.reshape((3,3))
          print(arr1)
          print(arr2)

[ 1  2  3  5  8 13 21 34 55]
[[ 1  2  3]
 [ 5  8 13]
 [21 34 55]]
```

　ここでは、9項目の要素を持つベクトルを作成し、それを3×3の行列に変換しています。Runすると、以下のようにベクトルと行列の内容が出力されます。

```
[ 1  2  3  5  8 13 21 34 55]
[[ 1  2  3]
 [ 5  8 13]
 [21 34 55]]
```

　やっていることは単純なのですが、これを自分で処理を作って変換させようとすると面倒くさいでしょう。自動で行ってくれるのはとても便利ですね。

　なお、reshapeを行う場合、元になるベクトルと、変換後に作成される行列とでは要素の数がイコールでなければいけません。行列に変換するとき、値が足りないのはもちろん、余ってしまってもダメなのです。ここでは9要素のベクトルを3×3の行列にしていますね。このように、すべての要素の数が同じになるように、作成する行列の要素数を調整して利用して下さい。

行列からベクトルへは？

　この反対に、行列をベクトルに変換する場合もあるでしょう。これは「**ravel**」という関数を使います。

・行列をベクトルに変換

```
変数 = np.ravel( [matrix] )
```

　numpyのravelは、引数にmatrixを渡すと、それをndarrayの1次元配列（ベクトル）に変換します。ではこれも例を挙げましょう。

リスト3-10

```python
import numpy as np

arr1 = np.diag([1, 2, 3, 5])
arr2 = np.ravel(arr1)
print(arr1)
print(arr2)
```

図3-15：対角行列を作り、それをベクトルに変換する。

```
In [73]:  import numpy as np

          arr1 = np.diag([1, 2, 3, 5])
          arr2 = np.ravel(arr1)
          print(arr1)
          print(arr2)

          [[1 0 0 0]
           [0 2 0 0]
           [0 0 3 0]
           [0 0 0 5]]
          [1 0 0 0 0 2 0 0 0 0 3 0 0 0 0 5]
```

　ここでは、[1, 2, 3, 5]を指定して対角行列を作り、それをベクトルに変換しています。Runしてみると、以下のように出力されます。

```
[[1 0 0 0]
 [0 2 0 0]
 [0 0 3 0]
 [0 0 0 5]]
[1 0 0 0 0 2 0 0 0 0 3 0 0 0 0 5]
```

　行列の各行が一続きになってベクトル化されていることがわかるでしょう。これがravelによるベクトルへの変換です。

転置について

　行列を利用するとき、もう1つ覚えておきたいのが「**転置**」です。転置とは、主対角線上で値を入れ替えたものですね。主対角線上で、行列をくるりと半回転した状態をイメージするとわかりやすいでしょう。

　この転置行列は、実は専用のメソッドなどは必要ありません。作成したmatrix値の**T プロパティ**の値を取り出せば、転置された行列が得られるのです。やってみましょう。

リスト3-11

```python
import numpy as np

arr1 = np.array([1,2,3,5,8,13,21,34,55])
```

Chapter 3　numpy によるベクトルと行列演算

```
arr2 = arr1.reshape((3,3))
print(arr2)
print(arr2.T)
```

図3-16：Runすると、作成した行列と、その転置行列が表示される。

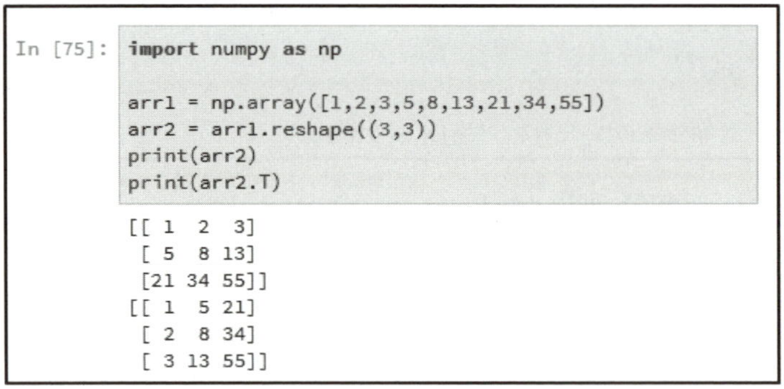

```
In [75]:  import numpy as np

          arr1 = np.array([1,2,3,5,8,13,21,34,55])
          arr2 = arr1.reshape((3,3))
          print(arr2)
          print(arr2.T)

          [[ 1  2  3]
           [ 5  8 13]
           [21 34 55]]
          [[ 1  5 21]
           [ 2  8 34]
           [ 3 13 55]]
```

　Runして表示内容を確認してみてください。まず、簡単な3×3の行列が作成され表示されます。

```
[[ 1  2  3]
 [ 5  8 13]
 [21 34 55]]
```

　これが、作成された行列です。この転置行列は、行列のT値を取り出します。それが以下の出力です。

```
[[ 1  5 21]
 [ 2  8 34]
 [ 3 13 55]]
```

　元の行列から転置されていることがわかりますね。このTの値は、実は元の行列から独立した別の行列というわけではなくて、「**ビュー**」と呼ばれる、元の行列の値を参照して作られたものです。
　ビューについては改めて触れますが、「**元の行列と、転置された行列の2つが存在するわけではない**」ということだけ頭に入れておきましょう。

116

3-2 ベクトル・行列の演算

ベクトルの結合

numpyにはベクトル・行列関係の演算機能がいろいろと備わっています。それらの基本的なものについて説明していきましょう。

まずは、ベクトルの結合についてです。複数のベクトルを結合する場合、リストの感覚で足し算してもダメです。これは「**ravel**」関数を使います。そう、先ほど「**行列からベクトルへの変換**」で説明した、ravelです。

・ベクトルの結合

```
変数 = np.ravel( [ ベクトル1, ベクトル2, ……] )
```

ravelは、引数に指定したリスト内にあるベクトルを1つにつなげたものを返します。ここで先ほどの「**行列のベクトル化**」を思い出してください。そもそも行列というのは、「**複数のベクトルをリストにまとめたもの**」です。ravelというのは、「**リスト内にある複数のベクトルを1つにまとめるもの**」だったのです。

では、実際にやってみましょう。

リスト3-12

```
import numpy as np

arr1 = np.array([1,2,3])
arr2 = np.array([5,8,13])
arr3 = arr1 + arr2
arr4 = np.ravel([arr1, arr2])
print(arr3)
print(arr4)
```

図3-17：複数のベクトルを足し算した結果と、ravelで結合した結果。

```
In [80]: import numpy as np

         arr1 = np.array([1,2,3])
         arr2 = np.array([5,8,13])
         arr3 = arr1 + arr2
         arr4 = np.ravel([arr1, arr2])
         print(arr3)
         print(arr4)

         [ 6 10 16]
         [ 1  2  3  5  8 13]
```

2つのベクトルを作成し、2つを足し算したものと、ravelで結合したものをそれぞれ表示してみました。結果は以下のようになります。

117

Chapter 3 numpy によるベクトルと行列演算

```
[ 6 10 16]
[ 1  2  3  5  8 13]
```

足し算は、それぞれの要素ごとに値を加算します。これは既に説明しましたね。従って、ベクトルを結合することはできません。ravelでは、ベクトルどうしを結合し1つにまとめていることがわかります。

ベクトルの内積・外積

ベクトルの内積、外積は、「**inner**」「**outer**」といった関数を使います。使い方をまとめておきましょう。

・ベクトルの内積

```
変数 = np.inner( ベクトル1、ベクトル2 )
```

・ベクトルの外積

```
変数 = np.outer( ベクトル1 , ベクトル2 )
```

いずれも、引数に2つのベクトルを用意しておきます。では利用例を挙げておきましょう。2つのベクトルを用意し、その内積と外積を表示します。

リスト3-13

```
import numpy as np

arr1 = np.array([1, 2, 3])
arr2 = np.array([5, 8, 13])
arr3 = np.inner(arr1, arr2)
arr4 = np.outer(arr1, arr2)
print(arr3)
print(arr4)
```

図3-18：2つのベクトルの内積・外積を計算する。

```
In [83]:  import numpy as np

          arr1 = np.array([1, 2, 3])
          arr2 = np.array([5, 8, 13])
          arr3 = np.inner(arr1, arr2)
          arr4 = np.outer(arr1, arr2)
          print(arr3)
          print(arr4)

          60
          [[ 5  8 13]
           [10 16 26]
           [15 24 39]]
```

実行すると、[1, 2, 3]と[5, 8, 13]の2つのベクトルを作成し、その内積と外積をそれぞれ表示します。出力には以下のように表示されているでしょう。

```
60
[[ 5  8 13]
 [10 16 26]
 [15 24 39]]
```

60が内積で、その後の行列が外積です。内積については、1 * 5 + 2 * 8 + 3 * 13 = 60 ですね。外積については、2つのベクトルの各値を乗算していけばわかるでしょう。

行列の四則演算

続いて行列です。ベクトルの四則演算は簡単でしたが、行列の四則演算となるとなかなか面倒になります。行列であるmatrixオブジェクトどうしの四則演算がどうなるか、実際に試してみましょう。

リスト3-14

```python
import numpy as np

arr1 = np.matrix([[1, 2, 3],
                  [5, 8, 13],
                  [21, 34, 55]])
arr2 = np.identity(3)

print(arr1 + arr2)
print(arr1 - arr2)
print(arr1 * arr2)
print(arr2 / arr1)
```

図3-19：行列どうしの四則演算を実行する。

```
In [90]:  import numpy as np

          arr1 = np.matrix([[1, 2, 3],
                            [5, 8, 13],
                            [21, 34, 55]])
          arr2 = np.identity(3)

          print(arr1 + arr2)
          print(arr1 - arr2)
          print(arr1 * arr2)
          print(arr2 / arr1)

[[ 2.  2.  3.]
 [ 5.  9. 13.]
 [21. 34. 56.]]
[[ 0.  2.  3.]
 [ 5.  7. 13.]
 [21. 34. 54.]]
[[ 1.  2.  3.]
 [ 5.  8. 13.]
 [21. 34. 55.]]
[[1.          0.          0.        ]
 [0.          0.125       0.        ]
 [0.          0.          0.01818182]]
```

ここでは、フィボナッチ数列を使った行列と、3×3の単位行列を用意し、2つを四則演算しています。なお、基本的にarr1についてarr2を演算していますが、除算についてだけは、arr1 / arr2ではゼロによる除算になってしまうのでarr2 / arr1としてあります。

これを実行すると、以下のような値が出力されます（見やすいように行列間を改行しています）。

```
[[ 2.  2.  3.]
 [ 5.  9. 13.]
 [21. 34. 56.]]

[[ 0.  2.  3.]
 [ 5.  7. 13.]

 [21. 34. 54.]]
[[ 1.  2.  3.]
 [ 5.  8. 13.]
 [21. 34. 55.]]

[[1.          0.          0.        ]
 [0.          0.125       0.        ]
 [0.          0.          0.01818182]]
```

見ればわかりますが、それぞれ個々の要素どうしを演算しているのがわかります。これは、matrixならではの挙動です。ndarrayではこのようにはいきません。

参考までに、ndarrayだとどうなるか見てみましょう。

リスト3-15

```
import numpy as np

arr1 = np.array([[1, 2, 3],
                 [5, 8, 13],
                 [21, 34, 55]])
arr2 = np.array([[1, 0, 0],
                 [0, 1, 0],
                 [0, 0, 1]])

print(arr1 + arr2)
print(arr1 - arr2)
print(arr1 * arr2)
print(arr2 / arr1)
```

図3-20：ndarrayを利用した四則演算。加算・減算・除算は変わらないが、乗算は違っている。

```
In [91]:  import numpy as np

          arr1 = np.array([[1, 2, 3],
                           [5, 8, 13],
                           [21, 34, 55]])
          arr2 = np.array([[1, 0, 0],
                           [0, 1, 0],
                           [0, 0, 1]])

          print(arr1 + arr2)
          print(arr1 - arr2)
          print(arr1 * arr2)
          print(arr2 / arr1)

          [[ 2  2  3]
           [ 5  9 13]
           [21 34 56]]
          [[ 0  2  3]
           [ 5  7 13]
           [21 34 54]]
          [[ 1  0  0]
           [ 0  8  0]
           [ 0  0 55]]
          [[1.         0.         0.        ]
           [0.         0.125      0.        ]
           [0.         0.         0.01818182]]
```

　ここでは、matrixの代わりにarrayを使って行列を作成し、演算しています。これを実行すると、以下のように結果が表示されます。

```
[[ 2  2  3]
 [ 5  9 13]
 [21 34 56]]

[[ 0  2  3]
 [ 5  7 13]
 [21 34 54]]

[[ 1  0  0]
 [ 0  8  0]
 [ 0  0 55]]

[[1.         0.         0.        ]
 [0.         0.125      0.        ]
 [0.         0.         0.01818182]]
```

　加算・減算・除算についてはmatrixもndarrayも同じです。が、乗算については、matrixでは行列の積になるのに対し、ndarrayでは各要素を単純に掛け算して行列にしているだけです。

Chapter 3 numpyによるベクトルと行列演算

行列の積

では、ndarrayで行列の積を求めたい場合はどうするのでしょうか。これは、「**dot**」という関数を使います。

・行列の積

```
変数 = np.dot( 行列1 , 行列2 )
```

・行列のテンソル積

```
変数 = np.outer( 行列1 , 行列2 )
```

行列の積は、このように**dot**関数で得られます（**ドット積**）。また、すべての要素を乗算する積（**テンソル積**）は「**outer**」で得ることができます。outerは、ベクトルの外積で登場しましたが、行列のテンソル積も同じなのです。要は「**すべての要素を乗算する関数**」だったのですね。

これらはndarrayで行列の積を得るためのものですが、もちろんmatrixでも使うことができます。では、利用例を挙げておきましょう。

リスト3-16

```
import numpy as np

arr1 = np.matrix([[1, 2, 3],
                  [5, 8, 13],
                  [21, 34, 55]])
arr2 = np.matrix([[2, 1, 1],
                  [1, 3, 1],
                  [1, 1, 4]])

print(np.dot(arr1, arr2))
print(np.outer(arr1, arr2))
```

122

図3-21：行列の積とテンソル積を求める。

```
In [129]:   import numpy as np

            arr1 = np.matrix([[1, 2, 3],
                              [5, 8, 13],
                              [21, 34, 55]])
            arr2 = np.matrix([[2, 1, 1],
                              [1, 3, 1],
                              [1, 1, 4]])

            print(np.dot(arr1, arr2))
            print(np.outer(arr1, arr2))

            [[  7  10  15]
             [ 31  42  65]
             [131 178 275]]
            [[  2   1   1   1   3   1   1   1   4]
             [  4   2   2   2   6   2   2   2   8]
             [  6   3   3   3   9   3   3   3  12]
             [ 10   5   5   5  15   5   5   5  20]
             [ 16   8   8   8  24   8   8   8  32]
             [ 26  13  13  13  39  13  13  13  52]
             [ 42  21  21  21  63  21  21  21  84]
             [ 68  34  34  34 102  34  34  34 136]
             [110  55  55  55 165  55  55  55 220]]
```

　これまでのように片方が単位行列だと結果が変わらないので、ここではあえて単位行列を使わない例にしてあります。実行すると、以下のように積とテンソル積が出力されます。

```
[[  7  10  15]
 [ 31  42  65]
 [131 178 275]]

[[  2   1   1   1   3   1   1   1   4]
 [  4   2   2   2   6   2   2   2   8]
 [  6   3   3   3   9   3   3   3  12]
 [ 10   5   5   5  15   5   5   5  20]
 [ 16   8   8   8  24   8   8   8  32]
 [ 26  13  13  13  39  13  13  13  52]
 [ 42  21  21  21  63  21  21  21  84]
 [ 68  34  34  34 102  34  34  34 136]
 [110  55  55  55 165  55  55  55 220]]
```

　ndarrayでの動作を確認したら、np.arrayをnp.matrixに変更して動作チェックしてみましょう。どちらでも同じ結果が出力されるのが確認できます。

Chapter 3 numpy によるベクトルと行列演算

行列の結合

行列の結合を行う場合、「**水平か、垂直か**」を考えなければいけません。numpyでは、それぞれ異なる関数として用意されています。

・水平に結合する

```
変数 = np.hstack( [ 行列1 , 行列2 , …… ] )
```

・垂直に結合する

```
変数 = np.vstack( [ 行列1 , 行列2 , …… ] )
```

これらで行列を結合するとき、注意すべきは「**結合する面の要素数を一致させる**」という点です。例えば、hstackで水平結合しようという場合は、2つの行列の縦の要素数(行数)が一致しなければいけません。

では、利用例を挙げておきましょう。

リスト3-17

```
import numpy as np

arr1 = np.matrix([[1, 2, 3],
                  [5, 8, 13],
                  [21, 34, 55]])
arr2 = np.identity(3)

print(np.hstack([arr1, arr2]))
print(np.vstack([arr1, arr2]))
```

図3-22：2つの行列を水平・垂直にそれぞれ結合する。

```
In [130]:  import numpy as np

           arr1 = np.matrix([[1, 2, 3],
                             [5, 8, 13],
                             [21, 34, 55]])
           arr2 = np.identity(3)

           print(np.hstack([arr1, arr2]))
           print(np.vstack([arr1, arr2]))

[[ 1.  2.  3.  1.  0.  0.]
 [ 5.  8. 13.  0.  1.  0.]
 [21. 34. 55.  0.  0.  1.]]
[[ 1.  2.  3.]
 [ 5.  8. 13.]
 [21. 34. 55.]
 [ 1.  0.  0.]
 [ 0.  1.  0.]
 [ 0.  0.  1.]]
```

124

ここでは、2つの行列を用意し、水平と垂直に結合したものを出力しています。両者の出力結果を見ると、以下のようになっていることがわかります。

・水平結合

```
[[ 1.  2.  3.  1.  0.  0.]
 [ 5.  8. 13.  0.  1.  0.]
 [21. 34. 55.  0.  0.  1.]]
```

・垂直結合

```
[[ 1.  2.  3.]
 [ 5.  8. 13.]
 [21. 34. 55.]
 [ 1.  0.  0.]
 [ 0.  1.  0.]
 [ 0.  0.  1.]]
```

どちらも3×3の行列ですから、このように問題なく結合されています。正方行列は、要素数が同じならば水平垂直いずれでも問題なく結合できますが、非正方であったり、両者の縦横の要素数が異なるような場合は注意が必要ですね。

行列結合

複数の行列を、行列としてまとめて結合する、といった場合もあります。例えば4つの行列を、2×2の行列にまとめ、それを1つの行列に結合する、といったものですね。

こうした場合、いちいち水平結合と垂直結合を繰り返して行うのは、効率的ではありません。このようなときは「**bmat**」という関数が利用できます。

```
変数 = np.bmat( 行列の行列 )
```

これも、利用例を挙げておきましょう。2つの行列を用意し、格子状に並べて結合してみます。

リスト3-18
```
import numpy as np

arr1 = np.matrix([[1, 2, 3],
                  [5, 8, 13],
                  [21, 34, 55]])
arr2 = np.identity(3)
print(np.bmat([[arr1,arr2],
               [arr2,arr1]]))
```

125

Chapter 3　numpy によるベクトルと行列演算

図3-23：行列を2×2で配置し、結合する。

```
In [131]:  import numpy as np

           arr1 = np.matrix([[1, 2, 3],
                             [5, 8, 13],
                             [21, 34, 55]])
           arr2 = np.identity(3)
           print(np.bmat([[arr1,arr2],
                          [arr2,arr1]]))

           [[ 1.  2.  3.  1.  0.  0.]
            [ 5.  8. 13.  0.  1.  0.]
            [21. 34. 55.  0.  0.  1.]
            [ 1.  0.  0.  1.  2.  3.]
            [ 0.  1.  0.  5.  8. 13.]
            [ 0.  0.  1. 21. 34. 55.]]
```

　これを実行すると、3×3の行列を2×2の行列にまとめたもの（つまり3×3行列を縦横に2つずつ並べたもの）を結合し、以下のような行列が出力されます。

```
[[ 1.  2.  3.  1.  0.  0.]
 [ 5.  8. 13.  0.  1.  0.]
 [21. 34. 55.  0.  0.  1.]
 [ 1.  0.  0.  1.  2.  3.]
 [ 0.  1.  0.  5.  8. 13.]
 [ 0.  0.  1. 21. 34. 55.]]
```

　2種類の行列が2×2で組み合わせられていることがわかりますね。ここでは2×2ですが、数が膨大になるとbmatによる結合の強力さを実感できるでしょう。

行列の分割

　行列を縦または横に分割するための関数も用意されています。これは「**vsplit**」「**hsplit**」というものです。

・垂直分割

```
変数 = np.vsplit( 行列 , 分割数 )
```

・水平分割

```
変数 = np.hsplit( 行列 , 分割数 )
```

　vsplitは、行列を縦に均等に分割します。hsplitは、横に均等分割します。いくつかの行列に分割するわけで、戻り値は複数の行列になります。このため、変数などに代入する場合は、タプルとして値を用意しておくとよいでしょう。
　例えば2分割なら、(m1 m2) = np.vsplit～というようにすれば、分割されたそれぞれの行列を変数m1、m2で受け取ることができます。

126

3-2 ベクトル・行列の演算

では、これも利用例を挙げておきましょう。

リスト3-19

```
import numpy as np

arr1 = np.arange(16).reshape(4,4)
(v1, v2) = np.vsplit(arr1,2)
(h1, h2) = np.hsplit(arr1,2)

print(arr1)
print()
print(v1)
print(v2)
print(h1)
print(h2)
```

図3-24：4×4の行列を用意し、縦と横にそれぞれ2分割する。

```
In [144]:  import numpy as np

           arr1 = np.arange(16).reshape(4,4)
           (v1, v2) = np.vsplit(arr1,2)
           (h1, h2) = np.hsplit(arr1,2)

           print(arr1)
           print()
           print(v1)
           print(v2)
           print(h1)
           print(h2)

[[ 0  1  2  3]
 [ 4  5  6  7]
 [ 8  9 10 11]
 [12 13 14 15]]

[[0 1 2 3]
 [4 5 6 7]]
[[ 8  9 10 11]
 [12 13 14 15]]
[[ 0  1]
 [ 4  5]
 [ 8  9]
 [12 13]]
[[ 2  3]
 [ 6  7]
 [10 11]
 [14 15]]
```

　ここでは、4×4の行列を用意し、これを縦と横にそれぞれ2分割したものを出力しています。行列の分割の様子がよくわかるでしょう。

　なお、ここでは行列を作成するのにこういうやり方をしています。

127

```
arr1 = np.arange(16).reshape(4,4)
```

arangeというのは、指定した範囲の整数をリストにしたものを返す関数です。例えば、arange(3)なら、[0, 1, 2]というリストが作れます。このarangeを利用して0 〜 15の計16個の要素を持つリストを作り、これをreshapeで4×4の行列にしているのですね。とりあえずダミーで大きな行列を作るような場合に便利なやり方です。

総和の計算

行列の要素の総和を計算する場合、「**すべての総和か?**」「**縦または横方向の総和か?**」によってやり方を考えないといけません。が、numpyの「**sum**」関数ならば、これらすべてを1つの関数だけで処理できます。

・総和

```
変数 = np.sum( 行列 , axis= 方向 )
変数 = 行列 .sum( axis= 方向 )
```

sumでは、引数に行列だけを指定すると、全体の総和を計算して返します。これに加え、axisという引数を使って計算する方向を指定すると、縦または横の総和をベクトルとして得ることができます。

これは、numpyのsum関数として用意されているほか、行列(matrix)内にsumメソッドとしても用意されています。どちらも働きは同じです。使いやすいほうを覚えておけばいいでしょう。

axisの値は、**ゼロ**ならば縦方向に、**1**ならば横方向に総和を計算します。では、これも例を挙げておきましょう。

リスト3-20

```
import numpy as np

arr1 = np.arange(16).reshape(4,4)
print(arr1)
print()
print(np.sum(arr1))
print(np.sum(arr1, axis=0))
print(np.sum(arr1, axis=1))
```

図3-25：行列の総和を計算して表示する。

```
In [148]:  import numpy as np

           arr1 = np.arange(16).reshape(4,4)
           print(arr1)
           print()
           print(np.sum(arr1))
           print(np.sum(arr1, axis=0))
           print(np.sum(arr1, axis=1))

           [[ 0  1  2  3]
            [ 4  5  6  7]
            [ 8  9 10 11]
            [12 13 14 15]]

           120
           [24 28 32 36]
           [ 6 22 38 54]
```

　ここでは、0 ～ 15の数値を4×4の行列にし、全体の総和、縦方向および横方向の総和をそれぞれ計算して表示しています。出力結果を見ると、以下のようになっているでしょう。

・作成された行列

```
[[ 0  1  2  3]
 [ 4  5  6  7]
 [ 8  9 10 11]
 [12 13 14 15]]
```

・出力される総和

```
120
[24 28 32 36]
[ 6 22 38 54]
```

最大値・最小値

　行列の最小値・最大値を得るための関数も、基本的な使い方はsumと同じです。単に行列だけを引数に指定すれば行列全体の最小値・最大値を返し、axis引数を指定すれば縦または横方向の値をベクトルにして返します。

・最小値

```
変数 = np.min( 行列 , axis= 方向 )
変数 = 行列 .min( axis= 方向 )
```

・最大値

```
変数 = np.max( 行列 , axis= 方向 )
変数 = 行列 .max( axis= 方向 )
```

これも、簡単な利用例を以下に挙げておきます。全体・縦横の最小値、最大値を出力します。

リスト3-21

```python
import numpy as np

arr1 = np.arange(16).reshape(4,4)
print(arr1)
print()
print(np.min(arr1))
print(np.min(arr1, axis=0))
print(np.min(arr1, axis=1))
print(np.max(arr1))
print(np.max(arr1, axis=0))
print(np.max(arr1, axis=1))
```

図3-26：配列の最小値、最大値を表示する。

```
In [2]:  import numpy as np

         arr1 = np.arange(16).reshape(4,4)
         print(arr1)
         print()
         print(np.min(arr1))
         print(np.min(arr1, axis=0))
         print(np.min(arr1, axis=1))
         print(np.max(arr1))
         print(np.max(arr1, axis=0))
         print(np.max(arr1, axis=1))

         [[ 0  1  2  3]
          [ 4  5  6  7]
          [ 8  9 10 11]
          [12 13 14 15]]

         0
         [0 1 2 3]
         [ 0  4  8 12]
         15
         [12 13 14 15]
         [ 3  7 11 15]
```

ここでは行列について使ってみましたが、実はこれらの関数はベクトルでも利用できます。その場合、axis引数は使いません。

統計計算

多量のデータを扱う場合、統計計算の機能は必須でしょう。平均・中央値・分散・標準偏差といった基本的な関数をまとめておきましょう。

・平均

```
変数 = np.mean( 行列 , axis= 方向 )
変数 = 行列 .mean( axis= 方向 )
```

・中央値

```
変数 = np.median( 行列 , axis= 方向 )
変数 = 行列 .median( axis= 方向 )
```

・分散

```
変数 = np.var( 行列 , axis= 方向 )
変数 = 行列 .var( axis= 方向 )
```

・標準偏差

```
変数 = np.std( 行列 , axis= 方向 )
変数 = 行列 .std( axis= 方向 )
```

これらの内、**median**についてだけは、**axis**による方向指定が必須です。それ以外は、axisを省略すると行列全体の値を計算します。また、これらもすべて行列だけでなくベクトルでも利用できます(その場合はaxisは省略します)。

では、利用例を挙げておきましょう。ここではランダムに10×10の行列を作り、その平均・中央値・分散・標準偏差を表示します。データの基本的な統計処理が、これらの関数で行えることがわかるでしょう。

リスト3-22

```python
import numpy as np

arr1 = np.array(np.random.randint(0, 100, (10, 10)))

print('平均:'+str(np.mean(arr1)))
print('平均:'+str(np.mean(arr1, axis=0)))
print('平均:'+str(np.mean(arr1, axis=1)))
print('中央:'+str(np.median(arr1, axis=0)))
print('中央:'+str(np.median(arr1, axis=1)))
print('分散:'+str(np.var(arr1)))
print('分散:'+str(np.var(arr1, axis=0)))
print('分散:'+str(np.var(arr1, axis=1)))
print('偏差:'+str(np.std(arr1)))
print('偏差:'+str(np.std(arr1, axis=0)))
print('偏差:'+str(np.std(arr1, axis=1)))
```

Chapter 3　numpy によるベクトルと行列演算

図3-27：ランダムにデータを作成し、平均・中央値・分散・標準偏差をそれぞれ求める。

```
In [38]:   import numpy as np

           arr1 = np.array(np.random.randint(0, 100, (10, 10)))

           print('平均:'+str(np.mean(arr1)))
           print('平均:'+str(np.mean(arr1, axis=0)))
           print('平均:'+str(np.mean(arr1, axis=1)))
           print('中央:'+str(np.median(arr1, axis=0)))
           print('中央:'+str(np.median(arr1, axis=1)))
           print('分散:'+str(np.var(arr1)))
           print('分散:'+str(np.var(arr1, axis=0)))
           print('分散:'+str(np.var(arr1, axis=1)))
           print('偏差:'+str(np.std(arr1)))
           print('偏差:'+str(np.std(arr1, axis=0)))
           print('偏差:'+str(np.std(arr1, axis=1)))
```

```
平均:48.48
平均:[50.6 62.9 55.6 37.2 35.9 54.7 43.1 57.7 38.8 48.3]
平均:[53.6 49.4 26.7 50.3 53.5 57.  55.6 32.5 54.7 51.5]
中央:[45.5 66.  65.  30.5 42.  64.  48.  58.5 30.  49. ]
中央:[54.  49.5 13.5 60.5 52.  55.  46.5 18.5 54.5 54.5]
分散:865.5096000000001
分散:[ 590.04  601.69 1315.04  907.76  382.29  647.21  730.49  721.81 1076.36
  887.41]
分散:[ 595.64 1240.24  706.41  914.21  933.65  402.4   620.44  729.45  641.41
  914.85]
偏差:29.419544524006486
偏差:[24.29073898 24.52937015 36.26348025 30.12905574 19.55223772 25.44032233
 27.02757851 26.86652192 32.80792587 29.78942765]
偏差:[24.40573703 35.21704133 26.57837467 30.23590581 30.55568687 20.05991027
 24.90863304 27.00833205 25.32607352 30.2464874 ]
```

乱数と random モジュール

　ここでは、データを用意するのに、numpyの「**random**」というモジュールを利用しています。これは乱数発生に関する機能をまとめたもので、以下のような関数が用意されています。

・0〜1間の実数乱数

```
変数 = np.random.rand()
変数 = np.random.rand( 個数 )
変数 = np.random.rand( 行数 , 列数 )
```

　0〜1の間の実数をランダムに作成するのが「**rand**」関数です。これは引数なしでは、乱数を1つ返します。引数として整数値を指定すると、指定の数だけ乱数を作成し、リストにまとめて返します。また、引数を2つ指定すると、生成した乱数を指定の行数・列数の配列の形にして返します。

・整数の乱数

```
変数 = np.random.randint( 上限 )
変数 = np.random.randint( 下限 , 上限 )
変数 = np.random.randint( 下限 , 上限 , 個数 )
変数 = np.random.randint( 下限 , 上限 , ( 行数 , 列数 ) )
```

132

・標準正規分布に沿って生成される乱数

```
変数 = np.random.randn()
変数 = np.random.randn( 個数 )
変数 = np.random.randn( 行数 , 列数 )
```

　通常の乱数は、**rand**と**randint**のいずれかを使います。また、ある分布に沿って乱数を得るような場合のための関数もいろいろと用意されており、ここではその代表として標準正規分布に沿って乱数を得る**randn**を挙げておきました。randomには、そのほかにも各種の分布に沿った乱数発生の関数が用意されています。

　とりあえず、randとrandintだけわかっていれば、基本的な乱数は作れるでしょう。

linalgについて

　numpyには、ベクトルや行列の演算に関する「**linalg**」というモジュールが用意されています。linalgとは、**linear algebra**（線形代数）の略です。ここにはさまざまな関数がまとめられています。

　まずは、積に関するものについてです。既にベクトルや行列の積に関する関数はいくつか説明をしていますが、linalgにも一通り用意されています。

一般的な積の計算

・積（ドット積）

```
変数 = np.linalg.dot( 値1 , 値2 )
```

・積（多数の要素）

```
変数 = np.linalg.multi_dot( [ 値1 , 値2, ……] )
```

・ベクトルの積

```
変数 = np.linalg.vdot( 値1 , 値2 )
```

・内積

```
変数 = np.linalg.inner( 値1 , 値2 )
```

・外積

```
変数 = np.linalg.outer( 値1 , 値2 )
```

　これらの積は、numpyにあるものとlinalgで結果が異なるわけでもなく、どちらを利用しても構いません。

べき乗計算

　一般的な積ではなく、行列のべき乗計算は手動で行おうとすると面倒です。これも専

用の関数が用意されています。

・行列のべき乗

変数 = np.linalg.matrix_power(行列 , べき数)

引数に行列とべき乗を示す整数値を指定することで、行列をべき乗した結果を得ることができます。これも例を挙げておきましょう。

リスト3-23

```python
import numpy as np

arr1 = np.matrix([[1, 2, 3],
                  [5, 8, 13],
                  [21, 34, 55]])
re0 = np.linalg.matrix_power(arr1,0)
re1 = np.linalg.matrix_power(arr1,1)
re2 = np.linalg.matrix_power(arr1,2)
print(re0)
print(re1)
print(re2)
```

図3-28：行列を作り、そのゼロ乗、1乗、自乗を表示する。

```
In [39]:  import numpy as np

          arr1 = np.matrix([[1, 2, 3],
                            [5, 8, 13],
                            [21, 34, 55]])
          re0 = np.linalg.matrix_power(arr1,0)
          re1 = np.linalg.matrix_power(arr1,1)
          re2 = np.linalg.matrix_power(arr1,2)
          print(re0)
          print(re1)
          print(re2)

          [[1 0 0]
           [0 1 0]
           [0 0 1]]
          [[ 1  2  3]
           [ 5  8 13]
           [21 34 55]]
          [[  74  120  194]
           [ 318  516  834]
           [1346 2184 3530]]
```

ここでは、arr1に3×3の行列を用意し、それをゼロ乗、1乗、自乗した結果を表示したものです。matrix_powerを使うと、このように簡単に行列のべき乗が得られます。

3-2 ベクトル・行列の演算

逆行列と行列式

linalgの最大の利点は、行列関係の重要な処理が関数としてまとめられている、という点にあります。中でも重要なのは「**逆行列**」と「**行列式**」でしょう。

・逆行列

```
変数 = np.linalg.inv( 行列 )
```

・行列式

```
変数 = np.linalg.det( 行列 )
```

いずれも、np.linalgの中の関数であることを忘れないで下さい。単にnp.invと書いてしまうと関数が見つけられずにエラーとなります。

では、これも利用例を挙げておきましょう。

リスト3-24

```
import numpy as np

arr1 = np.matrix([[0, 1, 2],
                  [3, 5, 8],
                  [21, 34, 55 ]])
print(np.linalg.inv(arr1))
print(np.linalg.det(arr1))
```

図3-29：行列の逆行列と行列式を出力する。

```
In [1]:  print('Hello!')

         Hello!

In [77]: import numpy as np

         arr1 = np.matrix([[0, 1, 2],
                           [3, 5, 8],
                           [21, 34, 55 ]])
         print(np.linalg.inv(arr1))
         print(np.linalg.det(arr1))

         [[-1.         -4.33333333  0.66666667]
          [-1.         14.         -2.        ]
          [ 1.         -7.          1.        ]]
         -3.0000000000000084
```

ここでは3×3の行列を作成し、その逆行列と行列式を計算し表示しています。実行すると以下のように出力がされます。

135

Chapter 3 numpy によるベクトルと行列演算

```
[[-1.          -4.33333333   0.66666667]
 [-1.          14.          -2.         ]
 [ 1.          -7.           1.         ]]
-3.0000000000000084
```

テキストファイルからデータを読み込む

データの処理を行う場合、元データをいちいちスクリプトで書いて作成するのはあまりに非効率的です。通常は、テキストファイルなどの形で元データを用意しておき、それを読み込んで処理させるでしょう。

numpyには、テキストファイルを読み書きするための機能も備わっています。それを利用することで、ファイルからデータを読み込み、処理することができます。では、実際にやってみましょう。

まずは、元データとなるファイルを用意します。LabかNotebookで、ノートブックファイル（my notebook 1.pynb）があるフォルダ内に、新たにテキストファイルを作成して下さい。Labならば、「**File**」メニューの「**New**」内から「**Text File**」メニューを選びます。Notebookの場合は、「**New**」ボタンをクリックし、プルダウンして現れるメニューから「**Text File**」を選びます。作成後、ファイル名を「**data.txt**」と変更しておきましょう。

図3-30：ノートブックファイルと同じ場所に「data.txt」というテキストを作成する。

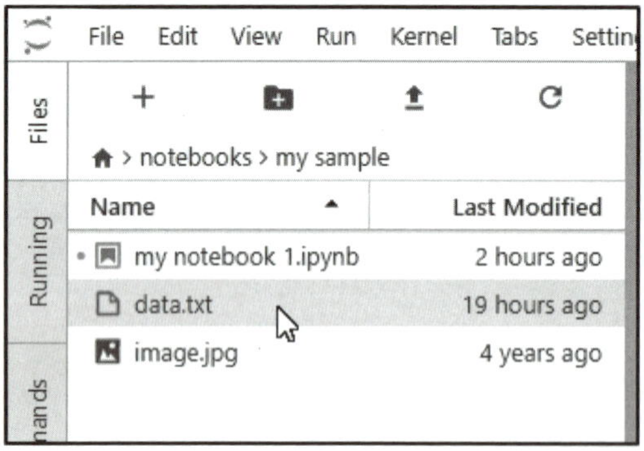

ファイルを作成したら、そこにデータを書き込んでおきましょう。ここでは、下のように記述をしておきました。

・data.txt

```
1, 1, 2, 3
5, 8, 13, 21
34, 55, 89, 144
233, 377, 610, 987
```

データは、全て整数。1つ1つの値は、カンマで区切って記述します。値は、このままである必要はありません。ただし、必ず16個の値（4つずつ、4行のデータ）を用意しておいて下さい。

136

3-2 ベクトル・行列の演算

ファイルを読み込んで処理する

では、実際にdata.txtファイルを読み込んで利用してみましょう。以下のようなスクリプトを記述して下さい。

リスト3-25

```python
import numpy as np

arr1 = np.loadtxt('data.txt', delimiter=',')
print(arr1)
print()
print('平均(縦):'+str(np.mean(arr1, axis=0)))
print('平均(横):'+str(np.mean(arr1, axis=1)))
print('中央(縦):'+str(np.median(arr1, axis=0)))
print('中央(横):'+str(np.median(arr1, axis=1)))
print('偏差(縦):'+str(np.std(arr1, axis=0)))
print('偏差(横):'+str(np.std(arr1, axis=1)))
```

図3-31：data.txtを読み込み、各行と各列の平均・中央値・標準偏差を表示する。

```
In [84]:  import numpy as np

          arr1 = np.loadtxt('data.txt', delimiter=',')
          print(arr1)
          print()
          print('平均(縦):'+str(np.mean(arr1, axis=0)))
          print('平均(横):'+str(np.mean(arr1, axis=1)))
          print('中央(縦):'+str(np.median(arr1, axis=0)))
          print('中央(横):'+str(np.median(arr1, axis=1)))
          print('偏差(縦):'+str(np.std(arr1, axis=0)))
          print('偏差(横):'+str(np.std(arr1, axis=1)))

          [[  1.   1.   2.   3.]
           [  5.   8.  13.  21.]
           [ 34.  55.  89. 144.]
           [233. 377. 610. 987.]]

          平均(縦):[ 68.25 110.25 178.5  288.75]
          平均(横):[  1.75  11.75  80.5  551.75]
          中央(縦):[19.5 31.5 51.  82.5]
          中央(横):[  1.5 10.5 72.  493.5]
          偏差(縦):[ 95.96711676 155.40169722 251.36875303 406.77043587]
          偏差(横):[  0.8291562    6.05702072  41.58425183 285.0327832 ]
```

Runすると、data.txtを読み込んで行列にし、各行と各列の平均、中央値、標準偏差を書き出していきます。出力される内容は以下のようになるでしょう。

```
[[  1.   1.   2.   3.]
 [  5.   8.  13.  21.]
 [ 34.  55.  89. 144.]
 [233. 377. 610. 987.]]

平均(縦):[ 68.25 110.25 178.5  288.75]
```

137

```
平均(横):[   1.75   11.75   80.5   551.75]
中央(縦):[19.5 31.5 51.   82.5]
中央(横):[   1.5   10.5   72.   493.5]
偏差(縦):[ 95.96711676 155.40169722 251.36875303 406.77043587]
偏差(横):[   0.8291562     6.05702072   41.58425183 285.0327832 ]
```

テキストファイルの読み込み

では、実行している処理について説明をしていきましょう。ここでは、最初に以下のようにしてテキストファイルを読み込んでいます。

```
arr1 = np.loadtxt('data.txt', delimiter=',')
```

「**loadtxt**」が、テキストファイルを読み込みます。これには、引数としてテキストファイルのパスを指定しておきます。また、**delimiter**という引数を使い、1つ1つの値の区切り文字(デリミッタ)を指定できます。

これで、指定したデリミッタで値を切り離し、リストとして値を取り出すことができます。また一定のデータ数ごとに改行してある場合は、2次元配列として取り出します。データさえ取り出せれば、後は必要な処理をしていくだけです。

ファイルへの保存

データを分析したり加工したりした場合、それをファイルに保存する方法も知っておく必要があります。これは「**savetxt**」というメソッドを使います。

```
np.savetxt('data.txt', データ , delimiter=',')
```

保管するデータは、テキストでもベクトルでも行列でも構いません。では、行列を保存する例を挙げておきましょう。

リスト3-26
```
import numpy as np

arr1 = np.random.randint(0, 100, (10, 10))
print(arr1)
np.savetxt('data2.txt', arr1 , delimiter=',')
print('データをファイルに保存しました。')
```

図3-32：ランダムに作成した行列をテキストファイルに保存する。

```
In [101]:  import numpy as np

           arr1 = np.random.randint(0, 100, (10, 10))
           print(arr1)
           np.savetxt('data2.txt', arr1 , delimiter=',')
           print('データをファイルに保存しました。')

[[21 95 96 23 11 86 36  0 87 64]
 [46 89 16 22 58 68  9 34 11 38]
 [42 81 54 75 87 25 89 93 90 74]
 [ 4 33 93 59 67 99 37 61 10 20]
 [32 19 32 29 25 31 57 84 60 43]
 [22 13 64  2 38 29 58 87 70 11]
 [37  8 53 30 21 18 39 22 23 67]
 [46 92 17 78 92 20 67 67 83  2]
 [94 50 93 25 16 19 45 15 35  1]
 [63 63  2  0 95 92 35 96 60 84]]
データをファイルに保存しました。
```

これは、ランダムに10×10の行列を作成し、それをdata2.txtに保存する例です。ここでは先ほど作成したファイル名と同じにしてありますが、ファイルを上書きされたくない場合はファイル名を変更して使用して下さい。

これでファイルに保存できるのですが、保存されたファイルを開いてみると、ちょっと驚くかもしれません。0～99の範囲内の整数の値を行列にしているはずですが、保存される内容は以下のようになっているのです。

```
4.600000000000000000e+01,6.300000000000000000e+01,9.600000000000000000e+
01,5.700000000000000000e+01,4.200000000000000000e+01,9.600000000000000000e
+01,6.200000000000000000e+01,3.800000000000000000e+01,2.700000000000000000
e+01,3.000000000000000000e+00  ……略……
```

よく見れば、実は整数の値であることがわかるでしょう。4.600000000000000000e+01というのは46のことですし、6.300000000000000000e+01は63です。

randintは整数の値をランダムに作成しますが、**savetxt**で行列を保存すると、各値は実数値として保存されてしまうようです。

見た目はわかりにくいですが、これをloadtxtで読み込めば、ちゃんと整数の行列として取り出せます。実用上は問題はありません。

load/saveもある

　実は、numpyにはもっとシンプルなファイルアクセスのメソッドもあります。「**load**」「**save**」です。

・ファイルから読み込む

```
変数 = np.load( ファイルパス )
```

・ファイルに保存する

```
np.save( ファイルパス )
```

　これらはデリミッタも指定する必要がなく、とても簡単にデータを読み書きできます。が、問題が1つあります。これは、**npyファイル**という特殊なファイルなのです。これはバイナリファイルで、ファイルをテキストエディタなどで開いてデータを取り出すことができません。

　もちろん、np.loadで読み込めばちゃんと値は利用できるので、実用面で問題はありません。ただ、例えばExcelなどのデータを移して利用したいような場合、Excelからnpyファイルに変換するのはおそらくかなり大変でしょう。それより、CSVファイルに保存してloadtxtで読み込んだほうがはるかに簡単です。

　ですから、このload/save関数は、外部とデータをやり取りするためではなく、純粋に「**numpyで処理したデータを保存しておくためのもの**」と考えるとよいでしょう。

ソートについて

　行列に保管されたデータを縦または横方向にソートしたいような場合は、「**sort**」という関数を利用します。これは以下のように使います。

```
変数 = np.sort( 行列 , axis=方向 )
```

　例によって、axisの値はゼロまたは1です。ゼロならば縦方向に、1ならば横方向に並べ替えます。では、やってみましょう。

リスト3-27

```python
import numpy as np


arr1 = np.random.randint(0, 100, (10, 10))
arr2 = np.sort(arr1, axis=0)
arr3 = np.sort(arr1, axis=1)
print(arr2)
print()
print(arr3)
```

図3-33：ランダムに作った行列を縦および横にソートしたものを表示する。

```
In [116]: import numpy as np

          arr1 = np.random.randint(0, 100, (10, 10))
          arr2 = np.sort(arr1, axis=0)
          arr3 = np.sort(arr1, axis=1)
          print(arr2)
          print()
          print(arr3)
```

```
[[ 0  7 23  0 12  0  0 15  6  2]
 [ 1 23 24 13 18 18  9 16  8 13]
 [10 30 39 21 20 19 11 16 20 18]
 [39 32 46 27 33 25 12 26 22 19]
 [60 34 53 30 64 27 26 34 27 29]
 [69 42 60 58 66 57 70 44 46 44]
 [78 46 67 64 70 59 72 55 48 49]
 [81 51 71 76 78 67 77 66 60 70]
 [86 59 77 78 93 73 81 70 67 75]
 [90 91 99 85 95 77 98 71 68 85]]

[[18 22 44 46 49 57 58 60 60 81]
 [ 1 13 18 20 20 26 34 39 66 78]
 [19 34 42 46 59 60 64 72 78 78]
 [ 0  7 16 19 39 46 64 67 70 85]
 [ 0  2 15 27 33 59 77 77 81 99]
 [ 8 11 21 67 71 77 85 90 91 95]
 [ 0 23 26 27 27 44 66 68 71 98]
 [ 9 12 13 23 48 51 55 73 75 86]
 [ 6 12 16 18 25 30 53 69 70 76]
 [ 0 10 24 29 30 32 67 70 70 93]]
```

　ランダムに10×10の行列を作り、それを縦方向と横方向にソートして表示をします。データを整理するときなどに役立つ機能ですね。

　sortは、ベクトルでも使えます。ベクトルの場合、axisは記述しません。

逆順にするには？

　sortには、並び順に関する引数が用意されていません。基本的にすべて昇順（小さいものから順に）となります。では逆順にしたい場合はどうするのでしょうか。

　これは、行列の後に以下のような記号を付けると得ることができます。

・縦に逆順

```
行列［::-1］
```

・横に逆順

```
行列［::,::-1］
```

・縦横に逆順

```
行列［::-1,::-1］
```

Chapter 3 numpy によるベクトルと行列演算

また、ベクトルでもこれは同じで、以下のようにして逆順を得ることができます。

・ベクトルの逆順

ベクトル［::-1］

何だか不思議な記号ですが、これで逆順の行列やベクトルが得られるようになります。では、利用例を挙げておきましょう。

リスト3-28

```python
import numpy as np

arr1 = np.random.randint(0, 100, (5, 5))
arr2 = np.sort(arr1, axis=1)
print(arr2)
print()
print(arr2[::-1])
print()
print(arr2[::,::-1])
```

図3-34：行列を縦及び横に逆順にする。

```
In [124]:  import numpy as np

           arr1 = np.random.randint(0, 100, (5, 5))
           arr2 = np.sort(arr1, axis=1)
           print(arr2)
           print()
           print(arr2[::-1])
           print()
           print(arr2[::,::-1])

[[27 39 57 62 92]
 [ 0 25 58 62 79]
 [ 7  7  9 47 96]
 [ 4 22 23 25 84]
 [10 24 35 72 93]]

[[10 24 35 72 93]
 [ 4 22 23 25 84]
 [ 7  7  9 47 96]
 [ 0 25 58 62 79]
 [27 39 57 62 92]]

[[92 62 57 39 27]
 [79 62 58 25  0]
 [96 47  9  7  7]
 [84 25 23 22  4]
 [93 72 35 24 10]]
```

142

ここではランダムに作成した行列を横方向にソートし、それを更に縦または横に逆並びにして表示しています。arr2の後に**[ ]**を指定するだけで、こんな具合に逆並びが作れてしまうのですね。

ビューとスライス

この行列の後に付けられる**[ ]**という記号は一体何なのでしょうか。

これは「**スライス**」と呼ばれ、行列やベクトル内の一部分だけを取り出すのに使います。以下のように記述します。

・ベクトルの一部分を取り出す

変数 ＝ ベクトル［ 開始位置 ： 終了位置 ： ステップ ］

・行列の一部分を取り出す

変数 ＝ 行列［ 開始位置 ： 終了位置 ： ステップ ］
変数 ＝ 行列［ 開始位置1 ： 終了位置1 ： ステップ1 ， 開始位置2 ： 終了位置2 ： ステップ2 ］

スライスは、スライスする最初の位置（左端あるいは上端からいくつめかを示す値）と、スライスする最後の位置、そしてそれをいくつごとに取り出していくかを指定します。

先ほど、逆順の行列を取り出していましたが、これも「**ステップが-1のスライス指定**」と考えれば納得がいきます。

▌スライスを使う

これは、実際の利用例を見てみないと、よくわからないかもしれません。実際に行列の一部分を切り取ってみましょう。

リスト3-29

```
import numpy as np

arr1 = np.arange(100).reshape(10,10)
print(arr1[0:5:1, 0:5:1])
print(arr1[5:10:1, 5:10:1])
print(arr1[0:10:2, 0:10:2])
```

143

Chapter 3 numpy によるベクトルと行列演算

図3-35：0〜99までの数字を順に並べて10×10の行列を作る。その左上部分、右上部分、全体から1つおきに値を取り出したもの、それぞれを表示する。

```
In [132]:  import numpy as np

           arr1 = np.arange(100).reshape(10,10)
           print(arr1[0:5:1, 0:5:1])
           print(arr1[5:10:1, 5:10:1])
           print(arr1[0:10:2, 0:10:2])

           [[ 0  1  2  3  4]
            [10 11 12 13 14]
            [20 21 22 23 24]
            [30 31 32 33 34]
            [40 41 42 43 44]]
           [[55 56 57 58 59]
            [65 66 67 68 69]
            [75 76 77 78 79]
            [85 86 87 88 89]
            [95 96 97 98 99]]
           [[ 0  2  4  6  8]
            [20 22 24 26 28]
            [40 42 44 46 48]
            [60 62 64 66 68]
            [80 82 84 86 88]]
```

ここでは、0〜99の整数を10×10の行列にしておき、ここから一部分を抜き出してみます。それぞれ以下のように指定をしていますね。

arr1[0:5:1, 0:5:1]	左上から5×5の領域を取り出す
arr1[5:10:1, 5:10:1]	中心部分から左下まで5×5の領域を取り出す
arr1[0:10:2, 0:10:2]	配列全体から1つおきに値を取り出す

これで3種類の行列が出力できたのです。開始位置と終了位置、ステップ数などを細かく設定しないといけないため、ある程度慣れないと面倒であるように感じるかもしれません。

スライスは「ビュー」である

スライスを利用するとき、注意しておきたいのは、これは「**新たな行列やベクトルを作成するものではない**」という点です。これは、「**ビュー**」を作成する関数なのです。

ビューとは、「**ベクトルや行列の値の参照を組み合わせて、新しい見せ方を用意したもの**」です。すなわち、「**データそのものは元になる行列やベクトルとまったく変わらないけれど、表示される順番などが変わっている**」というものです。

表示される値は、すべて元になる行列やベクトルの値がそのまま表示されます。ということは、元になる行列やベクトルの値が書き換わると、そのビューもすべて表示が変わってしまう、ということになります。

ただし、「**行列を新たに作らず、参照しているだけ**」であるために、非常に高速に行列やベクトルの値を操作することができます。特に大量のデータを行列などの形で扱う場合、いちいち行列を内部でコピーして利用するのでは、とにかく遅くなります。高速に行列を処理することを第一に考えるなら、ビューは非常に強力な機能なのです。

144

Chapter **4**

sympyによる代数計算

数学関係の計算を行わせるような場合、代数による計算は非常に重要です。これを行ってくれるのが、sympyというモジュールです。sympyを利用した代数計算の基本について説明を行いましょう。

データ分析ツールJupyter入門

4-1 sympyの基本

sympyと代数計算

プログラミング言語は、さまざまな計算を行うのに用いられます。が、数学の基本的なものでありながら、プログラミング言語で処理するのが意外と難しいという分野があります。それは「**代数**」です。

Pythonでの計算を考えてみましょう。Pythonでは、変数に様々な値を代入し、それら変数を組み合わせて式を立て、計算をします。が、それら変数にはすべて具体的な数値が代入され、その値を元に計算されます。代数のように、「**仮にXとしておく**」という状態を変数に代入しておくことはできません。

が、理工学系の分野では、代数計算の必要性は高いでしょう。こうした要望に応え、Pythonの世界では、代数のためのモジュール開発がされています。その代表的なものが「**sympy**」(シムパイ)です。

sympyは、基本的な演算に加え、三角法、双曲線、指数対数、根、絶対値、階乗などの基本的な数学関数を備えています。また、代数式で用いられるxやyなどの変数に相当するシンボルや、それらを使って立てた式の展開や簡約化、シンボルの解の計算など、代数計算で必要とされる基本的な機能を一通り備えています。

これらは、いわゆるPythonの一般的な計算とは扱いが異なる部分もあるため、使い方を一通り理解しておかなければいけません。その基本をここで説明していきましょう。

sympyのインストール

まずは、sympyをインストールしましょう。pip installでインストールもできますが、ここではAnacondaの仮想環境にNavigatorでインストールを行う方法を説明しておきます。

Navigatorの「**Environments**」をクリックして表示を切り替えて下さい。そして、使用している仮想環境(ここでは「**my_env**」)が選択されていることを確認します。この状態で、右側のモジュールのリスト部分上部にあるプルダウンメニューから「**All**」を選び、その右側の検索フィールドに「**sympy**」と入力して検索をして下さい。

■**図4-1**：「sympy」を検索し、チェックをONにして「Apply」ボタンをクリックする。

「**sympy**」という項目が検索され表示されます。このチェックボックス部分をクリックしてチェックし、下の「**Apply**」ボタンをクリックします。

画面に、インストールするモジュールのリストがダイアログで現れるので、そのまま「**Apply**」ボタンをクリックすれば、インストールを開始します。

■**図4-2**：sympyと、sympyで必要となるモジュール類が表示される。「Apply」ボタンでインストール開始する。

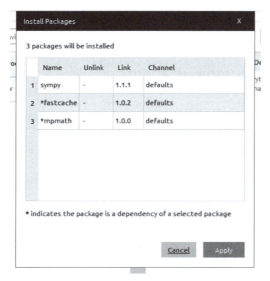

Chapter 4　sympy による代数計算

整数・実数・分数

sympyを利用するには、まずsympy特有の「**値**」「**関数**」「**シンボル**」といったものの働きについて理解しなければいけません。

まずは、「**値**」についてです。sympyでは、整数・実数・分数といった3種類の値が用意されています。これらは以下のようなクラスとして用意されています。

Integer —— 整数クラス
Float —— 実数クラス
Rational —— 分数クラス

sympyで使われる数値は、これらの組み合わせとなります。これらは、Pythonで使われるintやfloatとは違うものです。また分数は、「**分数で指定された数を計算した実数**」ではなく、分数そのものとして扱われます。

Rationalは分数ですが、引数を1つだけ使って数を表すこともできます。例えば、Rational(10)とすれば、10という整数になりますし、Rational(0.5)というように実数を使って2分の1を表すこともできます。

> **Column　Numberクラスについて**
>
> ここでは、数の基本としてInteger、Float、Rationalといったクラスを挙げました。これらのクラスはだいたい共通した機能を持っています。これらはすべて、Numberというクラスの派生クラスとして定義されています（正確には、FloatとRationalがNumberの派生クラスで、IntegerはRationalの派生クラスです）。
>
> 従って、これらのクラスのどれかにメソッドが用意されていたら、それは他の2つのクラスでも用意されている可能性が高いと考えていいでしょう。この3つのクラスは、数値を処理するための機能として、だいたい同じメソッドを持っているのですから。

---

intとIntegerの違い

まず、「**IntegerやFloatは、intやfloatと違うのか**」という点から見ていきましょう。実際に両者を比べてみると、違いがよくわかります。

リスト4-1

```python
from sympy import *

a = Integer(100)
b = 100
print(type(a))
print(type(b))
print(a.evalf(10))
print(b.evalf(10))
```

148

図4-3：実行すると、aとbのタイプ、aの10桁表示の後にAttributeErrorが現れる。

```
In [23]:  from sympy import *

          a = Integer(100)
          b = 100
          print(type(a))
          print(type(b))
          print(a.evalf(10))
          print(b.evalf(10))

          <class 'sympy.core.numbers.Integer'>
          <class 'int'>
          100.0000000
          ---------------------------------------------------------
          ---------------------
          AttributeError                           Traceback (mo
          st recent call last)
          <ipython-input-23-675a4a429aca> in <module>()
                6 print(type(b))
                7 print(a.evalf(10))
          ----> 8 print(b.evalf(10))

          AttributeError: 'int' object has no attribute 'evalf'
```

　これを実行すると、3行の出力があった後、AttributeErrorというエラーが出力されます。出力内容を見てみましょう。

```
<class 'sympy.core.numbers.Integer'>
<class 'int'>
100.0000000
```

　まず、変数aとbにIntegerとintの値を代入し、それぞれのタイプを表示しています。確かにIntegerとint型になっていますね。

　その後、値の**evalf**を呼び出しています。これは、**指定の桁数で表示するメソッド**で、Integerでは値が出力されますが、intではエラーになります。これは、evalfがIntegerのメソッドですから、当たり前といえば当たり前です。

　このevalfのように、IntegerやFloatなどのクラスには数値を扱うためのメソッドがいろいろと揃っています。これらを活用する場合には、intやfloatではなく、IntegerやFloatを使う必要があります。

　が、そうした特別な事情がないならば、普通にint値やfloat値を利用しても問題はありません。特に、式の中で値を記述する際、すべてIntegerで書くとなるとかなり面倒なことになりますから、不必要にIntegerを多用することはありません。

分数について

　値を扱うとき、注意しておきたいのが分数であるRationalです。Pythonや多くのプログラミング言語では、「**分数の型**」というのはまずありませんから、イメージしにくいかもしれません。

Rationalは、引数を2つ持つコンストラクタを使って作成します。

```
Rational ( 分子 , 分母 )
```

このように、分子と分母の値をそれぞれ指定して分数のインスタンスを作成し、利用します。

Rationalは、「**分数を計算した値（実数）**」ではありません。分数そのものなのです。実際に確認してみましょう。

リスト4-2

```
from sympy import *

a = 1 / 3
b = Rational(1, 3)
print(a)
print(b)
```

図4-4：実行すると、1 / 3は0.333……と表示されるが、Rationalは1/3と分数そのものとして値が保持されている。

```
In [27]:  from sympy import *

          a = 1 / 3
          b = Rational(1, 3)
          print(a)
          print(b)

          0.3333333333333333
          1/3
```

これを実行してみましょう。ここでは、「**1 / 3**」と、Rational(1, 3)をそれぞれ出力しています。1 / 3の出力結果は、0.3333333333333333となっています。これは当然で、ある意味予想通りの結果でしょう。が、Rationalの出力結果は、1 / 3です。つまり、3分の1という分数そのものの値であって、0.3333333333333333……ではないのです。

N、evalfによる実数換算

では、Rationalの値は実数換算できないのでしょうか？　もちろんできます。これには、「**evalf**」というメソッドか、「**N**」という関数を利用します。

・N関数

```
N( 元値 , 桁数 )
```

・evalfメソッド

```
インスタンス . evalf( 桁数 )
```

Nは、換算する元の値と桁数を引数に指定します。evalfは、換算する値のインスタンスから呼び出し、桁数を引数に指定します。どちらも桁数の値は省略できます。では、実際に試してみましょう。

リスト4-3

```
from sympy import *

a = Rational(1, 3)
print(N(a))
print(N(a,20))
```

図4-5：実行すると、3分の1を実数換算して表示する。

```
In [28]:  from sympy import *

          a = Rational(1, 3)
          print(N(a))
          print(N(a,20))

          0.333333333333333
          0.33333333333333333333
```

ここでは3分の1のRationalを用意し、それをN関数で実数換算して表示しています。桁数を指定していない場合と、20桁に指定した場合で、それぞれ以下のように出力されます。

```
0.333333333333333
0.33333333333333333333
```

ここでは、1 / 3ではなく、実数として表示されています。また桁数を指定すると、その桁数で表示されることがわかります。

定数（ π 、e、無限大）について

数学では、いくつかの定数が使われます。もっとも有名なのは円周率である「**π**」でしょう。また自然対数の底（ネイピア数）である「**e**」もよく利用されますね。また定数といってよいかわかりませんが、無限大を表す「**∞**」も重要です。

これらの定数も、sympyでは用意されています。

pi —— 円周率の定数
E —— 自然対数の底の定数
oo —— 無限大の定数

これらは、それぞれ**Pi**、**Exp1**、**Infinity**といったクラスとして用意されています。これらのクラスは、先のIntegerやFloatなどの基底クラスであるNumberの基底クラス（**Expr**というクラスです）から派生しています。従って、Numberの派生クラスであるInteger、Float、Rationalなどと非常に近い構造をしており、共通するメソッドも多くあります。

151

では、これらの定数を利用した例を挙げましょう。

リスト4-4

```
from sympy import *

print(N(pi,30))
print(N(E,30))
print(N(oo,30))
```

図4-6：π、e、∞をそれぞれ出力する。

```
In [45]:  from sympy import *

          print(N(pi,30))
          print(N(E,30))
          print(N(oo,30))

          3.14159265358979323846264338328
          2.71828182845904523536028747135
          inf
```

ここでは、π、eをそれぞれ30桁まで表示しています。実行すると、以下のように出力されるのが確認できるでしょう。

```
3.14159265358979323846264338328
2.71828182845904523536028747135
inf
```

πとeについては指定の桁数が表示されていることがわかります。ここでは30桁ですが、もちろん100桁でも1000桁でも表示可能です。

多くのプログラミング言語では、すべての値は型が決まっており、割り当てられるメモリサイズも固定であるため、一定の桁数内でしか数を扱うことができません。が、sympyに用意されている値（Integer、FloatやPiなどの定数クラス）では、桁数にしばられることなく、必要な桁数だけ値を取り出すことができるのです。

なお、無限大であるooは、Nで桁数を指定しても「**inf（無限大）**」としか表示されません。無限大ですから、ね。

階乗について

一般的な四則演算は、まったく問題なく行えます。演算の優先順位を示す()記号も使えます。ただし、注意したいのが階乗です。Pythonでは、階乗計算は「^」記号を使いますが、sympyでは「**」という記号を使います。

では、例を挙げましょう。

4-1 sympy の基本

リスト4-5

```
from sympy import *

a = Rational(1, 3)
b = Rational(5, 6)
print((a + b)**2)
```

図4-7：簡単な計算を実行する。分数の足し算と2乗を行い、結果を表示する。

```
In [53]:  from sympy import *

          a = Rational(1, 3)
          b = Rational(5, 6)
          print((a + b)**2)

          49/36
```

　これを実行してみましょう。すると結果として 49 / 36 と表示されます。分数による演算は、ちゃんと分数の形で結果が表示されます。

　ここでは分数だけを使っていますが、整数を組み合わせても、問題なく計算が行えます。

リスト4-6

```
from sympy import *

a = Rational(1, 3)
b = (a + 3)**2 - 4
print(b)
```

図4-8：分数と整数を使った式を計算する。

```
In [10]:  from sympy import *

          a = Rational(1, 3)
          b = (a + 3)**2 - 4
          print(b)

          64/9
```

　実行すると、64 / 9 と結果が表示されます。ここでは、普通の（Integerではない）整数と分数を組み合わせて計算を行っています。注目すべきは、「**Integerではなく、一般的なint値を使っている**」という点です。

　Integer、Float、Rationalといった値が、式の中で1つでも使われていれば、結果はこれらのいずれかの値になります。式の大半がintやfloatでも、1つだけIntegerやFloat、Rationalを使えばいいのです。

153

Chapter 4　sympy による代数計算

平方根について

　平方根は、Pythonの**math**パッケージにあるsqrtを使うのが一般的でしょう。が、sympyには独自のsqrt関数が用意されています。その違いをここで理解しておきましょう。

　sympyのsqrt関数は、結果を実数などではなく、**Pow**クラス（階乗を扱うクラス）のインスタンスとして返します。このクラスには、IntegerやFloatなどと同様のメソッドが一通り揃えられており、値を処理するのに役立ちます。
　では、両者（Python標準のsqrtとsympyのsqrt）にはどういう違いがあるのでしょうか？実際に挙動を比べてみましょう。

リスト4-7

```
import math
from sympy import *


a1 = sqrt(32)
b1 = sqrt(24)
print('a=%s , b=%s' %(a1, b1))
pprint(a1 * b1)

a2 = math.sqrt(32)
b2 = math.sqrt(24)
print('a=%s , b=%s' %(a2, b2))
print(a2 * b2)
```

図4-9：mympyのsqrtとPythonの標準sqrt関数との挙動を比べる。

```
In [17]:  import math
          from sympy import *


          a1 = sqrt(32)
          b1 = sqrt(24)
          print('a=%s , b=%s' %(a1, b1))
          pprint(a1 * b1)

          a2 = math.sqrt(32)
          b2 = math.sqrt(24)
          print('a=%s , b=%s' %(a2, b2))
          print(a2 * b2)

          a=4*sqrt(2) , b=2*sqrt(6)
          16·√3
          a=5.656854249492381 , b=4.898979485566356
          27.712812921102035
```

　実行すると、まずsympyのsqrtで32と24の平方根を用意し、両者を乗算したものを出力しています。そしてPython標準のsqrtでも同様のことを行っています。すると出力結果は以下のようになります。

```
a=4*sqrt(2) , b=2*sqrt(6)
16·√3
a=5.656854249492381 , b=4.898979485566356
27.712812921102035
```

Pythonの標準sqrt関数は、あくまで「**平方根の値を実数で得る**」ためのものです。従ってすべての値は実数の数字として得られます。もちろん、float値ですから、得られるのはあくまで近似値です。

これに対し、sympyのsqrtは、以下のように結果が表示されます。

```
sqrt(32) → 4*sqrt(2)
sqrt(24) → 2*sqrt(6)
a * b → 16·√3
```

printではsqrtによる値になり、pprintでは√で表した値になっています。sqrt関数は、Powクラスのインスタンスとして値を返しますから、Rationalなどと同様に**平方根の状態のまま**値を保持しているのですね。ですから、N関数などで実数として取り出したりしない限り、計算結果の実数では表示されないのです。

変数とシンボル

計算の基本的なやり方がわかったところで、代数には必須の「**変数**」について説明しましょう。

Pythonなどのプログラミング言語では変数を使っていますが、これらは値を代入し保管するものです。変数を使う段階で既に値は代入されており、変数はただ「**代入された値と同じもの**」として機能するだけです。従って、代数で使われるxやyとはまったく性格が異なります。

では、代数で使われるxはどのように作成するのか？　これは、「**シンボル**」として作成をします。シンボルは、代数として扱われる、文字通り「**シンボル**」としての変数を作成します。これは、数値ではありません。あくまで「**何らかの値の代わりとなるもの**」として扱われます。

シンボルは、以下のように作成します。

・シンボルの作成 (1)

```
変数 = symbols( 変数名 )
```

・例

```
x = symbols('x')
(x,y) = symbols('x y')
```

Chapter 4 sympy による代数計算

・シンボルの作成 (2)

```
変数 = Symbol( 変数名 )
```

・例

```
x = Symbol('x')
```

「**symbols**」関数は、引数に指定した名前のシンボルを作成して変数に代入します。例えば、x = symbols('x')とすれば、変数xに「**x**」というシンボルが設定されます。半角スペースで区切って複数の変数名を一つのテキストにまとめておけば、複数のシンボルを一度に作成できます。この場合は、戻り値はタプルとなるので、代入する変数もタプルで複数用意しておきます。

シンボルは、sympyでは「**Symbol**」クラスとして用意されています。ですから、Symbolインスタンスを作成して作ることもできます。この場合、引数には変数名を指定します。

インスタンスを作成するやり方の場合、symbols関数のように同時に複数のシンボルを作成することはできません。ですから、複数をまとめて作るような場合はsymbols関数を使うほうが簡単でしょう。

通常、symbolsで作成するシンボルと代入する変数名は同じものに揃えておきます。それが一番わかりやすいでしょうから。もちろん、異なる形にしてもシンボルは作成できます。

```
x = symbols('y')
y = symbols('x')
```

例えばこのようにすれば、変数xにシンボルyが、変数yにシンボルxが用意できます。ただし、これは無用の混乱を生むだけなのでやめたほうがよいでしょう。

シンボルで式を作る

では、実際にシンボルを作成し利用してみましょう。シンボルを用意することで、簡単な式を作ることができます。

リスト4-8

```
import math
from sympy import *

x = symbols('x')
res = x**2 + 4*x - 6
print(res)
```

156

図4-10：シンボルxを作成し、式を作る。

```
In [32]:  import math
          from sympy import *

          x = symbols('x')
          res = x**2 + 4*x - 6
          print(res)

          x**2 + 4*x - 6
```

　ここでは、symbols関数でxというシンボルを作成し、これを使って、x**2 + 4*x - 6という式を変数resに代入しています。これを出力すると非常に面白い結果になります。

```
x**2 + 4*x - 6
```

　このように出力されるのです。すなわち、**変数resには、x**2 + 4*x - 6という式そのものが代入されている**のです。

　Pythonなどのプログラミング言語では、変数に式を代入するというのは「**式の計算結果を代入する**」というのが当たり前でした。が、sympyでは違います。式の中に1つでもシンボルが含まれていると、式の結果ではなく、式そのものを値として代入するのです。

Column 「式」の値とは？

　この「**式そのものが変数に代入される**」というのは非常に不思議な感覚です。が、もちろん式そのものが変数に入っているわけはありません。「**式そのものを扱うクラスのインスタンス**」が入っているのです。

　これは、実は1つではありません。式の内容に応じて以下のようなものが入ります。

Add	加算減算により複数の項から構成される式（多項式）のクラス
Mul	乗算除算のみで構成される式（単項式）のクラス
Pow	階乗のみで構成される式のクラス

　これらは、「**Expr**」クラスの派生クラスです。Exprクラスは、代数式の基底クラスとなるもので、代数式を扱うための機能を一通り持っています。

　すなわち、sympyでは、「**代数式を扱うクラスが用意されており、シンボルを使った式を代入すると自動的にそれらのクラスのインスタンスとして変数に代入される**」ようになっているのです。

Chapter **4** sympy による代数計算

4-2 式を操作する

式の単純化

では、作成した式をいろいろと使ってみましょう。まずは、式の単純化からです。式の単純化は、「**simplify**」という関数を使います。

```
変数 = simplify( 式オブジェクト )
```

シンボルを使った式のオブジェクトを引数に指定して実行すると、その式を単純化した式オブジェクトが変数に代入されます。では例を挙げましょう。

リスト4-9

```
from sympy import *

x = Symbol('x')

re1 = (x + 1)**2
re2 = 2*x + 7
print(re1)
print(re2)
print(re1 + re2)
print(simplify(re1 + re2))
```

図4-11：2つの代数式を作成し、これを足したものを単純化する。

```
In [62]:   from sympy import *

           x = Symbol('x')

           re1 = (x + 1)**2
           re2 = 2*x + 7
           print(re1)
           print(re2)
           print(re1 + re2)
           print(simplify(re1 + re2))

           (x + 1)**2
           2*x + 7
           2*x + (x + 1)**2 + 7
           x**2 + 4*x + 8
```

ここでは、2つの代数式を変数re1、re2に用意しています。これらは出力すると以下のようになっていますね。

158

```
(x + 1)**2
2*x + 7
```

この2つをre1 + re2として加算すると、作成される式は以下のようになっています。

```
2*x + (x + 1)**2 + 7
```

2つの式の要素が一つの式にまとまっているのがよくわかります。これを単純化すると以下のように式が変わります。

```
x**2 + 4*x + 8
```

見ればわかるように、(x + 1)**2 が展開され、まとめられています。式の変化を整理するとこうなりますね。

```
(x + 1)**2    2*x + 7
 ↓
2*x + x**2 + 2*x + 1 + 7
 ↓
x**2 + 4*x + 8
```

こうした処理がsimplifyにより行われていたのです。式によってはそれ以上単純化できない場合もありますが、そうした場合はその式がそのまま返されます。エラーになることはありません。

式の展開

多項式を展開するには、「**expand**」という関数を利用します。これは、以下のように記述をします。

```
expand( 式オブジェクト )
```

使い方は、先ほどのsimplifyと同じです。これで、展開された式のオブジェクトが返されます。では、これも例を挙げましょう。

リスト4-10
```
from sympy import *

x = Symbol('x')

re = (x + 2)**3
print(expand((re)))
```

Chapter **4** sympy による代数計算

図4-12：(x + 2)**3を展開する。x**3 + 6*x**2 + 12*x + 8と出力される。

```
In [94]:   from sympy import *

           x = Symbol('x')

           re = (x + 2)**3
           print(expand((re)))

           x**3 + 6*x**2 + 12*x + 8
```

ここでは、(x + 2)**3という式を変数reに代入し、これをexpandで展開して出力しています。出力結果は以下のようになっているでしょう。

```
x**3 + 6*x**2 + 12*x + 8
```

()が外され、式がすべて展開された状態となっていることがわかります。式の展開は、非常に簡単に行えますね。

多項式の因数分解

多項式の因数分解は、「**factor**」という関数を使います。これも基本的な使い方はsimplifyやexpandと同じです。

```
factor( 式オブジェクト )
```

これで、式を因数分解した状態の式オブジェクトが返されます。では、やってみましょう。

リスト4-11

```
from sympy import *

x = Symbol('x')

re = x**3 - x**2 - x + 1
print(factor((re)))
```

図4-13：式をfactorで因数分解する。

```
In [98]:   from sympy import *

           x = Symbol('x')

           re = x**3 - x**2 - x + 1
           print(factor((re)))

           (x - 1)**2*(x + 1)
```

これは、x**3 - x**2 - x + 1という式を変数reに代入し、それをfactorで因数分解して表示します。実行すると、以下のように出力がされます。

160

4-2 式を操作する

```
(x - 1)**2*(x + 1)
```

　(x - 1)**2と(x + 1)といった項目で構成されていることがわかります。チェックする式が多項式に分解されて表示されているのです。

　このfactorはなかなか強力で、2次式は当然としても、3次式や4次式も平気で解いてくれます。

シンボルに値を代入する

　シンボルを使った式を用意すれば、そのシンボルに値を代入し、答えを得ることができるようになります。これには「**subs**」というメソッドを使います。

```
[Expr] .subs( シンボル , 値 )
```

　式オブジェクトのsubsメソッドを呼び出し、引数にシンボルと代入する値を指定します。これで、式の中のシンボルに値を代入して実行し、結果を得ることができます。なお、複数のシンボルに値を設定したい場合は、引数の値を以下のようにします。

```
[ ( シンボル , 値 ) , ( シンボル , 値 ) , …… ]
```

　シンボルと値をタプルにして、リストにまとめるのです。これで複数のシンボルに値を代入できます。では、利用例を挙げましょう。

リスト4-12

```python
from sympy import *

x,y = symbols('x y')
re = x**2 - 2*y
print(re)
print(re.subs([(x, 10),(y, 20)]))
```

図4-14：実行すると、式のxとyにそれぞれ10と20を代入して結果を得る。

```
In [11]:  from sympy import *

          x,y = symbols('x y')
          re = x**2 - 2*y
          print(re)
          print(re.subs([(x, 10),(y, 20)]))

          x**2 - 2*y
          60
```

　ここでは、x**2 - 2*y という式を作成し、そのxとyにそれぞれ10と20を代入した結果を計算しています。こんな具合に式が用意できれば、さまざまに値を代入して計算が行えるようになるのです。

161

Chapter 4 sympyによる代数計算

方程式を解く

方程式は、やはり簡単な操作で解くことができます。これは「**solve**」という関数を使います。

```
solve( 式オブジェクト )
```

使い方は、これまで説明した関数類と同じですね。式のオブジェクトを引数に指定して呼び出せば、その式に含まれている代数を計算して返します。では、やってみましょう。

リスト4-13

```
from sympy import *

x = Symbol('x')
re = x**2 + 2*x - 8
print(re)
print(solve(re))
```

図4-15：方程式を解く。方程式x**2 + 2*x - 8を解くと、[-4, 2]と表示される。

```
In [54]:  from sympy import *

          x = Symbol('x')

          re = x**2 + 2*x - 8
          print(re)
          print(solve(re))

          x**2 + 2*x - 8
          [-4, 2]
```

では、実行してみて下さい。ここでは、x**2 + 2*x - 8 という式を用意しています。これを変数に代入して出力し、solve(re)で解いています。答えは、[-4, 2] となりました。

式は、＝０として扱われる

ここで、変数reに x**2 + 2*x - 8 という式が代入されており、これをsolveで解いていました。これを見て、奇妙な感じがした人もいるかもしれません。方程式を解く、ということならば、式は以下のようになっているはずです。

```
x**2 + 2*x - 8 = 何か
```

sympyの式には、＝ ○○の部分がありません。どうなっているのか？　と思った人もいるかもしれませんね。

sympyの式は、基本的に「＝ **0**」の式として考えて下さい。解きたい式が ＝ 0 でない場合は、＝ 0 の形に整えてから代入をして使うとよいでしょう。例えば、こういう形です。

162

```
x**2 + 2*x = 8
   ↓
x**2 + 2*x - 8 = 0
```

こうして「= 0」の形にしたものをsolveすれば正しく値が得られます（なお、y=の形式については後ほど説明します）。

2元方程式を解く

1元の方程式であれば、このように簡単に解くことができます。では、2元方程式はどうでしょうか？

実は、これもsolveで解くことができるのです。ただし、ただsolveの引数に式オブジェクトを指定しただけでは、「**どのシンボルについて解けばいいのか？**」が不明確になってしまいます。

こうした場合は、第2引数に、解く対象となるシンボルを指定して呼び出すことができます。では、やってみましょう。

リスト4-14

```
from sympy import *

(x, y) = symbols('x y')

re = (x + y)**2 -9
print(re)
print(solve(re))
print('x = %s' % solve(re,x))
print('y = %s' % solve(re,y))
```

図4-16：2元方程式をxおよびyについて、それぞれ解いていく。

```
In [56]:  from sympy import *

          (x, y) = symbols('x y')

          re = (x + y)**2 -9
          print(re)
          print(solve(re))
          print('x = %s' % solve(re,x))
          print('y = %s' % solve(re,y))

          (x + y)**2 - 9
          [{x: -y - 3}, {x: -y + 3}]
          x = [-y - 3, -y + 3]
          y = [-x - 3, -x + 3]
```

ここでは、(x + y)**2 -9 = 0 という方程式を解いてみました。単純にsolveしたものと、解く対象のシンボルをx、yと個別に指定したものを用意してみました。これを実行すると、出力結果は以下のようになります。

163

```
(x + y)**2 - 9
[{x: -y - 3}, {x: -y + 3}]
x = [-y - 3, -y + 3]
y = [-x - 3, -x + 3]
```

単純に solve(re) とした場合、出力結果は、[{x: -y - 3}, {x: -y + 3}] となります。リスト内に、最初のシンボルであるxの解がまとめられています。

では、solve(re,x) あるいは solve(re,y) とした場合はどうでしょうか。こうすると出力結果は、それぞれ [-y - 3, -y + 3] または [-x - 3, -x + 3] というように、解となる式のリストが返されているのがわかります。対象シンボルが明確なので、わざわざ{x: ○○ }というようにマップにまとめる必要がなく、シンプルな戻り値となっているのがわかります。

連立方程式を解く

2元方程式は、一般に連立となっていることが多いでしょう。この場合、どうやって解けばいのでしょうか。

実は、solveは、複数の式オブジェクトを引数に指定することで、連立方程式を解けるようになっているのです。これもやってみましょう。

リスト4-15

```
from sympy import *

(x, y) = symbols('x y')

re1 = 2*x + 6*y + 4
re2 = (x + y)**2 - 9
print(re1)
print(re2)
print(solve((re1,re2)))
```

図4-17：2元連立方程式を解く。2つの式と解が出力される。

```
In [57]:   from sympy import *

           (x, y) = symbols('x y')

           re1 = 2*x + 6*y + 4
           re2 = (x + y)**2 - 9
           print(re1)
           print(re2)
           print(solve((re1,re2)))

           2*x + 6*y + 4
           (x + y)**2 - 9
           [{x: -7/2, y: 1/2}, {x: 11/2, y: -5/2}]
```

ここでは、2つの式を用意し、それを使って方程式を解いています。

```
2*x + 6*y + 4 = 0
(x + y)**2 - 9 = 0
```

これらの式を**solve((re1,re2))**というな形で解いています。よく勘違いするのですが、2つの式オブジェクトは、実はそれぞれ2つの引数に指定されているわけではありません。タプルで1つにまとめてあるのです。これを忘れるとsolve実行時にエラーとなるので注意して下さい。

実行すると、結果は以下のように出力されます。

```
[{x: -7/2, y: 1/2}, {x: 11/2, y: -5/2}]
```

xとyのそれぞれのシンボルについて解が得られているのがわかります。もう少し、2元連立方程式の例を挙げておきましょう。連立方程式の解き方がこれでだいたいわかるのではないでしょうか。

リスト4-16

```
from sympy import *

(x, y) = symbols('x y')

re1 = 19*x + 37*y - 67
re2 = 13*x + 25*y - 55
print(solve((re1,re2)))
```

・出力結果

```
{x: 60, y: -29}
```

図4-18：連立方程式を解く。

```
In [58]:   from sympy import *

           (x, y) = symbols('x y')

           re1 = 19*x + 37*y - 67
           re2 = 13*x + 25*y - 55
           print(solve((re1,re2)))

           {x: 60, y: -29}
```

リスト4-17

```
from sympy import *

(x, y) = symbols('x y')

re1 = sqrt(2)*x + sqrt(3)*y - 1
re2 = sqrt(3)*x + sqrt(2)*y - 1
```

Chapter 4 sympy による代数計算

```
print(solve((re1,re2)))
```

・出力結果

```
{x: -sqrt(2) + sqrt(3), y: -sqrt(2) + sqrt(3)}
```

図4-19：連立方程式を解く。

```
In [59]:  from sympy import *

          (x, y) = symbols('x y')

          re1 = sqrt(2)*x + sqrt(3)*y - 1
          re2 = sqrt(3)*x + sqrt(2)*y - 1
          print(solve((re1,re2)))

          {x: -sqrt(2) + sqrt(3), y: -sqrt(2) + sqrt(3)}
```

y ＝ x は？

　ここまで方程式を使ってみて、どことはなしに違和感を覚えていた人もいるかもしれません。普通、方程式というのは「**y ＝ x 〜**」というように、「**y ＝**」の形で記述するものです。こういった、一般的な形の式は書けないのでしょうか？

　実は、書けます。ただし、これまでやったように、y ＝ x というように書いてしまうと、Pythonでは「**xをyに代入する**」と判断してしまいます。そこで、「**Eq**」という専用の関数を利用します。

```
変数 = Eq ( 左辺 , 右辺 )
```

　このように、Eqの引数に左辺と右辺の値（シンボルや式オブジェクト）を指定することで、y ＝ の式を作ることができます。では、これも利用例を見てみましょう。

リスト4-18

```
from sympy import *

(x, y) = symbols('x y')

re1 = Eq(y, x**2 + 6*x + 2)
re2 = Eq(y, (x + 2)**2)
print(re1)
print(re2)
print(solve((re1,re2)))
```

図4-20：実行すると、2つのy＝という形の式を作成してxとyを解く。

```
In [88]:  from sympy import *

          (x, y) = symbols('x y')

          re1 = Eq(y, x**2 + 6*x + 2)
          re2 = Eq(y, (x + 2)**2)
          print(re1)
          print(re2)
          print(solve((re1,re2)))

          Eq(y, x**2 + 6*x + 2)
          Eq(y, (x + 2)**2)
          [{x: 1, y: 9}]
```

ここでは、y = x**2 + 6*x + 2、y = (x + 2)**2 という2つの式を用意し、solveで解いています。Eqを使い、2つの式を作成しているのがわかるでしょう。Eqで作成される式は、これまでの式とまったく同様にsolveなどで解くことができるのです。

極限について

極限(limit)は、その名の通り、「**limit**」という関数として用意されています。これは以下のように利用します。

```
limit ( 式 , シンボル , 極限値 )
```

第1引数には、シンボルを使った式オブジェクトを指定します。第2引数には値を操作するシンボル、第3引数にはいくつに近づけるかを指定します。例えば、limの下付き文字に「**x→0**」とするなら、第2引数は「**x**」、第3引数は「**0**」となるわけです。
では、利用例を挙げましょう。

リスト4-19

```
from sympy import *

(x, n) = symbols('x n')

re = 1 / x**n + 1
print(limit(re, n, oo))
print(limit(re, n, 1))
```

図4-21：1 / x**n + 1のnを無限大または1に近づける。

```
In [13]:  from sympy import *

          (x, n) = symbols('x n')
          re = 1 / x**n + 1
          print(limit(re, n, oo))
          print(limit(re, n, 1))

          1
          (x + 1)/x
```

ここでは、1 / x**n + 1 という式を用意し、nの値を無限大または1に近づけていきます。出力結果は、以下のようになるでしょう。

```
1
(x + 1)/x
```

見ればわかるように、極限に近づけるもの以外にシンボルがある式でも、それらのシンボルによる式の形で解が出力されます。

微分について

微分は、「**diff**」という関数として用意されています。これは、以下のような形で呼び出します。

```
diff ( 式 , シンボル , 階数 )
```

式を特定のシンボルについて微分するには、式とシンボルのみを引数に指定するだけです。高階微分を行う場合は、第3引数に階数を指定します。階数を省略した場合は、基本的に1階微分と判断されます。

では、実際の利用例を挙げておきましょう。

リスト4-20

```
from sympy import *

(x, y) = symbols('x y')

re = 2*x**3
print(diff(re, x))
print(limit((2*(x+y)**3 - 2*x**3)/y, y, 0))
print(diff(re, x, 2))
print(limit((6*(x+y)**2 - 6*x**2)/y, y, 0))
```

図4-22：式を微分する。limitで導関数も合わせて出力してある。

```
In [15]:   from sympy import *

           (x, y) = symbols('x y')

           re = 2*x**3
           print(diff(re, x))
           print(limit((2*(x+y)**3 - 2*x**3)/y, y, 0))
           print(diff(re, x, 2))
           print(limit((6*(x+y)**2 - 6*x**2)/y, y, 0))

           6*x**2
           6*x**2
           12*x
           12*x
```

　ここでは、2*x**3 という式を微分しています。**diff(re, x)**で微分を、**diff(re, x, 2)**で2階微分を行ってみました。これを実行すると以下のように出力されることがわかります。

```
6*x**2
6*x**2
12*x
12*x
```

　diffで微分するのと共に、limitを使って導関数を出力させています。diffとlimitによる導関数の結果が一致していることがよくわかるでしょう。

積分について

　積分については、「**integrate**」という関数として用意されています。基本的な初等関数程度のものであれば、integrate関数で積分することができるでしょう。これは以下のように呼び出します。

```
integrate ( 式 , シンボル )
```

　また、閉区間内の定積分については、シンボルの指定部分に**(シンボル , 下限 , 上限)**という3つの要素からなるタプルを指定します。では、これも例を挙げておきましょう。

リスト4-21
```
from sympy import *

x = Symbol('x')

re = 2*x**3
print(integrate(re, x))
print(integrate(re, (x, 0, 1)))
```

図4-23：2*x**3の積分と0〜1の定積分を行う。

```
In [105]:  from sympy import *

           x = Symbol('x')

           re = 2*x**3
           print(integrate(re, x))
           print(integrate(re, (x, 0, 1)))

           x**4/2
           1/2
```

　ここでは、2*x**3 という式について積分を行っています。不定積分と、0〜1の区間内の定積分を実行し、以下のように出力しています。

```
x**4/2
1/2
```

　不定積分と定積分で、第2引数の書き方が異なりますが、基本的な関数の呼び出し方は同じなので、使い方に迷うことはそれほどないでしょう。

Chapter 5

scikit-learnによる
機械学習

Pythonが一躍有名となったのは、A.I.（人工知能）の分野です。ここではA.I.の基本技術である機械学習を「scikit-learn」というモジュールで利用してみましょう。

データ分析ツールJupyter入門

Chapter 5　scikit-learn による機械学習

5-1 scikit-learnによる機械学習

A.I.と機械学習

　最近になってPythonの名前がよく聞かれるようになったのは、A.I.のおかげでしょう。A.I.の分野で、Pythonは広く使われており、「**A.I.といえばPython**」という印象を持っている人も多いことと思います。

　A.I.の実現には非常に幅広い技術が必要ですが、その中核部分ともいえるのは「**機械学習**」という技術でしょう。現在、さまざまな分野で「**A.I.機能により○○を実現！**」といった新しい技術を喧伝する声が上がっていますが、その多くは「**A.I. ＝ 機械学習**」といった感覚で考えられていることが多いようです。すなわち、機械学習によってビッグデータを学習させ、それによってなにか新しい付加価値を用意した、というようなことが「**A.I.で○○実現！**」と表現されているのですね。

　では、この機械学習というのは何なのでしょうか。これは、一言でいえば、「**データを学習することで、データから一定のパターンを抽出し、それを元に新たなデータの結果を予測できるようにする**」というものです。

機械学習の仕組み

　機械学習は、大きく2つの処理に分かれています。それは「**学習**」の処理と、「**予測**」の処理です。

・学習の処理

　機械学習では、まずデータをもとに学習を行います。データは、事前に学習に利用しやすい形式で下処理がされていなければいけません。

　学習では、まずデータからその特徴を調べます。それを学習し、モデルを作成していきます。そして作成されたモデルを元に、正確に予測ができるかを調べて評価します。この「**モデル**」こそが、機械学習ではもっとも重要です。機械学習というのは、いってみれば「**モデルを作ること**」なのです。いかにして正しい判断ができるモデルを作り上げるか、それがすべてといってもいいでしょう。

　この「**特徴を調べる**」「**学習**」「**モデル作成**」「**評価**」といった一連の流れを経て、ようやく学習が完了します。

・予測の処理

　予測は、学習よりもシンプルです。まず、データからその特徴を調べます。これは学習と同じです。特徴を調べたら、事前に作成されているモデルを元に、予測を行います。

　予測の処理の流れは、学習の処理と部分的に重なることがわかるでしょう。学習の段階では、データの特徴から学習をし、モデルを作成する、というのが目的です。そ

172

の後、予測と評価を行うことで、そのモデルが正確かどうかを確認しているのですね。

そしてモデルが完成したら、このモデルを使い、予測を行います。モデルは、学習した情報を元に作られていますから、データの特徴が学習した特徴に一致すれば、それを元に正確に予測が行える、というわけです。

図5-1：学習時と予測時の処理の流れ。学習時は、データから学習してモデルを構築していく。予測時は、構築されたモデルを使い、データの結果を予測する。

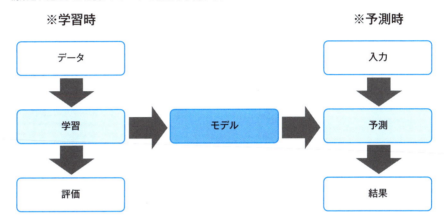

教師あり学習と教師なし学習

学習の方式は、大きく「**教師あり**」と「**教師なし**」に分けて考えることができます。これは、以下のような違いがあります。

・教師あり学習

　元データに、「**答え**」が用意されている方式です。すなわち、データの特徴を調べ、答えを参照して「**この特徴を備えたものは○○だ**」ということを学習していくのですね。答えがわかっているため、非常に効率的に学習ができます。ただし、元データの1つ1つに答えを用意しなければならないため、データの準備が大変です。

・教師なし学習

　元データに、答えが用意されていない方式です。答えがないのにどうやって学習するの？　と思うでしょうが、できるのです。ただし、学習により「**答え**」を見つけ出すわけではありません。教師なし学習では、データの特徴をもとに、データをクラス分けしていくのです。つまり、「**こういう特徴を持ったものはこういうグループにまとめよう**」という具合に、グループ分けしていくのです。答えを用意する必要がないため、データの準備がかなり楽になりますが、正確な学習のためにはより大量のデータを学習していく必要があるでしょう。

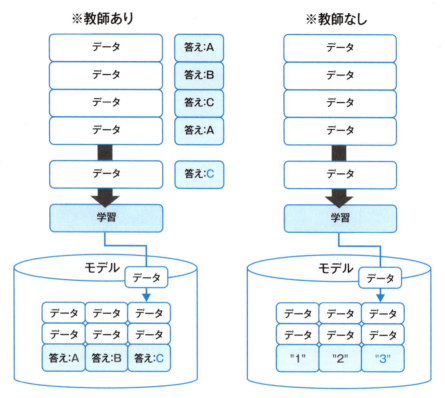

図5-2：教師あり学習では、データの特徴と答えを元に学習をしていく。教師なし学習では、データの特徴を元に、データをいくつかのグループに分けていく。

scikit-learnとは

　機械学習のライブラリにはいろいろとありますが、ここで紹介するのは「**scikit-lean**」というPythonのモジュールです。

　scikit-learnは、numpy/scipyを使って動作します。「**scikit**」はscipy toolkitの略で、scipyの拡張モジュールとして開発がスタートしています。

　このscikit-learnには、機械学習のための基本的な機能が一通り揃っていますが、特筆すべきは「**サンプルのデータ一式が揃っている**」という点です。機械学習は、既に説明したように「**いかに学習のためのデータを揃えるか**」が重要です。本格的に機械学習で何らかのシステムを構築しようと思ったら、データを構築することから始めなければいけません。

　が、「**とりあえず機械学習について勉強してみたい**」ということならば、サンプルとしてデータが用意されていて、それを使ってすぐにプログラムを作成できるようになっていたほうが圧倒的に便利でしょう。scikit-learnには、既に機械学習用にきちんと整形されたデータが複数用意されています。もちろん、教師あり学習のための「**正解**」もちゃんと用意されていて、その場で簡単なスクリプトを書くだけで動かすことができます。

基本的な学習のシステムを提供

また、機械学習と一口にいっても、さまざまなやり方があります。

まず、学習のアルゴリズム。データから特徴を抽出して学習するには、さまざまな手法があります。また、教師なし学習でのグループ分けも同様です。機械学習では「**クラス分け**」と呼びますが、これもさまざまなアルゴリズムがあります。

scikit-learnでは、これらの主なアルゴリズムが標準で用意されています。必要に応じてアルゴリズムを変更したりしながら、動作を確認できるのです。

scikit-learnをインストールする

では、scikit-learnの準備を整えましょう。これも、Navigatorからインストールを行います。Navigatorの「**Environments**」を選択し、利用している仮想環境(ここでは「**my_env**」)が選択されているのを確認して下さい。そして、上部のプルダウンメニューから「**All**」を選択し、右側の検索フィールドに「**scikit-learn**」とタイプしてscikit-learnを検索します。

見つかったら、scikit-learnの項目のチェックをONにし、「**Apply**」ボタンをクリックします。

図5-3：「scikit-learn」を検索し、チェックをONにして「Apply」ボタンをクリックする。

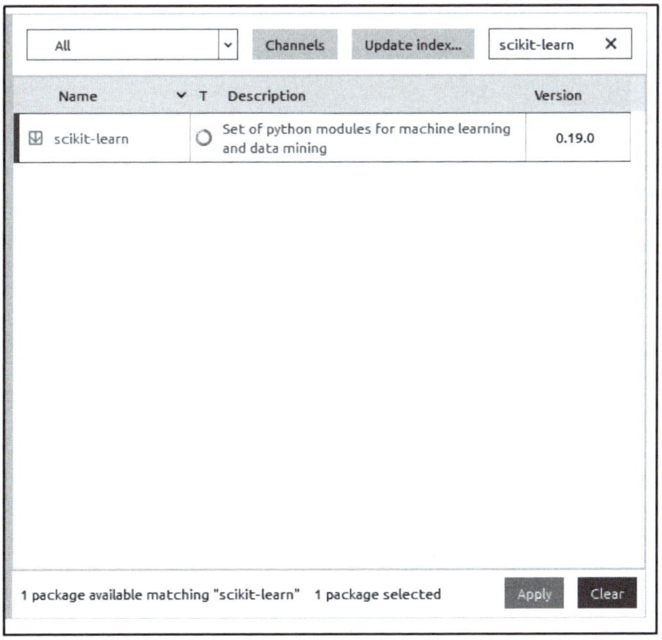

画面に、インストールするパッケージの一覧を表示したダイアログが現れます。内容を確認し、「**Apply**」ボタンをクリックすれば、インストールを開始します。

図5-4：ダイアログでインストールする内容を確認し、「Apply」ボタンでインストールする。

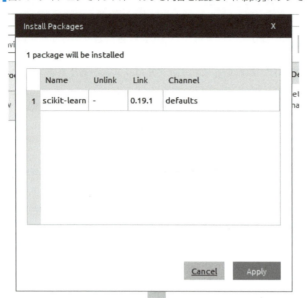

学習モデルの種類

　実際に機械学習を試す前に、ざっと「**どういう学習モデルがあるのか**」を頭に入れておくことにしましょう。

教師あり学習

・線形回帰

　線形回帰は、統計分析などでよく用いられるものですね。機械学習の「**学習モデル**」の説明で、いきなり線形回帰が出てきて戸惑った人もいることでしょう。「**線形回帰って、学習モデルなのか？**」と。

　機械学習のモデルというのは、要するに「**渡されたデータを元に結果を予測する仕組み**」です。線形回帰は、与えられたデータを元に、そのデータを再現する関数を予測する手法です。つまり、線形回帰も立派な学習モデルのアルゴリズムなのです。

・K近傍法

　K近傍法は、データをいくつかのクラスに分類するためのアルゴリズムです。データの特徴を整理し、数値の近いものどうしを「**仲間**」として1つのクラスにまとめていきます。そうして、「**どの辺りにあるものはどのクラスに属すると判断していいか**」を決めていきます。

・ロジスティック回帰

　基本的な考え方は線形回帰と同じなのですが、結果の判断で「**正しいか否か**」を予測するのに、どのぐらい予測が信頼できるかという「**確率**」を用います。

・パーセプトロン

パーセプトロンは、ニューラルネットワークで使われている手法の一つです。パーセプトロンは、データに「**重み**」と呼ばれる調整の値を付加して学習をします。入力されたデータから結果を判断し、その結果が教師データと比べてあっているかどうかで重みの値が変化します。そうして、より正しい判断がされるように学習をしていくのです。

・多層パーセプトロン（MLP：Multilayer Perceptron）

これは、単純なパーセプトロンを多層にし、バックプロパゲーション（逆向き伝搬）と呼ばれる手法を使ってより高度な推論を可能にしたものです。単純なパーセプトロンは、線形分離できないものには使えないのですが、MLPはパーセプトロンの限界を克服しています。

・SVM（Support Vector Machine）

SVMはパターン認識モデルの一つで、現在使われているさまざまなモデルの中では、もっとも認識率が高いといわれています。これはデータ全体の中から、予測にあまり役立たないものを取り除き、予測に役立つデータを絞って使います。

教師なし学習

・K平均法

教師データがない学習で使われます。これは「**クラス分け**」のアルゴリズムです。データの特徴をもとに、あらかじめ指定した数のクラスにデータをクラス分けしていきます。

このほかにも多くの学習アルゴリズムがありますが、主なものを整理すれば、だいたいこのぐらいになるでしょう。

見ればわかるように、いかにも「**機械学習やA.I.のために生まれた学習モデル**」と思えるものばかりではありません。一般的なデータ解析などで用いられているアルゴリズムをそのままモデルとして用いるものも多いのです。機械学習といっても、データ解析などとはまるで違う、まったく新しい技術というわけでもないのです。

irisデータについて

では、実際に機械学習を使ってみましょう。機械学習を利用するには、まず機械学習用のデータを用意しなければいけません。

ここでは、scikit-learnに用意されている「**iris**」（アイリス）というデータを使うことにします。これは、アイリス（あやめ）の花のデータをまとめたものです。「**花がく（萼）の長さ**」「**花がくの幅**」「**花びらの長さ**」「**花びらの幅**」という4つのデータをまとめ、それぞれに「**setosa**」「**versicolor**」「**virginica**」というアイリスの品種を教師データとして与えてあります。

つまり、花がくと花びらの長さと幅のデータを基に、その花の品種を予測できるようにしよう、というわけです。

iris をロードする

まずは、irisデータの準備をします。データそのものはscikit-learnに組み込まれていますので、簡単に読み込むことができます。

NotebookまたはLabで、新しいセルを用意して下さい（セルを実行したら、その下に新しいセルがあるはずです）。ここに以下のように記述し、実行しましょう。

リスト5-1

```
from sklearn.datasets import load_iris

iris = load_iris()
print(iris.data.shape)
print(iris.data[:10])
print(iris.target_names)
```

図5-5：irisをロードし、その内容の一部を表示する。

```
In [157]:  #iris を利用する
           from sklearn.datasets import load_iris

           iris = load_iris()
           print(iris.data.shape)
           print(iris.data[:10])
           print(iris.target_names)

           (150, 4)
           [[5.1 3.5 1.4 0.2]
            [4.9 3.  1.4 0.2]
            [4.7 3.2 1.3 0.2]
            [4.6 3.1 1.5 0.2]
            [5.  3.6 1.4 0.2]
            [5.4 3.9 1.7 0.4]
            [4.6 3.4 1.4 0.3]
            [5.  3.4 1.5 0.2]
            [4.4 2.9 1.4 0.2]
            [4.9 3.1 1.5 0.1]]
           ['setosa' 'versicolor' 'virginica']
```

irisデータは、sklearn.datasetsというモジュールに用意されている「**load_Iris**」という関数でロードできます。ここでは、以下のように実行していますね。

```
iris = load_iris()
```

これで、irisデータが変数irisに読み込まれます。ここでは、読み込んだirisから「**データサイズ**」「**データの最初の10行**」「**ターゲットの名前**」をprintで出力しています。以下のように出力されているでしょう。

```
(150, 4)
[[5.1 3.5 1.4 0.2]
 [4.9 3.  1.4 0.2]
 [4.7 3.2 1.3 0.2]
 [4.6 3.1 1.5 0.2]
```

```
[5.  3.6 1.4 0.2]
[5.4 3.9 1.7 0.4]
[4.6 3.4 1.4 0.3]
[5.  3.4 1.5 0.2]
[4.4 2.9 1.4 0.2]
[4.9 3.1 1.5 0.1]]
['setosa' 'versicolor' 'virginica']
```

　最初の**(150, 4)**というのがデータの大きさです。全部で150個のデータがあり、それぞれのデータには4つの値が用意されていることを示します。

　その後のリストが、実際に記録されているデータです。それぞれ4つの実数がひとまとめになって記録されていることがわかるでしょう。こうしたデータが、全部で150個用意されています。

　その下には、['setosa' 'versicolor' 'virginica']とリストが表示されていますが、これはデータの**target_names**という値です。

　target_namesは、予測するデータから予測される値の名前です。予測するデータそのものは、0、1、2……といった数値になっています。この値を使って、target_namesから「**ゼロはsetosa、1はversicolor、2はvirginica**」というように、実際のアイリスの品種を得られるようにしているのです。

iris データについて

　読み込まれたirisデータは、変数irisに格納されています。この中には、さまざまなデータが用意されています。重要なものを整理しておきましょう。

iris.data	irisのデータです。
iris.target	教師用データです。iris.dataの1つ1つのデータについて、その答えをリスト化して保管されています。
iris.target_names	targetの答えは、ただの数値でしかありません。この答えに、実際の名前(ここでは、アイリスの品種名)を割り当てるのに用意されているのがtarget_namesです。教師用データの各値に割り当てられている品種名がリスト化されています。

　とりあえず、これら3つの値がわかっていれば、学習を進めることができるでしょう。

学習用と予測用のデータを用意

　読み込まれたデータは、全体で一つの固まりになっています。実際に機械学習を行う際には、「**学習用のデータ**」と「**予測用のデータ**」をそれぞれ用意する必要があります。

　先に触れたように、機械学習は「**学習**」と「**予測**」の2つの処理で構成されます。まず、データを使って学習し、モデルを作成します。次に、完成したモデルを基にデータで予測を行います。そこで、読み込まれたデータを、学習用と予測用に振り分けて用意するわけですね。

Chapter 5　scikit-learn による機械学習

これは、以下のように行います。

リスト5-2

```
from sklearn.model_selection import train_test_split

(train_X, test_X, train_Y, test_Y) = train_test_split(iris.data,
    iris.target, test_size=0.2)

print(iris.target_names[test_Y])
print(test_Y)
print(test_X)
```

図5-6：読み込んだirisデータを学習用と予測用に振り分ける。

```
In [167]:  from sklearn.model_selection import train_test_split

           (train_X, test_X, train_Y, test_Y) = train_test_split(iris.data, iris.targ

           print(iris.target_names[test_Y])
           print(test_Y)
           print(test_X)
```

```
['virginica' 'setosa' 'versicolor' 'setosa' 'virginica' 'versicolor'
 'virginica' 'virginica' 'versicolor' 'versicolor' 'virginica'
 'versicolor' 'versicolor' 'virginica' 'setosa' 'versicolor' 'setosa'
 'setosa' 'virginica' 'virginica' 'versicolor' 'virginica' 'versicolor'
 'setosa' 'setosa' 'setosa' 'setosa' 'versicolor' 'setosa' 'virginica']
[2 0 1 0 2 1 2 2 1 1 2 1 1 2 0 1 0 0 2 2 1 2 1 0 0 0 0 1 0 2]
[[6.  2.2 5.  1.5]
 [5.  3.5 1.6 0.6]
 [5.  2.3 3.3 1. ]
 [5.7 4.4 1.5 0.4]
 [6.7 3.1 5.6 2.4]
 [5.8 2.7 4.1 1. ]
 [6.7 3.3 5.7 2.5]
 [6.5 3.  5.5 1.8]
 [5.1 2.5 3.  1.1]
 [6.4 3.2 4.5 1.5]
```

　データの振り分けには、**sklearn.model_selection**モジュールの**train_test_split**という関数を使います。これは以下のように行います。

```
変数 = train_test_split( データ , 教師データ )
```

　第1引数には、用意されたデータ（irisの場合は、iris.data）を指定します。第2引数には教師データ（回答のデータ、iris.target）が入ります。

　このほかに、**test_size**という引数を用意してありますが、これは予測用に割り当てるサイズを指定します。ここでは、全体の2割を予測用に、残りを学習用に割り当てることとし、test_size=0.2にしてあります。

　この関数は、全部で4つの値を返します。それぞれ以下のように変数に格納をしています。

180

train_X	学習用に割り当てるデータ
test_X	予測用に割り当てるデータ
train_Y	学習用データの教師データ
test_Y	予測用データの教師データ

　教師あり学習では、データと共に、それぞれのデータに用意されている教師データも必要になります。このため、学習用に2つ、予測用に2つのデータが必要となります。
　出力を見ると、以下のようなデータが用意されていることがわかります。

・予測用の教師データ（答え）の品種名

```
['virginica' 'setosa' 'versicolor' 'setosa' 'virginica' 'versicolor'
 'virginica' 'virginica' 'versicolor' 'versicolor' 'virginica'
 'versicolor' 'versicolor' 'virginica' 'setosa' 'versicolor' 'setosa'
 'setosa' 'virginica' 'virginica' 'versicolor' 'virginica' 'versicolor'
 'setosa' 'setosa' 'setosa' 'setosa' 'versicolor' 'setosa' 'virginica']
```

・予測用の教師データ（答え）

```
[2 0 1 0 2 1 2 2 1 1 2 1 1 2 0 1 0 0 2 2 1 2 1 0 0 0 0 1 0 2]
```

・予測用のデータ

```
[[6.  2.2 5.  1.5]
 [5.  3.5 1.6 0.6]
 [5.  2.3 3.3 1. ]
 [5.7 4.4 1.5 0.4]
 [6.7 3.1 5.6 2.4]
……以下略……
```

　予測用データの割当はランダムに抜き出されるので、必ずしもこの通りには表示されません。これは一つの実行例として見て下さい。
　最初に['virginica' 'setosa' ……といった品種名のリストが表示されますが、これは今回、用意したものではありません。その後の、[2 0 1 0 2 1 2 ……]が、予測用に割り当てられた教師データです。この教師データを基に、品種名のリストを使って「**予測用データの回答**」を表示したのが最初の出力です。

Chapter **5**   scikit-learn による機械学習

5-2 さまざまなモデルを使う

K近傍法で学習する

では、用意できたデータを使って学習をしてみましょう。まずは、「**K近傍法**」を使った学習を行ってみます。

以下のようにセルに記述し、実行して下さい。

リスト5-3

```
from sklearn.neighbors import KNeighborsClassifier

model = KNeighborsClassifier()
model.fit(train_X, iris.target_names[train_Y])
```

図5-7：KNeighborsClassifierを作成し、学習用データを割り当てる。

```
In [168]:  #K近傍法
           from sklearn.neighbors import KNeighborsClassifier

           model = KNeighborsClassifier()
           model.fit(train_X, iris.target_names[train_Y])

Out[11]:   KNeighborsClassifier(algorithm='auto', leaf_size=30, metric='minkowski',
                      metric_params=None, n_jobs=1, n_neighbors=5, p=2,
                      weights='uniform')
```

K近傍法は、**sklearn.neighbors**モジュールの「**KNeighborsClassifier**」というクラスとして用意されています。これを利用するには、インスタンスを作成し、学習データを設定して学習を行わせます。

インスタンスの作成は、引数なしなので簡単ですね。学習データの設定は、以下のように行います。

[KNeighborsClassifier].fit(学習用データ , 教師データ)

第1引数に学習用に用意したデータを、第2引数には学習用データの回答となる教師データを用意します。なお、ここでは教師データとしてtrain_Yを用意してありますが、この値は既に触れたようにただの数値です。これではつまらないので、教師用データには、このtrain_Yの値を元に品種名をリストにまとめたものを割り当ててあります。こうすれば、学習用データの答えに品種名が使われるようになります。

fitの実行だけで、データの割り当てと共に、KNeighborsClassifierによる学習がすべて完了します。機械学習というと難しそうですが、行う作業は意外と単純ですね。

182

これを実行すると、以下のように出力がされるでしょう。

```
KNeighborsClassifier(algorithm='auto', leaf_size=30, metric='minkowski',
        metric_params=None, n_jobs=1, n_neighbors=5, p=2,
        weights='uniform')
```

これが、作成されたKNeighborsClassifierインスタンスです。KNeighborsClassifierで使われる細かなパラメータの値が自動設定されているのがわかります。

予測を行う

では、作成された**学習モデル (model)** を使って予測を行ってみましょう。ここでは、用意しておいた**予測データ (test_X)** を基に予測を行い、その結果として正解率と解答のデータを表示させてみましょう。

リスト5-4

```
from sklearn import metrics
from sklearn.metrics import accuracy_score,confusion_matrix,
    classification_report

pred = model.predict(test_X)
score = accuracy_score(iris.target_names[test_Y], pred)
print('score:%s' % score)
print(classification_report(iris.target_names[test_Y], pred))
print(confusion_matrix(iris.target_names[test_Y], pred))
```

図5-8：予測を行い、その結果を出力する。

```
In [184]: from sklearn.metrics import accuracy_score,confusion_matrix,classification_

          pred = model.predict(test_X)
          score = accuracy_score(iris.target_names[test_Y], pred)
          print('score:%s' % score)
          print(classification_report(iris.target_names[test_Y], pred))
          print(confusion_matrix(iris.target_names[test_Y], pred))

          score:1.0
                       precision    recall  f1-score   support

               setosa       1.00      1.00      1.00        12
           versicolor       1.00      1.00      1.00         9
            virginica       1.00      1.00      1.00         9

          avg / total       1.00      1.00      1.00        30

          [[12  0  0]
           [ 0  9  0]
           [ 0  0  9]]
```

これを実行すると、予測を行い、その結果を出力します。では、出力内容を見て、その内容を確認しましょう。

Chapter 5 scikit-learn による機械学習

・精度（正解率）

```
score:1.0
```

これは、データ全体でどれだけ正解できたかを示すものです。1.0で全問正解となります。0.96……といった実数なら、約96%正解できた、ということになります。

・予測内容（各品種ごとの予測結果）

```
             precision    recall  f1-score   support

     setosa       1.00      1.00      1.00        12
 versicolor       1.00      1.00      1.00         9
  virginica       1.00      1.00      1.00         9

avg / total       1.00      1.00      1.00        30
```

その後にある表は、実行した予測の結果をまとめたものです。縦軸に、「**precision**」「**recall**」「**f1-score**」「**support**」といった項目がありますが、それぞれ、以下の内容です。

precision	「これが正解」と予測したものの中で、実際に正解だったものの割合
recall	実際に正解だったものの中で、「これが正解」と予測したものの割合
f1-score	precisionとrecallの調和平均
support	実際のサンプル数

ここでは、setosa、versicolor、virginicaの各品種について、どの程度予測ができたかを表示しています。いずれも非常に高い割合で正解できている（サンプルでは全問正解！）ことがわかるでしょう。

・予測内容（各値ごとに予測した数をまとめたもの）

```
[[12  0  0]
 [ 0  9  0]
 [ 0  0  9]]
```

その後にあるのが、実際に予測した値のデータです。setosaのデータは、実際には[12 0 0]と予測された、ということを表しています。例えば、[0 1 9]というように数字が分散していたなら、正解が9で1つが間違っていた、ということがわかります。

このように、予測の結果を検証することで、どの項目についてどれぐらい正しく予測できたか、ということがわかるようになっているのです。

predict による予測について

　ここでは、まず機械学習による予測を実行しています。これは、学習済みのモデル(ここではKNeighborsClassifierオブジェクト)にある「**predict**」メソッドを使います。機械学習では、さまざまな学習モデルを利用しますが、教師あり学習用のものならば、どのモデルであっても基本的にpredictという予測実行のためのメソッドが用意されています(教師なし学習の場合は、若干違いがあります)。

```
pred = model.predict(test_X)
```

　predictの引数には、予測するデータを用意します。このデータは、先にtrain_test_splitで予測用に割り当てておいたtest_Xを使っています。
　このpredictは、引数のデータを基に予測した結果のデータを返すものです。引数のデータには、予測するデータが配列にまとめられたものが設定されます。ここでは、花がくと花びらの長さと幅のデータの配列が用意されていました。そしてpredictにより、各データの花が何なのか、予測した花の値の配列が返されるわけです。
　このようにpredictは、学習した内容を基に、渡されたデータから結果(そのデータは何に分類されるか)を返す働きをします。これが、機械学習による「**予測**」なのです。

精度(スコア)について

　ここでは、精度の計算に**sklearn.metrics**モジュールの「**accuracy_score**」という関数を使っています。これは以下のように利用します。

```
変数 = accuracy_score( 教師データ ,  予測したデータ )
```

　第1引数は、予測用データの教師データを使います。第2引数は、**predict**によって得られた予測データです。
　なお、ここでは、既に述べたように、予測の際に教師データそのものではなく、iris.target_namesの品種名を使ったリストを利用しているので、accuracy_scoreでもこの値を指定しています。

```
score = accuracy_score(iris.target_names[test_Y], pred)
print('score:%s' % score)
```

　このように実行することで、精度(どれだけ正解したかを示す割合)が得られます。この値が1.0に近づくほど精度が高い、というわけです。

クラス分けレポートについて

　予測した結果のレポートは、sklearn.metricsモジュールの「**classification_report**」という関数を利用しています。これは以下のように利用します。

```
変数 = classification_report( 教師データ ,  予測データ )
```

Chapter 5 scikit-learn による機械学習

引数は、先ほどのaccuracy_scoreとまったく同じですね。これで、レポートが作成されます。ここでは、これをそのままprintで出力しています。

```
print(classification_report(iris.target_names[test_Y], pred))
```

予測結果は、これでざっとわかります。出力結果にあった、precision、recall、f1-score、supportといった項目の表が、このclassification_reportで作成されたものだったのです。

予測結果の行列表示

予測した結果を直接知るには、sklearn.metricsモジュールの「**confusion_matrix**」を使います。これは以下のように利用します。

```
変数 = confusion_matrix( 教師データ , 予測データ )
```

これも引数は同じですね。ここではそのままprintして出力を行っています。以下の文ですね。

```
print(confusion_matrix(iris.target_names[test_Y], pred))
```

これで、予測結果の行列が表示されます。どの項目でどの値が予測されたのが一目瞭然です。これで、例えば「**setosaはすぐにわかるが、virginicaはversicolorと間違えることが多い**」というようなことがわかるでしょう。

ロジスティック回帰を利用する

基本的な学習の流れがわかったところで、別の学習モデルを使ってみることにしましょう。今度は「**ロジスティック回帰**」を使います。

既にデータは用意されていますから、モデルを作成し、それを使って学習と予測を行わせればいいでしょう。では、セルに記述して実行して下さい。

リスト5-5

```
from sklearn.linear_model import LogisticRegression
from sklearn.metrics import accuracy_score,confusion_matrix, ↵
    classification_report

model = LogisticRegression()
print(model)
model.fit(train_X, iris.target_names[train_Y])

pred = model.predict(test_X)

score = accuracy_score(iris.target_names[test_Y], pred)
print('score:%s' % score)
print(classification_report(iris.target_names[test_Y], pred))
```

5-2 さまざまなモデルを使う

```python
print(confusion_matrix(iris.target_names[test_Y], pred))
```

図5-9：LogisticRegressionを使い、学習と予測を行う。予測率は、約93.3%だった。

```
In [206]: #ロジスティック回帰
          from sklearn.linear_model import LogisticRegression
          from sklearn.metrics import accuracy_score,confusion_matrix,classification_

          model = LogisticRegression()
          print(model)
          model.fit(train_X, iris.target_names[train_Y])

          pred = model.predict(test_X)
          score = accuracy_score(iris.target_names[test_Y], pred)
          print('score:%s' % score)
          print(classification_report(iris.target_names[test_Y], pred))
          print(confusion_matrix(iris.target_names[test_Y], pred))

          LogisticRegression(C=1.0, class_weight=None, dual=False, fit_intercept=Tru
          e,
                    intercept_scaling=1, max_iter=100, multi_class='ovr', n_jobs=1,
                    penalty='l2', random_state=None, solver='liblinear', tol=0.0001,
                    verbose=0, warm_start=False)
          score:0.9333333333333333
                       precision    recall  f1-score   support

               setosa       1.00      1.00      1.00        12
           versicolor       1.00      0.78      0.88         9
            virginica       0.82      1.00      0.90         9

          avg / total       0.95      0.93      0.93        30

          [[12  0  0]
           [ 0  7  2]
           [ 0  0  9]]
```

　これを実行すると、irisデータを使って学習・予測を行います。まず、使用するロジスティック回帰の学習モデルとして、以下の内容が出力されます。

```
LogisticRegression(C=1.0, class_weight=None, dual=False, fit_intercept=True,
          intercept_scaling=1, max_iter=100, multi_class='ovr', n_jobs=1,
          penalty='l2', random_state=None, solver='liblinear', tol=0.0001,
          verbose=0, warm_start=False)
```

　これが作成されたモデルです。これを利用し、学習と予測を行います。実行結果は、例えば以下のような感じで出力されるでしょう（細かな数値はそれぞれの実行結果ごとに異なりますので完全に一致はしません）。

```
score:0.9333333333333333
             precision    recall  f1-score   support

     setosa       1.00      1.00      1.00        12
 versicolor       1.00      0.78      0.88         9
  virginica       0.82      1.00      0.90         9

avg / total       0.95      0.93      0.93        30
```

```
[[12  0  0]
 [ 0  7  2]
 [ 0  0  9]]
```

LogisticRegression について

ロジスティック回帰は、**sklearn.linear_model**モジュールに「**LogisticRegression**」というクラスとして用意されています。このインスタンスを作成して利用すればいいのです。

```
model = LogisticRegression()
model.fit(train_X, iris.target_names[train_Y])
```

これで、作成したLogisticRegressionに学習データを設定し、学習を行わせています。見ればわかるように、fitの使い方は、先ほどのKNeighborsClassifierとまったく同じですね。

そればかりか、その後のpredictによる予測、予測結果のレポート化などもまったく同じことを行っています。学習モデルは、このように「**使用するクラスを変更するだけで、それ以外はほとんど変更なし**」で使うことができるのです。

パーセプトロンの利用

続いて、パーセプトロンです。単純パーセプトロンは、sklearn.linear_modelモジュールの「**Perceptron**」クラスとして用意されています。これを利用してみましょう。

リスト5-6
```
from sklearn.linear_model import Perceptron
from sklearn.metrics import accuracy_score,confusion_matrix,classification_report

model = Perceptron(max_iter=100)
print(model)
model.fit(train_X, iris.target_names[train_Y])

pred = model.predict(test_X)
score = accuracy_score(iris.target_names[test_Y], pred)
print('score:%s' % score)
print(classification_report(iris.target_names[test_Y], pred))
print(confusion_matrix(iris.target_names[test_Y], pred))
```

図5-10：パーセプトロンによる実行。精度は0.933程度になった。

```
In [207]: #パーセプトロン
          from sklearn.linear_model import Perceptron
          from sklearn.metrics import accuracy_score,confusion_matrix,classification_

          model = Perceptron(max_iter=100)
          print(model)
          model.fit(train_X, iris.target_names[train_Y])

          pred = model.predict(test_X)
          score = accuracy_score(iris.target_names[test_Y], pred)
          print('score:%s' % score)
          print(classification_report(iris.target_names[test_Y], pred))
          print(confusion_matrix(iris.target_names[test_Y], pred))

          Perceptron(alpha=0.0001, class_weight=None, eta0=1.0, fit_intercept=True,
                max_iter=100, n_iter=None, n_jobs=1, penalty=None, random_state=0,
                shuffle=True, tol=None, verbose=0, warm_start=False)
          score:0.9333333333333333
                       precision    recall  f1-score   support

               setosa       0.92      1.00      0.96        12
           versicolor       1.00      0.78      0.88         9
            virginica       0.90      1.00      0.95         9

          avg / total       0.94      0.93      0.93        30

          [[12  0  0]
           [ 1  7  1]
           [ 0  0  9]]
```

ここでは、Perceptronインスタンスを作成し、その内容を出力しています。以下の出力が、作成されたPerceptronの内容です。

```
Perceptron(alpha=0.0001, class_weight=None, eta0=1.0, fit_intercept=True,
      max_iter=100, n_iter=None, n_jobs=1, penalty=None, random_state=0,
      shuffle=True, tol=None, verbose=0, warm_start=False)
```

細かなパラメーターがいろいろと用意されていますが、ここではすべてデフォルトのままにしてあります。

パーセプトロンの実行も、基本的には「**インスタンスを作成し、fitする**」だけです。ここで実行している文を見ると以下のようになっているのがわかります。

```
model = Perceptron(max_iter=100)
model.fit(train_X, iris.target_names[train_Y])
```

Perceptronインスタンスを作成する際に、「**max_iter**」という引数を指定していますね。これは反復実行回数の最大数を示します。これはデフォルトでは**max_iter=None**に設定されているため、このまま実行すると警告が表示されます。そこで値を適当に設定してあります。

実行結果は、以下のようなものが出力されるでしょう。デフォルトの状態では、それほど高い精度というわけでもないようです。

```
score:0.9333333333333333
              precision    recall  f1-score   support

      setosa       0.92      1.00      0.96        12
  versicolor       1.00      0.78      0.88         9
   virginica       0.90      1.00      0.95         9

 avg / total       0.94      0.93      0.93        30

[[12  0  0]
 [ 1  7  1]
 [ 0  0  9]]
```

MLP（多層パーセプトロン）

単純パーセプトロンの欠点を克服したのが、多層パーセプトロン（MLP）です。これは、**sklearn.neural_network**モジュールの「**MLPClassifier**」というクラスとして用意されています。では、これも使ってみましょう。

リスト5-7

```python
from sklearn.neural_network import MLPClassifier
from sklearn.metrics import accuracy_score,confusion_matrix,classification_report

model = MLPClassifier(max_iter=700)
print(model)
model.fit(train_X, iris.target_names[train_Y])

pred = model.predict(test_X)

score = accuracy_score(iris.target_names[test_Y], pred)
print('score:%s' % score)
print(classification_report(iris.target_names[test_Y], pred))
print(confusion_matrix(iris.target_names[test_Y], pred))
```

5-2 さまざまなモデルを使う

図5-11：実行すると、1.0のスコアが表示された。

```
In [208]:  # MLC
           from sklearn.neural_network import MLPClassifier
           from sklearn.metrics import accuracy_score,confusion_matrix,classification_re

           model = MLPClassifier(max_iter=700)
           print(model)
           model.fit(train_X, iris.target_names[train_Y])

           pred = model.predict(test_X)
           score = accuracy_score(iris.target_names[test_Y], pred)
           print('score:%s' % score)
           print(classification_report(iris.target_names[test_Y], pred))
           print(confusion_matrix(iris.target_names[test_Y], pred))

           MLPClassifier(activation='relu', alpha=0.0001, batch_size='auto', beta_1=0.9,
                 beta_2=0.999, early_stopping=False, epsilon=1e-08,
                 hidden_layer_sizes=(100,), learning_rate='constant',
                 learning_rate_init=0.001, max_iter=700, momentum=0.9,
                 nesterovs_momentum=True, power_t=0.5, random_state=None,
                 shuffle=True, solver='adam', tol=0.0001, validation_fraction=0.1,
                 verbose=False, warm_start=False)
           score:1.0
                        precision    recall  f1-score   support

                setosa       1.00      1.00      1.00        12
            versicolor       1.00      1.00      1.00         9
             virginica       1.00      1.00      1.00         9

           avg / total       1.00      1.00      1.00        30

           [[12  0  0]
            [ 0  9  0]
            [ 0  0  9]]
```

　ここでは、MLPClassifierインスタンスを作成して学習データをセットするのに、以下
のような文を実行しています。

```
model = MLPClassifier(max_iter=700)
model.fit(train_X, iris.target_names[train_Y])
```

　これも、**max_iter**が設定されていますね。このmax_iterは、反復実行回数の最大数です。
多層パーセプトロンは、バックプロパゲーションという機能により、反復してより高精
度な学習がされます。この値を大きく設定する必要があるのです。
　実行すると、以下のようにMLPClassifierが出力されます。これが作成されたインスタ
ンスと基本的なパラメーターです。非常に多くのパラメータによって構成されているこ
とがわかるでしょう。

```
MLPClassifier(activation='relu', alpha=0.0001, batch_size='auto', beta_1=0.9,
        beta_2=0.999, early_stopping=False, epsilon=1e-08,
        hidden_layer_sizes=(100,), learning_rate='constant',
        learning_rate_init=0.001, max_iter=700, momentum=0.9,
        nesterovs_momentum=True, power_t=0.5, random_state=None,
        shuffle=True, solver='adam', tol=0.0001, validation_fraction=0.1,
        verbose=False, warm_start=False)
```

Chapter 5 scikit-learn による機械学習

実行すると、こちらの環境では1.0のスコアが表示されました。少なくとも単純パーセプトロンよりはかなり精度が高くなっていることがわかります。

```
score:1.0
              precision    recall   f1-score    support

      setosa       1.00      1.00       1.00         12
  versicolor       1.00      1.00       1.00          9
   virginica       1.00      1.00       1.00          9

 avg / total       1.00      1.00       1.00         30

[[12  0  0]
 [ 0  9  0]
 [ 0  0  9]]
```

SVM(Support Vector Machine)

SVMは、主な学習モデルの中ではもっとも認識率が高いといわれています。これは、**sklearn.svm**モジュールに「**SVC**」というクラスとして用意されています。これも使ってみましょう。

リスト5-8

```python
from sklearn.svm import SVC
from sklearn.metrics import accuracy_score,confusion_matrix,classification_report

model = SVC(C=100., gamma=0.001)
print(model)
model.fit(train_X, iris.target_names[train_Y])

pred = model.predict(test_X)
#print(iris.target_names[pred])
#print(iris.target_names[test_Y])
score = accuracy_score(iris.target_names[test_Y], pred)
print('score:%s' % score)
print(classification_report(iris.target_names[test_Y], pred))
print(confusion_matrix(iris.target_names[test_Y], pred))
```

図5-12：実行すると、1.0のスコアになった。

```
In [209]:  # SVMアルゴリズム
           from sklearn.svm import SVC
           from sklearn.metrics import accuracy_score,confusion_matrix,classification_re

           model = SVC(C=100., gamma=0.001)
           print(model)
           model.fit(train_X, iris.target_names[train_Y])

           pred = model.predict(test_X)
           #print(iris.target_names[pred])
           #print(iris.target_names[test_Y])
           score = accuracy_score(iris.target_names[test_Y], pred)
           print('score:%s' % score)
           print(classification_report(iris.target_names[test_Y], pred))
           print(confusion_matrix(iris.target_names[test_Y], pred))
```

```
           SVC(C=100.0, cache_size=200, class_weight=None, coef0=0.0,
             decision_function_shape='ovr', degree=3, gamma=0.001, kernel='rbf',
             max_iter=-1, probability=False, random_state=None, shrinking=True,
             tol=0.001, verbose=False)
           score:1.0
                        precision    recall  f1-score   support

                setosa       1.00      1.00      1.00        12
            versicolor       1.00      1.00      1.00         9
             virginica       1.00      1.00      1.00         9

           avg / total       1.00      1.00      1.00        30

           [[12  0  0]
            [ 0  9  0]
            [ 0  0  9]]
```

　では、モデル作成部分を見てみましょう。SVCクラスのインスタンス作成は、以下のようにして行っています。

```
model = SVC(C=100., gamma=0.001)
model.fit(train_X, iris.target_names[train_Y])
```

　Cと**gamma**という引数が用意されていますね。Cは、間違った分類の許容量を示し、gammaは複雑さの度合いを示します。これらは、とりあえずサンプルの値を指定し、それを元に増減して調整する、と考えておきましょう。

　実行すると、こちらの環境では1.0のスコアになりました。これも非常に精度の高いモデルであることがわかります。

```
score:1.0
             precision    recall  f1-score   support

     setosa       1.00      1.00      1.00        12
 versicolor       1.00      1.00      1.00         9
  virginica       1.00      1.00      1.00         9

avg / total       1.00      1.00      1.00        30
```

```
[[12  0  0]
 [ 0  9  0]
 [ 0  0  9]]
```

教師なし学習「K平均法」

　ここまでのモデルは、すべて教師あり学習のものでした。scikit-learnでは、教師なし学習のモデルも用意されています。その代表が「**K平均法**」(KMeans)です。

　これは、**sklearn.cluster**モジュールの「**KMeans**」というクラスとして用意されています。以下のようにインスタンスを作成して利用します。

```
変数 = KMeans( n_clusters=整数 )
```

　引数には、「**n_clusters**」を用意します。これは、分類するクラスの数を指定します。例えば、irisデータでは、3つの品種のデータを用意していますから、データを3つに分類します。従って、n_clusters=3と設定すればいいわけです。
　では、実際に使ってみましょう。

リスト5-9

```
from sklearn.cluster import KMeans

model = KMeans(n_clusters=3)
print(model)
pred = model.fit_predict(iris.data)
print(iris.target)
print(pred)
```

図5-13：実行すると、iris.targetの値と、学習後の内容がテキストで出力される。

```
In [224]:  #教師なし学習
           from sklearn.cluster import KMeans

           model = KMeans(n_clusters=3)
           print(model)
           #model.fit(iris.data)
           pred = model.fit_predict(iris.data)
           print(iris.target)
           print(pred)

           KMeans(algorithm='auto', copy_x=True, init='k-means++', max_iter=300,
               n_clusters=3, n_init=10, n_jobs=1, precompute_distances='auto',
               random_state=None, tol=0.0001, verbose=0)
           [0 0 0 0 0 0 0 0 0 0 0 0 0 0 0 0 0 0 0 0 0 0 0 0 0 0 0 0 0 0
            0 0 0 0 0 0 0 0 0 0 0 0 0 0 0 0 0 0 1 1 1 1 1 1 1 1 1 1 1 1 1 1 1 1 1 1
            1 1 1 1 1 1 1 1 1 1 1 1 1 1 1 1 1 1 1 1 2 2 2 2 2 2 2 2 2
            2 2 2 2 2 2 2 2 2 2 2 2 2 2 2 2 2 2 2 2 2 2 2 2 2 2 2 2 2 2
            2 2]
           [1 1 1 1 1 1 1 1 1 1 1 1 1 1 1 1 1 1 1 1 1 1 1 1 1 1 1 1 1 1 1 1
            1 1 1 1 1 1 1 1 1 1 1 1 1 1 2 2 0 2 2 2 2 2 2 2 2 2 2 2 2 2 2 2 2
            2 2 2 0 2 2 2 2 2 2 2 2 2 2 2 2 2 2 2 2 2 0 2 0 0 0 0 2 0 0 0 0
            0 0 2 2 0 0 0 0 0 2 0 2 0 2 0 0 0 2 0 0 0 2 0 0 0 2 0 0 2 0
            0 2]
```

194

教師なし学習は、教師あり学習とは少し使い勝手が異なります。まず、作成されたインスタンスを見てみましょう。以下のように出力がされていますね。

```
KMeans(algorithm='auto', copy_x=True, init='k-means++', max_iter=300,
    n_clusters=3, n_init=10, n_jobs=1, precompute_distances='auto',
    random_state=None, tol=0.0001, verbose=0)
```

これも多くのパラメータが用意されています。**n_clusters**だけは必ず用意して下さい。こうしてインスタンスを作成したら、学習と予測を以下のように行っています。

```
pred = model.fit_predict(iris.data)
```

教師あり学習の場合は、まず学習を行い、それから予測を行う、というように両者が明確に分けられていました。が、教師なしの場合、そもそも**「あらかじめ答えを見ながら学習をしておく」**ということ自体ができません。ではどうするのかというと、**「予測しながら学習をする」**のです。すなわち、データの特徴から**「とりあえずこれはAのグループに」「これはちょっと特徴が違うからBというグループに」**というように、特徴ごとにデータを大きくいくつかに分けていくのです（クラス分け）。そうして少しずつ分けられたクラスの性質が明確になり、それに合わせて分類も正確になっていく、というわけです。

ただし、このクラス分けは、答えがわかって行っているわけではありません。
例えば、0、1、2というようにクラス分けをしたとしても、**「1はsetosaである」**といったことはわからないのです。できるのは、ただ**「全体を漠然といくつかのクラスに分けて整理する」**ことだけです。それぞれのクラスは適当に番号が割り振られているだけで、教師データの値とは無関係なのです。
出力されたデータの内容を見てみましょう。ここでは、あらかじめ用意されている教師データの値と、fit_predictにより得られた予測データです（なお、実行結果の数字は、割り当てられる値が異なっている場合があります）。

```
[0 0 0 0 0 0 0 0 0 0 0 0 0 0 0 0 0 0 0 0 0 0 0 0 0 0 0 0 0 0 0 0
 0 0 0 0 0 0 0 0 0 0 0 0 0 0 0 0 1 1 1 1 1 1 1 1 1 1 1 1 1 1 1 1 1
 1 1 1 1 1 1 1 1 1 1 1 1 1 1 1 1 1 1 1 1 1 1 1 1 1 2 2 2 2 2 2 2 2 2
 2 2 2 2 2 2 2 2 2 2 2 2 2 2 2 2 2 2 2 2 2 2 2 2 2 2 2 2 2 2 2 2 2 2
 2 2]
[1 1 1 1 1 1 1 1 1 1 1 1 1 1 1 1 1 1 1 1 1 1 1 1 1 1 1 1 1 1 1 1 1
 1 1 1 1 1 1 1 1 1 1 1 2 0 2 2 2 2 2 2 2 2 2 2 2 2 2 2 2 2 2 2 2
 2 2 0 2 2 2 2 2 2 2 2 2 2 2 2 2 2 2 2 2 2 2 0 2 0 0 0 0 2 0 0 0
 0 0 2 2 0 0 0 0 2 0 2 0 2 0 0 2 2 0 0 0 0 2 0 0 0 2 0 0 0 2 0 0 0 2 0
 0 2]
```

2つのリストを見ると、それぞれの番号はまるで違っています。が、各番号ごとに、あきらかに**「これらは同じものだ」**という分類が行えていることがわかるでしょう。教師データはないけれど、3つの異なる種類のアイリスをだいたい正確に分類できているのです。これが、教師なし学習です。

5-3 さまざまなデータを利用する

digitsデータについて

　　　　irisデータを使い、基本的な学習モデルを利用してみました。今度は、ほかのデータを利用してみましょう。

　　　irisは、純粋に数値を使ったデータでしたが、機械学習で利用できるデータは数値だけではありません。例えば、イメージデータを学習することもできます。

　　　scikit-learnには、「**digits**」というデータが用意されています。これは、0～9の数字のイメージとその学習用データセットです。数字の手書きイメージを多数用意し、それを学習して手書きの数字イメージが何の数字か認識できるようにしよう、というわけです。

　　　といっても、サンプルとして用意されているものなので、それほど大掛かりなデータではありません。1つ当たりのイメージサイズは、わずか8×8ドットのグレースケール。つまり8×8＝64個の8ビットデータ（0～255の数字で表されるデータ）で1枚のイメージができているわけですね。

　　　これがどのようなイメージなのかは、scikit-learnのサイトで確認できます。disitsに用意されている手書き数字イメージのいくつかがサンプルとして掲載されています。

　　　http://scikit-learn.org/stable/auto_examples/classification/plot_digits_classification.html#sphx-glr-auto-examples-classification-plot-digits-classification-py

▎図5-14：scikit-learnのサイトにあるdigitsサンプルのページ。このような手書きイメージが多数用意されている。

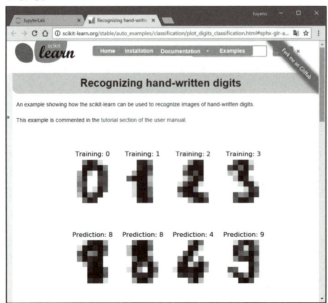

5-3 さまざまなデータを利用する

digitsをロードする

では、実際にdigitsを利用してみましょう。まずは、データのロードからです。irisと同じように、digitsもデータをロードするための専用関数が用意されています。それを利用してデータを読み込みます。

リスト5-10

```
from sklearn.datasets import load_digits

digits = load_digits()

print(digits.data)
print(digits.data.shape)
print(digits.target)
print(digits.target_names)
```

▌**図5-15**：digitsデータをロードし、読み込んだデータを表示する。

```
In [237]:  from sklearn.datasets import load_digits

           digits = load_digits()

           print(digits.data)
           print(digits.data.shape)
           print(digits.target)
           print(digits.target_names)

           [[ 0.  0.  5. ...  0.  0.  0.]
            [ 0.  0.  0. ... 10.  0.  0.]
            [ 0.  0.  0. ... 16.  9.  0.]
            ...
            [ 0.  0.  1. ...  6.  0.  0.]
            [ 0.  0.  2. ... 12.  0.  0.]
            [ 0.  0. 10. ... 12.  1.  0.]]
           (1797, 64)
           [0 1 2 ... 8 9 8]
           [0 1 2 3 4 5 6 7 8 9]
```

データのロードは、**sklearn.datasets**モジュールの「**load_digits**」という関数を使います。これは、ただ呼び出すだけで、データをロードし返します。

ロードされたデータから、data、data.shape、target、target_namesを出力しています。

```
[[ 0.  0.  5. ...  0.  0.  0.]
 [ 0.  0.  0. ... 10.  0.  0.]
 [ 0.  0.  0. ... 16.  9.  0.]
 ...
 [ 0.  0.  1. ...  6.  0.  0.]
```

```
 [ 0.  0.  2. ... 12.  0.  0.]
 [ 0.  0. 10. ... 12.  1.  0.]]
(1797, 64)
[0 1 2 ... 8 9 8]
[0 1 2 3 4 5 6 7 8 9]
```

　ここでは、1797個のデータが用意されていることがわかります。それぞれのデータは、8×8＝64個の値で構成されています。

　教師データである**target**は、0～9の整数値で解答が指定されています。また**解答の名前**である**target_names**は、[0 1 2 3 4 5 6 7 8 9]というように0～9の整数値がそのまま指定されています。

▌データを割り振る

　では、読み込んだデータを、学習用と予測用に割り振りましょう。今回も、全体の2割を予測用にし、残りを学習用にしておきます。

リスト5-11

```
from sklearn.model_selection import train_test_split

(train_X, test_X, train_Y, test_Y) = train_test_split(digits.data,
    digits.target, test_size=0.2, random_state=0)
```

　これを実行すると、学習用にtrain_X、train_X、予測用にtest_X、test_Y(それぞれイメージデータと教師データ)、全部で4つの変数が用意されます。これらを使って学習と予測を行っていきます。

K近傍法を利用する

　では、K近傍法から使ってみましょう。K近傍法は、**KNeighborsClassifier**というクラスとして用意されていましたね。

　では、KNeighborsClassifierインスタンスを作成し、fitでデータを設定して学習を行わせましょう。

リスト5-12

```
from sklearn.neighbors import KNeighborsClassifier

model = KNeighborsClassifier()
model.fit(train_X, train_Y)
print(model)
```

5-3 さまざまなデータを利用する

図5-16：K近傍法のKNeighborsClassifierを作成し、データを設定する。

```
In [240]:  #K近似法
           from sklearn.neighbors import KNeighborsClassifier

           model = KNeighborsClassifier()
           model.fit(train_X, train_Y)
           print(model)

           KNeighborsClassifier(algorithm='auto', leaf_size=30, met
           ric='minkowski',
                       metric_params=None, n_jobs=1, n_neighbors=5,
           p=2,
                       weights='uniform')
```

　KNeighborsClassifierは、引数なしでインスタンスを作成しました。それに、fitで学習用データを設定します。出力されるKNeighborsClassifierインスタンスは以下のようにパラメータが設定されています。

```
KNeighborsClassifier(algorithm='auto', leaf_size=30, metric='minkowski',
            metric_params=None, n_jobs=1, n_neighbors=5, p=2,
            weights='uniform')
```

KNeighborsClassifier で予測する

　学習ができたら、これを利用して予測を行ってみましょう。以下のように実行をしてみて下さい。結果が表示されます。

リスト5-13

```
from sklearn import metrics
from sklearn.metrics import accuracy_score,confusion_matrix,
    classification_report

pred = model.predict(test_X)

score = accuracy_score(test_Y, pred)
print('score:%s' % score)

print(pred[:20])  # 最初の20個の予測データ
print(test_Y[:20])  # 最初の20個の教師データ(正解)
print(classification_report(test_Y, pred))
print(confusion_matrix(test_Y, pred))
```

　この辺りの処理の流れは、irisで散々やってきたものとまったく同じです。学習モデルが用意できたら、後の予測とレポート作成の処理は共通なのです。
　作成されたレポートは以下のようになっていました（実行環境によって数値は異なります）。

199

```
score:0.975
[2 8 2 6 6 7 1 9 8 5 2 8 6 6 6 6 1 0 5 8] # 予測した値
[2 8 2 6 6 7 1 9 8 5 2 8 6 6 6 6 1 0 5 8] # 正解の値


             precision    recall  f1-score   support

         0       1.00      1.00      1.00        27
         1       0.97      0.97      0.97        35
         2       1.00      0.97      0.99        36
         3       0.91      1.00      0.95        29
         4       1.00      0.97      0.98        30
         5       0.95      0.97      0.96        40
         6       1.00      1.00      1.00        44
         7       0.95      1.00      0.97        39
         8       1.00      0.90      0.95        39
         9       0.98      0.98      0.98        41

avg / total       0.98      0.97      0.97       360

[[27  0  0  0  0  0  0  0  0  0]
 [ 0 34  0  0  0  1  0  0  0  0]
 [ 0  0 35  1  0  0  0  0  0  0]
 [ 0  0  0 29  0  0  0  0  0  0]
 [ 0  0  0  0 29  0  0  1  0  0]
 [ 0  0  0  0  0 39  0  0  0  1]
 [ 0  0  0  0  0  0 44  0  0  0]
 [ 0  0  0  0  0  0  0 39  0  0]
 [ 0  1  0  2  0  0  0  1 35  0]
 [ 0  0  0  0  0  1  0  0  0 40]]
```

　スコアは0.975で、かなり粗いイメージ（なにしろ8×8ドットですから）の割には、意外に正確に値を割り出せていることがわかるでしょう。

　最後に出力される行列データを見ると、ところどころ間違って判断している場合があるものの、ほとんどのデータで正しい値を割り出していることがわかります。

そのほかの学習を利用する

　ここでは、KNeighborsClassifierを使いましたが、そのほかの学習モデルを利用することももちろんできます。既にirisでさまざまな学習モデルを利用してきました。それらの使い方を見てわかったのは、「**学習モデル・クラスのインスタンスを作成してfitすれば、後は基本的に同じ処理でいい**」ということでした。

　digitsでも基本は同じです。モデルを作成しfitしている**リスト5-12**の部分を修正し、ほかのモデルを利用するように書き換えればいいのです。そしてそれを実行し、**リスト**

5-13を実行すれば、変更したモデルによる予測結果のレポートが書き出されます。

では、主な学習モデルの作成について簡単に整理しておきましょう。

・単純パーセプトロン

リスト5-14

```python
from sklearn.linear_model import Perceptron

model = Perceptron(max_iter=100)
model.fit(train_X, train_Y)
```

・ロジスティック回帰

リスト5-15

```python
from sklearn.linear_model import LogisticRegression

model = LogisticRegression()
model.fit(train_X, train_Y)
```

・SVM

リスト5-16

```python
from sklearn import svm

model = svm.SVC(C=100., gamma=0.001)
model.fit(train_X, train_Y)
```

・多層パーセプトロン

リスト5-17

```python
from sklearn.neural_network import MLPClassifier

model = MLPClassifier()
model.fit(train_X, train_Y)
```

リスト5-12をこれらの一つに書き換え、それから**リスト5-13**を実行し、予測結果を出力させて下さい。さまざまな学習モデルによる予測結果の違いを比較することができるでしょう。

例えば、SVMモデルを利用するならば、**リスト5-16**を記述して実行します。これでモデルが変数modelに設定されます。

Chapter 5　scikit-learn による機械学習

図5-17：SVMモデルを作成する。print(model)しておけば作成されたインスタンスの内容がわかる。

```
from sklearn import svm

model = svm.SVC(C=100., gamma=0.001)
model.fit(train_X, train_Y)
print(model)
```

```
SVC(C=100.0, cache_size=200, class_weight=None, coef0=0.0,
  decision_function_shape='ovr', degree=3, gamma=0.001, ker
nel='rbf',
  max_iter=-1, probability=False, random_state=None, shrink
ing=True,
  tol=0.001, verbose=False)
```

そのまま、**リスト5-13**を実行すれば、新たに作成したSVMを使って予測が行われます。こちらの環境では、0.99という非常に高い精度で予測が行えました。学習モデルによってかなりの違いがあることが確認できました。

図5-18：SVMモデルの予測結果。0.99ものスコアを叩き出した！

```
score:0.9916666666666667
[2 8 2 6 6 7 1 9 8 5 2 8 6 6 6 6 1 0 5 8]
[2 8 2 6 6 7 1 9 8 5 2 8 6 6 6 6 1 0 5 8]
              precision    recall  f1-score   support

           0       1.00      1.00      1.00        27
           1       0.97      1.00      0.99        35
           2       1.00      1.00      1.00        36
           3       1.00      1.00      1.00        29
           4       1.00      1.00      1.00        30
           5       0.97      0.97      0.97        40
           6       1.00      1.00      1.00        44
           7       1.00      1.00      1.00        39
           8       1.00      0.97      0.99        39
           9       0.98      0.98      0.98        41

avg / total       0.99      0.99      0.99       360

[[27  0  0  0  0  0  0  0  0  0]
 [ 0 35  0  0  0  0  0  0  0  0]
 [ 0  0 36  0  0  0  0  0  0  0]
 [ 0  0  0 29  0  0  0  0  0  0]
 [ 0  0  0  0 30  0  0  0  0  0]
 [ 0  0  0  0  0 39  0  0  0  1]
 [ 0  0  0  0  0  0 44  0  0  0]
 [ 0  0  0  0  0  0  0 39  0  0]
 [ 0  1  0  0  0  0  0  0 38  0]
 [ 0  0  0  0  0  1  0  0  0 40]]
```

5-3 さまざまなデータを利用する

教師なし学習を行う

　続いて、教師なし学習も使ってみましょう。これはK平均法を利用します。こちらは、正解がわからないので、教師データと比較したレポートは意味がありません。学習により得られた予測データと本来の正解を比較して、どの程度正確に分類できているかを見ることにしましょう。

リスト5-18
```
import numpy as np
from sklearn.cluster import KMeans
from sklearn.metrics import accuracy_score,confusion_matrix,classification_report

pred = KMeans(n_clusters=10).fit_predict(digits.data)

print(digits.target[:100].reshape(10,10))
print(pred[:100].reshape(10,10))
```

　ここでは、KMeansインスタンスを作成し、**fit_predict**で学習と予測を行った結果を確認します。といっても、膨大なデータ全部をチェックするのは大変ですから、最初の100個を取り出し、10×10の行列に整形して出力させています。
　実行した結果は以下のようになりました（実行するごとに割り当てられるクラスは変化するので、同じ値は再現されません）。

・**教師データによる正解**
```
[[0 1 2 3 4 5 6 7 8 9]
 [0 1 2 3 4 5 6 7 8 9]
 [0 1 2 3 4 5 6 7 8 9]
 [0 9 5 5 6 5 0 9 8 9]
 [8 4 1 7 7 3 5 1 0 0]
 [2 2 7 8 2 0 1 2 6 3]
 [3 7 3 3 4 6 6 6 4 9]
 [1 5 0 9 5 2 8 2 0 0]
 [1 7 6 3 2 1 7 4 6 3]
 [1 3 9 1 7 6 8 4 3 1]]
```

・**学習により予測された値**
```
[[2 0 0 9 6 8 1 5 8 8]
 [2 7 3 9 6 4 1 5 0 8]
 [2 7 3 9 7 4 1 7 0 8]
 [2 8 4 4 1 4 2 8 0 8]
 [0 6 7 5 5 9 4 7 2 2]
 [0 0 5 0 5 2 7 0 1 9]
 [9 5 9 9 6 1 1 1 6 5]
```

203

```
[7 4 2 8 4 7 0 7 2 2]
[7 5 1 9 3 7 5 6 1 9]
[7 9 9 0 5 0 0 6 9 0]]
```

数字は確かにまるで違いますが、よく見ると同じ数字はちゃんと同じ値にクラス分けされていることがわかります。左端に並ぶゼロの値は、予測結果ではすべて2にクラス分けされていますし、右端の9はほぼ8にクラス分けされています。つまり、ゼロと書かれたイメージはすべてクラス2というところに分けられていたし、9と描かれたイメージはクラス8というところに分けられていたわけです。「**クラス2＝ゼロの置き場所**」「**クラス8＝9の置き場所**」と頭の中で置き換えれば、かなり正確に数字のイメージを識別できていることがわかるでしょう。

教師なし学習は、教師ありのように「**正解かどうか**」という形でチェックできないため、やや結果がわかりにくい面があります。「**予測された値は、あくまで仮のクラス番号である**」ということを念頭に置いて結果を確認しましょう。

mnistを利用する

ここまで使ったirisやdigitsは、scikit-learnに組み込み済みのデータです。が、そのほかのデータをダウンロードして利用するようなこともできます。データさえあれば、学習モデルもレポート機能も揃っているのですから。

そこで、外部サイトからデータをダウンロードし解析するということをやってみましょう。使うのは、「**mnist**」というデータです。これは、以下のWebサイトで公開されています。

http://yann.lecun.com/exdb/mnist/

図5-19：mnistのWebサイト。ここから直接データをダウンロードして利用することもできる。

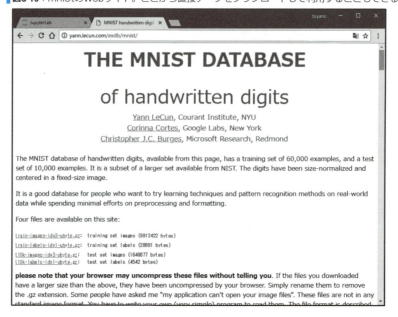

mnistは、digitsの元になるデータです。これは、digitsと同様、0 〜 9の数字の手書き
イメージデータです。といっても、digitsよりははるかに大掛かりで、それぞれのイメー
ジは28×28ドットサイズとなっており、サンプルされているデータは全部で7万点（学
習用6万、予測用1万）にもなります。

mnistは、ファイルをダウンロードして利用することもできますが、scikit-learn内から
直接サイトにアクセスし、データをダウンロードして使うことも可能です。ここでは、
こちらのやり方で説明します。

mnist を用意する

では、mnistデータを用意しましょう。NotebookまたはLabのセルに以下のように記述
して実行して下さい。

リスト5-19

```
from sklearn.datasets import fetch_mldata

mnist = fetch_mldata('MNIST original')

print(mnist.data.shape)
print(mnist.data)
print(mnist.target)
```

図5-20：fetch_mldata関数を使い、mnistをダウンロードする。data.shapeを見ると、データ数
70000、1データ当たりの値は784もあることがわかる。

```
In [1]:   # MNISTを使う
          from sklearn.datasets import fetch_mldata

          mnist = fetch_mldata('MNIST original')

          print(mnist.data.shape)
          print(mnist.data)
          print(mnist.target)

          (70000, 784)
          [[0 0 0 ... 0 0 0]
           [0 0 0 ... 0 0 0]
           [0 0 0 ... 0 0 0]
           ...
           [0 0 0 ... 0 0 0]
           [0 0 0 ... 0 0 0]
           [0 0 0 ... 0 0 0]]
          [0. 0. 0. ... 9. 9. 9.]
```

実行すると、mnistのサイトからデータをダウンロードします。かなり時間がかかり
ます。正常にダウンロードができると、以後は保存したファイルを利用するようになる
ため、ほぼ瞬時にmnistを使えるようになります。時間がかかるのは初回だけです。

Chapter 5　scikit-learn による機械学習

> **Column** mnistがうまく使えない！
>
> 　実際に試してみると、mnistのダウンロードはできているのに作業でエラーとなって動かない、ということがあります。多くの場合、ダウンロード時にデータが正常に保存できていないことが原因のようです。
> 　ダウンロードしたデータは、ホームディレクトリ内の「scikit_learn_data」というフォルダ内に保管されます。このフォルダの中の「mldata」に、mnist-original.matというファイル名でmnistデータが保存されています。
> 　このファイルサイズは、54,142KBあります。もし、ファイルサイズが明らかに足りないようなら、ファイルのダウンロードが正常に行えていません。ファイルを破棄し、再度fetch_mldataしてみて下さい。

▌学習用データと予測用データを用意

　続いて、学習用データと予測用データを用意しましょう。mnistは、全部で7万ものデータがあります。これをすべて活用すればかなり高い精度の学習ができますが、その代わり、計算に相当な時間がかかります。

　ここでは動作を確認できれば良いので、学習データ数を5000、予測データ数を1000にしておきましょう。

リスト5-20

```
from sklearn.model_selection import train_test_split

train_size = 5000
test_size = 1000
(train_X, test_X, train_Y, test_Y) = train_test_split(mnist.data, mnist.target, \
        train_size=train_size, test_size=test_size)
```

　これで、学習用データtrain_X、train_Y、そして予測用データtest_X、test_Yが用意できました。これらを使って学習と予測を行ってみます。

SVMで予測する

　では、一例として、SVMを使った予測を行ってみましょう。以下のようにスクリプトを実行してみて下さい。データ数が全部で6000あるので、実行には若干の時間がかかります。

リスト5-21

```
from sklearn import svm, metrics
from sklearn.metrics import classification_report,accuracy_score, ↵
confusion_matrix

model = svm.SVC(C=100, gamma=0.0000001)
```

206

```
model.fit(train_X, train_Y)
pred = model.predict(test_X)

score = accuracy_score(test_Y, pred)
print('score:%s' % score)
print(classification_report(test_Y, pred))
print(confusion_matrix(test_Y, pred))
```

　実行すると、予測の結果が出力されます。サンプルとして試してみた結果では、以下のようなレポートが出力されました（環境により数値は変化します。あくまで筆者の実行結果の一例です）。

・精度

```
score:0.954
```

・予測結果のレポート

```
             precision    recall  f1-score   support

        0.0       0.97      0.98      0.97        90
        1.0       0.95      0.99      0.97       110
        2.0       0.94      0.97      0.95        95
        3.0       0.92      0.97      0.94        94
        4.0       0.95      0.97      0.96        96
        5.0       0.97      0.94      0.96       109
        6.0       0.98      0.97      0.97        92
        7.0       1.00      0.91      0.95       102
        8.0       0.94      0.92      0.93       112
        9.0       0.93      0.93      0.93       100

avg / total       0.95      0.95      0.95      1000
```

・予測結果の行列

```
[[ 88   0   0   0   0   1   0   0   1   0]
 [  0 109   1   0   0   0   0   0   0   0]
 [  0   0  92   1   0   0   0   0   2   0]
 [  1   1   0  91   0   0   0   0   1   0]
 [  0   0   0   0  93   0   0   0   0   3]
 [  0   0   1   3   0 103   2   0   0   0]
 [  1   1   1   0   0   0  89   0   0   0]
 [  1   2   1   0   1   0   0  93   1   3]
 [  0   2   2   2   1   1   0   0 103   1]
 [  0   0   0   2   3   1   0   0   1  93]]
```

スコアは0.954になりました。digitsよりもデータサイズが大きいため、データの変化の幅もより大きくなっているでしょうから、このスコアはそう悪い値ともいえないでしょう。予測結果を行列表示してみると、ちらほら間違いは見えるものの、ほぼ正確に予測できていることがわかります。

ここでは、svm.SVCのインスタンスを作成する際、**gamma=0.0000001**に設定しています。このgammaの値を変更すると、精度もガラリと変わります。実際に、例えばgamma=0.001ぐらいにして実行してみて下さい。ほとんど正確な予測が行えなくなっていることがわかるでしょう。学習モデルは、パラメータの調整が非常に重要であることが確認できます。

図5-21：gamma=0.001にして実行した際の惨憺たる結果。スコアは一桁低く、1割にも満たなかった。

```
score:0.094
              precision    recall  f1-score   support

        0.0       0.00      0.00      0.00        90
        1.0       0.00      0.00      0.00       110
        2.0       0.00      0.00      0.00        95
        3.0       0.09      1.00      0.17        94
        4.0       0.00      0.00      0.00        96
        5.0       0.00      0.00      0.00       109
        6.0       0.00      0.00      0.00        92
        7.0       0.00      0.00      0.00       102
        8.0       0.00      0.00      0.00       112
        9.0       0.00      0.00      0.00       100

avg / total       0.01      0.09      0.02      1000
```

教師なし学習を試す

では、教師なし学習ではどういう結果が出るか試してみましょう。KMeansを使い、先ほどのtrain_X(データ数5000)で学習・予測したらどうなるでしょうか。

リスト5-22

```python
from sklearn.cluster import KMeans

pre = KMeans(n_clusters=10).fit_predict(train_X)

print(pre[:100].reshape(10,10))
print(train_Y[:100].reshape(10,10))
```

予測結果は、筆者の環境では以下のようになりました。これは、train_Xの最初の100個の正しい値と予測結果を10×10で表示しています。

・予測の解答

```
[[3 1 5 9 1 0 0 8 6 2]
 [0 0 2 6 9 6 7 5 3 7]
 [9 4 0 2 0 5 2 5 5 6]
 [2 4 6 9 7 4 6 7 7 8]
```

```
[3 4 5 5 2 4 4 6 2 6]
[8 8 0 7 1 4 5 1 7 8]
[4 3 1 4 0 6 2 1 1 2]
[6 7 1 5 9 1 0 3 6 2]
[5 5 4 8 2 0 6 9 7 6]
[2 4 9 0 7 9 0 9 7 6]]
```

・予測した結果

```
[[5. 6. 4. 2. 5. 6. 0. 2. 1. 4.]
 [0. 5. 4. 1. 5. 8. 3. 7. 0. 5.]
 [8. 4. 3. 4. 6. 9. 9. 8. 5. 1.]
 [4. 6. 1. 5. 3. 6. 2. 8. 3. 2.]
 [0. 6. 5. 9. 7. 6. 0. 2. 4. 1.]
 [2. 2. 0. 3. 1. 4. 9. 1. 5. 2.]
 [6. 0. 2. 6. 6. 4. 4. 2. 1. 4.]
 [1. 3. 1. 4. 8. 5. 6. 0. 1. 7.]
 [7. 4. 6. 2. 7. 3. 1. 8. 3. 9.]
 [2. 6. 5. 6. 3. 8. 6. 8. 5. 1.]]
```

　相変わらずバラバラな数字に見えますが、例えば、6は予測ではクラス1に、8はクラス2にだいたいまとまっていることがわかります。ゼロなどはかなり散らばっていてうまく予測できていないようですが、ある程度は正しいデータが分類できていることがわかりますね。データ数5000でこれぐらいですから、データ数をもっと増やせばかなり正確に判断できるようになるかもしれません。

　さまざまなデータについて、各種の学習モデルの利用と予測結果を見てきましたが、機械学習がどのように行われるか、だいぶイメージできるようになってきたのではないでしょうか。
　機械学習の基本がわかれば、後は自分でオリジナルのデータを作成し、それを機械学習にかけて試してみましょう。元データと教師データさえ用意できれば、機械学習は誰でも利用できる技術なのです。

Chapter **6**

pandasによるデータ分析

pandasは、DataFrameというクラスを使い、データを
様々な形でまとめて集計し、分析することができます。この
pandasの基本的な使い方を覚え、データ集計の基礎を身に
付けましょう。

データ分析ツールJupyter入門

6-1 DataFrameの基礎

pandasとは？

　　　　データの集計と解析を行うためのライブラリは、Pythonには多数揃っています。それらの中でも、広く活用されているのが「**pandas**」というモジュールです。
　　　　pandasは、オープンソースのPythonデータ分析ライブラリです。データをまとめて表示したり、分析したりするための基本的な機能を一通り持っています。また、ほかのライブラリと連携することで、Excelなどのファイルを直接読み込んだり、データをグラフ化したりする機能も持っており、「**データの基本的な扱いはpandasがあれば一通りできる**」と考えていいでしょう。

　　　　pandasは、以下のWebサイトで公開されています。

　　　https://pandas.pydata.org/

図6-1：pandasのWebサイト。pandasの基本情報はここで得られる。

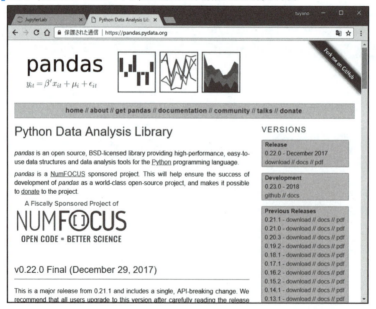

　　　　ただし、numpyなどこれまで使ったライブラリ類と同様、これもAnacondaでインストールなどが行えるため、このサイトからライブラリをダウンロードしたりする必要はありません。

pandasをインストールする

では、pandasをインストールしましょう。例によって、Navigatorでインストールをします。Navigatorの「**Environments**」に表示を切り替え、使用している仮想環境（ここでは「**my_env**」）を選択します。

モジュール名のリスト上部にあるプルダウンメニューを「**All**」に変更し、その右側のフィールドに「**pandas**」とタイプしてモジュールを検索して下さい。これで「**pandas**」が表示されるので、このチェックをONにし、「**Apply**」ボタンをクリックします。

▎**図6-2**：Environmentsでプルダウンメニューを「All」にしてpandasを検索。チェックをONにして「Apply」ボタンを押す。

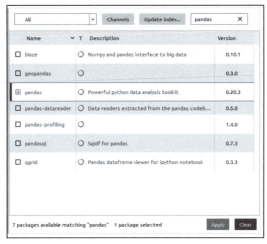

画面にインストールするモジュールを表示するダイアログが現れるので、「**Apply**」ボタンをクリックしてインストールを実行します。

▎**図6-3**：インストールするモジュールが表示されるので「Apply」ボタンでインストールを実行する。

追加モジュールについて

これでpandasモジュールはインストールできましたが、実は、ほかにも用意しておきたいモジュールがあります。

1つは「**xlrd**」で、Excelファイルのロードに関する機能を提供します。これをインストールしておくことで、pandasからExcelファイルを利用できるようになるのです。

では、やはりNavigatorの「**Environments**」からインストールを行いましょう。モジュール名のリスト上部にあるプルダウンメニューを「**All**」に変更し、右側のフィールドに「**xlrd**」とタイプしてモジュールを検索します。そして現れた「**xlrd**」のチェックをONにして「**Apply**」ボタンをクリックします。

図6-4：「Environments」で「xlrd」を検索し、インストールする。

画面にダイアログが現れたら、モジュールを確認し、「**Apply**」ボタンをクリックしてインストールを行って下さい。

OpenPyxl モジュール

もう1つ、「**OpenPyxl**」というモジュールも用意しておきましょう。これは、エクセルファイルへの保存に関する機能を提供します。手順はxlrdの場合と同じです。Navigatorの「**Environments**」で「**openpyxl**」を検索し、インストールして下さい。

■図6-5：「Environments」で「openpyxl」を検索してインストールする。

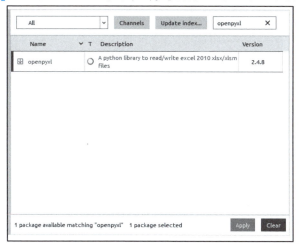

DataFrameについて

　　　　pandasは、データをまとめたオブジェクトを作成し、それを操作することでデータの編集や分析を行うようになっています。
　　　このデータをまとめたオブジェクは、「**DataFrame**」と呼ばれます。pandasでの分析作業は、まずデータをまとめたDataFarmeを作成することから始めます。

　　　DataFrameは、以下のように作成します。

```
変数 = DataFrame(data= データ , columns= 列名 )
```

　　　dataには、まとめるデータを用意します。これは2次元リストのような形にします。**columns**は、データの各列の名前をリストにまとめたものです。これでDataFrameが作成できます。

リストデータを用意する

　　　では、実際に簡単なデータを用意し、DataFrameを作成してみましょう。まずは、元データとなる値をリストとして用意しておきます。

リスト6-1

```
import numpy as np

arr1 = ['山田'] * 5 + ['田中'] * 5 + ['佐藤'] * 5 + ['鈴木'] * 5 + ['高橋'] * 5 \
    + ['武田'] * 5 + ['中西'] * 5 + ['江口'] * 5 + ['高野'] * 5 + ['小川'] * 5
arr2 = ['国語','数学','英語','理科','社会'] * 10
arr3 = [np.random.randint(0,100) for i in range(50)]
```

215

Chapter 6 pandas によるデータ分析

```
print(arr1)
print(arr2)
print(arr3)
```

図6-6：名前、教科、点数のデータをそれぞれリストにまとめておく。

```
In [2]:  import numpy as np

arr1 = ['山田'] * 5 + ['田中'] * 5 + ['佐藤'] * 5 + ['鈴木'] * 5 + ['高橋'] *
      + ['武田'] * 5 + ['中西'] * 5 + ['江口'] * 5 + ['高野'] * 5 + ['小川'] *
arr2 = ['国語','数学','英語','理科','社会'] * 10
arr3 = [np.random.randint(0,100) for i in range(50)]

print(arr1)
print(arr2)
print(arr3)

['山田', '山田', '山田', '山田', '山田', '田中', '田中', '田中', '田中', '田中',
 '佐藤', '佐藤', '佐藤', '佐藤', '佐藤', '鈴木', '鈴木', '鈴木', '鈴木', '鈴木',
 '高橋', '高橋', '高橋', '高橋', '高橋', '武田', '武田', '武田', '武田', '武田',
 '中西', '中西', '中西', '中西', '中西', '江口', '江口', '江口', '江口', '江口',
 '高野', '高野', '高野', '高野', '高野', '小川', '小川', '小川', '小川', '小川']
['国語', '数学', '英語', '理科', '社会', '国語', '数学', '英語', '理科', '社会',
 '国語', '数学', '英語', '理科', '社会', '国語', '数学', '英語', '理科', '社会',
 '国語', '数学', '英語', '理科', '社会', '国語', '数学', '英語', '理科', '社会',
 '国語', '数学', '英語', '理科', '社会', '国語', '数学', '英語', '理科', '社会',
 '国語', '数学', '英語', '理科', '社会', '国語', '数学', '英語', '理科', '社会']
[95, 90, 78, 90, 96, 35, 59, 6, 41, 58, 89, 92, 50, 9, 54, 9, 77, 64, 77,
 24, 30, 18, 81, 96, 32, 31, 92, 48, 29, 31, 79, 2, 47, 48, 50, 97, 92, 5,
 30, 8, 67, 12, 63, 63, 26, 59, 6, 84, 86, 25]
```

　ここでは、名前、教科、点数の3つのリストを作成しておきました。名前は5つずつ同じものが続くようにしてあります。また教科は5教科を繰り返したものです。点数は、0～100の間の点数をランダムに設定しておきました。ランダムなので、ここで掲載するサンプルの数値と、実際に試して生成される数値は異なります。

DataFrameを作成する

　では、用意したリストをまとめてDataFrameを作成しましょう。セルに以下のように記述し、実行して下さい。

リスト6-2

```
import pandas as pd

data = list(zip(arr1,arr2,arr3))
df = pd.DataFrame(data=data, columns=['名前', '教科', '点数'])
df.info()
print()
df[:5]
```

6-1 DataFrameの基礎

図6-7：実行すると、DataFrameを作成し、最初の5行分だけ表示する。

```
In [38]:  import pandas as pd

          data = list(zip(arr1,arr2,arr3))
          df = pd.DataFrame(data=data, columns=['名前', '教科', '点数'])
          df.info()
          print()
          df[:5]

          <class 'pandas.core.frame.DataFrame'>
          RangeIndex: 50 entries, 0 to 49
          Data columns (total 3 columns):
          名前      50 non-null object
          教科      50 non-null object
          点数      50 non-null int64
          dtypes: int64(1), object(2)
          memory usage: 1.2+ KB
```

```
Out[38]:      名前  教科  点数

          0   山田  国語   68

          1   山田  数学   46

          2   山田  英語   79

          3   山田  理科   39

          4   山田  社会   83
```

　これを実行すると、DataFrameオブジェクトの基本情報が表示され、その下に
DataFrameの最初の5行だけが表示されます。

　pandasを利用する場合は、importでpandasをインポートしておきます。一般に、**as
pd**で、pdという名前で利用できるようにしておくことが多いでしょう。pandasのサン
プルなどは基本的にこの形式なので、ここでもそれに倣っています。

リストをまとめる

　ここでは、まず、用意しておいた3つのリストを1つにまとめています。この部分ですね。

```
data = list(zip(arr1,arr2,arr3))
```

　zip関数は、イテラブルな複数個のオブジェクト（リストなど）を1つのイテレータにま
とめます。ここでは3つのリストをzipでひとまとめにし、それを引数にしてリストを作
成しています。このようにすると、arr1、arr2、arr3の3つのリストの各値を1つのタプ
ルにまとめたリストが作成できます。例えば、こんな具合ですね。

```
[('山田', '国語', 68),
 ('山田', '数学', 46),
 ……略…… ]
```

　名前、教科、点数のそれぞれのリストをzipでまとめることで、名前と教科と点数がひ
とまとめになったタプルのリストができるのです。これが、DataFrameで利用するデー
タです。データは、このように各項目の値をタプルにまとめたもののリストとして用意
します。

217

Chapter **6** pandas によるデータ分析

DataFrame の作成

続いて、用意したデータを元にDataFrameを作成します。それが以下の文です。

```
df = pd.DataFrame(data=data, columns=['名前', '教科', '点数'])
```

data引数にデータを指定し、columnsには各列のラベルをリストにまとめて用意します。ここでは3つの項目をまとめたデータを用意しているので、3つのラベルを用意しておきました。

info メソッドについて

DataFrameを作成後、**df.info**というメソッドを実行しています。これは、作成したDataFrameに関する情報を出力するもので、以下のような内容が表示されているでしょう。

```
<class 'pandas.core.frame.DataFrame'>
RangeIndex: 50 entries, 0 to 49
Data columns (total 3 columns):
名前     50 non-null object
教科     50 non-null object
点数     50 non-null int64
dtypes: int64(1), object(2)
memory usage: 1.2+ KB
```

RangeIndex	インデックスのレンジ（50エントリーあり、0 〜 49のインデックスが割り振られている）
Data columns	各データのコラムの情報（'名前'、'教科' には50のnullでないオブジェクトが、'点数' にはint64の値が設定されている）
dtypes	使用されているデータタイプ（int64が1、オブジェクトが2）
memory	使用メモリ量

このように、どのような情報がまとめられているかがinfoによりわかるようになっています。「**とりあえず、現在のDataFrameの状態を知りたい**」というときにはこのinfoが役立つでしょう。

DataFrame の表示について

最後に**df[:5]**と実行していますね。作成したDataFrameインスタンスの代入されている変数を実行すると、テーブルの形に整形されてデータが表示されます。これは、マウスポインタのある行が選択されるなど、整理されたテーブルの形になっています。

なお、[:5]は、**第3章**で説明した「**スライス**」という機能です。pandasもnumpyと同様に配列関係はスライスが使えます。

218

図6-8：表示されるDataFrameのテーブル。

```
Out[40]:      名前  教科  点数

         0   山田  国語   68

         1   山田  数学   46

         2   山田  英語   79

         3   山田  理科   39

         4   山田  社会   83
```

非常に面白いのは、printを使って出力するとこうはならない、という点です。実際、**print(df[:5])**とすると、単にテキストとしてテーブルの内容が出力されます。

なお、この「**テーブルに整理された表示**」は、**セルの最後にDataFrameを実行した場合にのみ**行われます。その後で何らかの出力をしてしまうと、テーブルは表示されないので注意して下さい。

図6-9：printでDataFrameを出力すると、ただのテキストになる。

```
     名前  教科  点数
0   山田  国語   68
1   山田  数学   46
2   山田  英語   79
3   山田  理科   39
4   山田  社会   83
```

列データについて

では、作成されたDataFrameのデータの扱いについて見ていきましょう。まずは「**列**」データです。

列データは、DataFrameの列名の項目として保管されています。例えば、「**点数**」の列について取り出してみましょう。

リスト6-3

```
df['点数'][:10]
```

図6-10：点数の最初の10行が表示される。

```
In [44]:  df['点数'][:10]

Out[44]:  0     68
          1     46
          2     79
          3     39
          4     83
          5     94
          6     91
          7      8
          8     28
          9     42
          Name: 点数, dtype: int64
```

これで、点数の最初の10行が表示されます。**df['点数']**には、点数のデータがリストとしてまとめられており、ここから必要なだけ値を取り出せるのです。

また、個々の値を直接取り出したい場合は、**df['点数'][0]**というようにインデックスを直接指定すればよいでしょう。既に、**[:10]**というようにして最初の10行だけを取り出したりしていますから、その辺りの書き方はわかりますね。

列を追加する

では、新たに列を追加するにはどうすればいいでしょうか？ 実は、とても簡単です。DataFrameの新たに追加する項目に値を代入すればいいのです。

例として、作成したDataFrameに「**総合**」という列を追加してみましょう。

リスト6-4

```
df['総合'] = [np.random.randint(0,100) for i in range(50)]
df[:5]
```

図6-11：「総合」列を追加する。

```
In [42]:  df['総合'] = [np.random.randint(0,100) for i in range(50)]
          df[:5]

Out[42]:     名前  教科  点数  総合

          0  山田  国語  68   69

          1  山田  数学  46   36

          2  山田  英語  79   81

          3  山田  理科  39   70

          4  山田  社会  83   75
```

ここでは、**df['総合']**に、50個の値のリストを代入しています。これで、総合という項目がDataFrameに追加されます。

また、列の削除も、DataFrameから列の項目を削除するだけです。例えば、

```
del df['総合']
```

こんな具合にすれば、dfから「**総合**」の列を削除することができます。

▌列名の変更

列の名前は、DataFrameの「**columns**」に保管されています。これは、各列のラベルをリストにまとめた形になっています。このcolumnsの値を変更すれば、列名を変えることができます。

リスト6-5

```
df.columns = ['氏名', '教科', '中間', '期末']
df[:5]
```

図6-12：実行すると、列名が変更される。

```
In [47]:  df.columns = ['氏名', '教科', '中間', '期末']
          df[:5]

Out[47]:      氏名  教科  中間  期末

          0   山田  国語   68   69

          1   山田  数学   46   36

          2   山田  英語   79   81

          3   山田  理科   39   70

          4   山田  社会   83   75
```

　これを実行すると、列のラベルは「**氏名**」「**教科**」「**中間**」「**期末**」と変更されます。このようにcolumnsを変更することで簡単に列の表示を変更できます。

行を追加する

　では、行を追加するにはどうするのでしょうか？　DataFrameでは、「**列を増やす**」ということはデータの項目を新たに追加する、ということでした。「**行を増やす**」というのは、今度は「**データを更に追加する**」ということになります。これは以下のように行います。

```
変数 = [DataFrame] . append( [DataFrame] )
```

　データは、DataFrameとして用意することができます。追加するデータをDataFrameにまとめ、それを**append**メソッドの引数に指定して呼び出すと、引数のDataFrameを追加した新たなDataFrameが返されます。
　では、実際にやってみましょう。

リスト6-6

```
new_data = [('上杉','国語', 95, 89),
            ('上杉', '数学', 87, 71),
            ('上杉', '英語', 69, 93),
            ('上杉', '理科', 73, 52),
            ('上杉', '社会', 54, 60)]
new_df = pd.DataFrame(data=new_data, columns=['氏名', '教科', '中間', '期末'])
df2 = df.append(new_df, ignore_index=True)
df2[45:]
```

図6-13：実行すると、5行分のデータが末尾に追加される。

```
In [65]: new_data = [('上杉','国語', 95, 89),
                     ('上杉', '数学', 87, 71),
                     ('上杉', '英語', 69, 93),
                     ('上杉', '理科', 73, 52),
                     ('上杉', '社会', 54, 60)]
         new_df = pd.DataFrame(data=new_data, columns=['氏名', '教科', '中間',
         df2 = df.append(new_df, ignore_index=True)
         df2[45:]
```

```
Out[65]:
```

	氏名	教科	中間	期末
45	小川	国語	27	68
46	小川	数学	46	77
47	小川	英語	91	2
48	小川	理科	1	32
49	小川	社会	63	81
50	上杉	国語	95	89
51	上杉	数学	87	71
52	上杉	英語	69	93
53	上杉	理科	73	52
54	上杉	社会	54	60

　これを実行すると、dfのデータの末尾に5行分のデータを追加した新しいdf2が作成されます。その最後の部分を表示させています。「**上杉**」という生徒の5教科分のデータが追加されているのがわかりますね。

　ここでは、まず追加するデータをタプルのリストとして変数new_dataに用意しています。そして、これを引数にして新たなDataFrameを作成し、それを変数dfのappendで追加します。
　このとき、「**ignore_index=True**」という引数が用意されていますね。これは、追加する際に元のインデックスを無視して番号を振り直すためのものです。これがないと、new_dfのデータは0～4のインデックスのまま追加されることになります。

1行ずつ追加するには？

　追加するデータをDataFrameにまとめてappendするというのは、多数のデータをまとめて追加するのに向いています。が、例えば「**1行だけデータを追加したい**」というようなときにDataFrameを作成して……というのはちょっと面倒ですね。

　こういう場合は、「**loc**」というプロパティを利用すると便利です。locは、各行のデータをインデックスごとにまとめて保管しています。例えば、**df.loc[0]**とすれば、インデックス＝ゼロ（つまり、一番最初）の行データが保管されています。

6-1 DataFrame の基礎

　ここで、新たにインデックスを指定してデータを代入すれば、そのデータが追加されるのです。例えば、一番最後のインデックスが100ならば、loc[101]に値を追加すると、末尾にデータを追加できる、というわけです。では、やってみましょう。

リスト6-7

```
(rows,cols) = df2.shape
df2.loc[rows] = ['黒田','国語', 15,20]
df2.loc[rows+1] = ['黒田','数学', 25,30]
df2.loc[rows+2] = ['黒田','英語', 35,40]
df2.loc[rows+3] = ['黒田','理科', 55,60]
df2.loc[rows+4] = ['黒田','社会', 65,70]
df2.tail(10)
```

図6-14：実行すると、末尾に「黒田」のデータが5行追加される。

```
In [115]: (rows,cols) = df2.shape
          df2.loc[rows] = ['黒田','国語', 15,20]
          df2.loc[rows+1] = ['黒田','数学', 25,30]
          df2.loc[rows+2] = ['黒田','英語', 35,40]
          df2.loc[rows+3] = ['黒田','理科', 55,60]
          df2.loc[rows+4] = ['黒田','社会', 65,70]
          df2.tail(10)
```

Out[115]:

	氏名	教科	中間	期末
50	上杉	国語	95	89
51	上杉	数学	87	71
52	上杉	英語	69	93
53	上杉	理科	73	52
54	上杉	社会	54	60
55	黒田	国語	15	20
56	黒田	数学	25	30
57	黒田	英語	35	40
58	黒田	理科	55	60
59	黒田	社会	65	70

　これを実行すると、先ほどdf2の末尾に追加した「**上杉**」データの更に後に、「**黒田**」データが5行追加されます。
　ここでは、まずデータサイズを変数に取り出しています。

```
(rows,cols) = df2.shape
```

　shapeは、行数と列数をタプルで保管するプロパティです。この値を取り出すと現在の行数がわかるので、これを使ってデータを追加します。インデックスはゼロ番から割り振られていきますから、最後のデータのインデックスは**rows - 1**となっています。ということは、**loc[rows]**とすれば、最後尾に新しいデータを追加できる、というわけで

223

Chapter **6** pandas によるデータ分析

すね。

ここでは、更にrows+1、rows+2……というように1ずつ増やしながら5データを追加しました。

なお、このlocを使ったやり方は、既にあるデータを変更するのにも使えます。**loc[0] = ……**というように値を代入すれば、インデックス＝0の値が変更できます。

1行ずつ操作できると、ちょっとしたデータの変更が簡単に行えるようになります。appendによるまとまったデータ追加と両方のやり方を覚えておきましょう。

head と tail

最後のデータ10行を表示するのに、今までとはちょっと違うやり方をしています。

```
df2.tail(10)
```

この「**tail**」というメソッドは、末尾のデータを指定した行数だけ取り出します。データを追加するなどして、今、何行分のデータがあるのかはっきりしないようなときも、これで最後のデータを取り出せます。

その反対に、「**最初のデータ**」を取り出すのに「**head**」というメソッドも用意されています。tailと同様に、例えば、

```
df2.head(10)
```

こんな具合にすれば、最初の10行分のデータを取り出すことができます。大きなデータになると、全部を表示することはあまりありません。とりあえず、最初と最後のデータをいくつか表示して確認したら次の処理に進む……ということも多いでしょう。そうしたときに、headとtailは役立ちます。

インデックスの変更

locでは、インデックスを指定して新たな値を追加していました。これで、おそらく皆さんは、漠然と「**DataFrameでは、リストなどと同じようにインデックスが自動で割り振られていて、これでデータを管理できるんだ**」といったイメージで捉えているのではないでしょうか。

が、DataFrameのインデックスは、リストなどのインデックスとはまるで違います。何が違うのか？　というと、「**DataFrameのインデックスは、自由に変更できる**」という点です。

先ほど、インデックスを使って値を設定したのは、「**デフォルトでは、インデックスにはゼロから順に整数が割り振られていく**」ためにすぎません。

では、実際にインデックスを変更してみましょう。

リスト6-8

```
df2.index = list('abcdefghijklmnopqrstuvwxyzABCDEFGHIJKLMNOPQRSTUVWXYZ12345678')
df2.head(10)
```

図6-15：実行すると、インデックスの値が変更される。

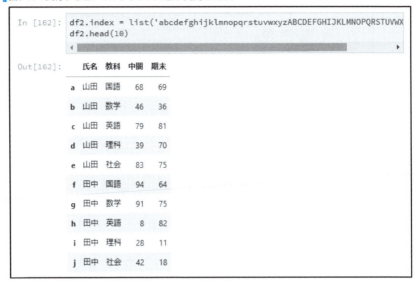

　実行すると、インデックスをa、b、c……というようにすべて変更してしまいます。最初の10行を表示していますが、インデックスがまるで変わってしまっているのがわかるでしょう。
　インデックスは、DataFrameの「**index**」というプロパティにリストでまとめられています。従って、ここに行数と同じ数だけ項目をもたせたリストを設定すれば、インデックスをまるごと変えてしまうことができるのです。

locとiloc

　ただし、こうすると、これまでのようにlocで数字を指定してデータを取り出すことができなくなってしまいます。**loc['a']**というように、インデックスのテキストを指定しないといけません。

　では、インデックスを変更してしまうと、番号でデータを指定することはできなくなるのか？　実は、できます。
　DataFrameには、locとは別に「**iloc**」というプロパティも用意されています。**locは、行ごとに割り当てられているインデックスの値で指定しますが、ilocは最初から順に割り振られるインデックス番号（リストなどのインデックスと同じもの）で行データを指定する**のです。

　両者の違いを確認してみましょう。まず、locでデータを取り出してみます。以下の文を書いて実行してみて下さい。

```
df2.loc['A':'E']
```

図6-16：locはindexに設定した値を使ってデータを取り出す。

```
In [180]:  df2.loc['A':'E']
Out[180]:     氏名  教科  中間  期末
           A  武田  数学   94   89
           B  武田  英語   62   15
           C  武田  理科   82   90
           D  武田  社会   58   43
           E  中西  国語   28   24
```

これで、インデックスが 'A' 〜 'E' のデータが表示されます。locでは、変更したインデックスの値でデータが取り出せることがわかります。
では、次のようにしたらどうなるでしょうか。

```
df2.iloc[10:15]
```

こうすると、インデックス 'k' 〜 'o' のデータが表示されます。インデックスとは別に、通し番号として割り振られている数字で値を指定できるのがわかります。

図6-17：ilocは、indexのインデックスとは関係なく、通し番号でデータを取り出す。

```
In [181]:  df2.iloc[10:15]
Out[181]:     氏名  教科  中間  期末
           k  佐藤  国語   25   66
           l  佐藤  数学   97   23
           m  佐藤  英語   29   24
           n  佐藤  理科   24   69
           o  佐藤  社会   24   96
```

行列の反転

最後に、行と列を反転表示する方法も触れておきましょう。実は、これは既に説明済みです。といっても、pandasではなく、**第3章**の**numpy**で説明しているのです。それは、「**T**」です。
numpyでは、行列に「**.T**」と指定することで、縦横反転した行列を得ることができました。pandasでも同様のことができるのです。例えば、このように実行してみましょう。

```
df2.loc['a':'e'].T
```

図6-18：a～eのデータが縦横反転して表示される。

これを実行すると、a～eの5つのデータが縦横反転して表示されます。loc['a':'e']で取り出されるデータを.Tで縦横反転しているのですね。

この「**locで指定した後で.Tを使う**」というのは重要です。これを逆にすると、どうなるでしょうか。

```
df2.T.loc['a':'e']
```

このようにすると、エラーになって表示されないはずです。Tで反転した状態では、インデックスには'a'や'e'といった値は存在しないのですから。以下のようにすると取り出すことはできます。

```
df2.T.iloc[0:5]
```

図6-19：全データが横一列に表示される。

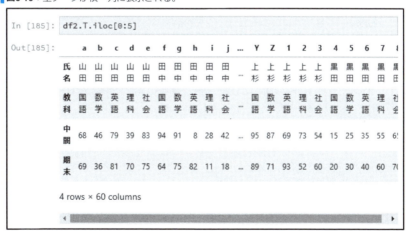

ただし、やってみるとわかりますが、最初の5データだけでなく、全データが横にずらっと表示されてしまいます。**df2.T**で、縦横反転した状態のデータの「**上から5つ**」を取り出しているためです。反転すると、縦の行は「**氏名**」「**教科**」「**中間**」「**期末**」の4行しかありませんから、**[0:5]**では全部表示されたのです。

Tで反転させるときは、「**まず範囲を特定してからTで反転する**」というように心がけえましょう。

Chapter 6　pandas によるデータ分析

6-2 DataFrameのデータを活用する

ユニークなデータの取得

　DataFrameの基本的な扱い方がわかったところで、DataFrameにまとめたデータを活用することについて考えていきましょう。

　まずは、「**ユニーク・データの取得**」についてです。
　例えばサンプルで作成したDataFrameでは、氏名ごとに5教科のデータが保管されていました。このとき、「**保管されているデータの氏名**」「**保管されている教科**」を取り出したいようなときもあります。教科の値を取り出すとき、「国語」「国語」「国語」……と同じデータがたくさん取り出されても意味がありません。「**教科に保管されている値を重複なしで取り出す**」ということが必要です。すなわち、ユニークなデータの取得です。

　これは、DataFrameの列データにある「**unique**」というメソッドを利用します。例として、氏名と教科のユニーク・データを表示してみましょう。

リスト6-9
```
print(df2['氏名'].unique())
print()
print(df2['教科'].unique())
```

図6-20：氏名と教科のユニーク・データを表示する。

```
In [186]: print(df2['氏名'].unique())
          print()
          print(df2['教科'].unique())

['山田' '田中' '佐藤' '鈴木' '高橋' '武田' '中西' '江口' '高野' '小川' '上
杉' '黒田']

['国語' '数学' '英語' '理科' '社会']
```

　実行すると、氏名と教科のデータが重複なしで表示されます。**df2['教科']**というように、特定の**列データ**を指定し、その**unique**メソッドを呼び出すことで、ユニークなデータを取り出せます。

Seriesについて

　この df2['教科'] などの列データには、一体、どんな値が格納されているのでしょう。uniqueのようなメソッドが用意されているのを見ると、単なるリストではなさそうですね。

228

これは、pandasに用意されている「**Series**」というクラスのインスタンスなのです。Seriesは、Pythonのリストのように、多数のデータをまとめて管理するクラスですが、列データを扱うための機能がいろいろと用意されています。このSeriesは、DataFrameの列データなどで使われているほか、新たにインスタンスを作って利用することもできます。

```
変数 = pd.Series( リスト )
```

これで、引数に指定したリストを項目に持つSeriesインスタンスを作成します。では、実際の利用例を見てみましょう。

リスト6-10
```
s = pd.Series(list('ABCDEFG'))
s[:3]
```

図6-21：リストを元にSeriesを作成し、最初の3項目を表示する。

```
In [192]:   s = pd.Series(list('ABCDEFG'))
            s[:3]

Out[192]:   0    A
            1    B
            2    C
            dtype: object
```

ここではテキストを元にリストを作成し、そのリストを引数にしてSeriesインスタンスを作成しています。作ったSeriesは、**s[:3]**というようにして最初の3項目だけ表示させています。

今まで、当たり前のように[:10]などとやって最初の10項目だけ取り出したりしていましたが、これはPython本来のリストではなかったのです。Seriesインスタンスとしてデータがまとめられており、Seriesの機能を使って値を操作していたのです。

Seriesの演算

Seriesインスタンスには、非常に面白い性質があります。リストのように多数の値を持っていますが、整数や実数などと同じように演算することができるのです。試してみましょう。

リスト6-11
```
print(df2['中間'][:5])
print()
print((df2['中間'] * 2)[:5])
print()
print((df2['中間'] // 10)[:5])
```

Chapter **6** pandas によるデータ分析

図6-22：「中間」の列データを2倍、10分の1にして表示する。

```
In [197]: print(df2['中間'][:5])
          print()
          print((df2['中間'] * 2)[:5])
          print()
          print((df2['中間'] // 10)[:5])

          a    68
          b    46
          c    79
          d    39
          e    83
          Name: 中間, dtype: int64

          a    136
          b     92
          c    158
          d     78
          e    166
          Name: 中間, dtype: int64

          a    6
          b    4
          c    7
          d    3
          e    8
          Name: 中間, dtype: int64
```

　ここでは、「**中間**」のデータを2倍にした結果と、10分の1にした結果を計算し、最初の5データを表示しています。

　見ればわかるように、**df2['中間'] * 2**や**df2['中間'] // 10**と、普通の数値と同じ感覚で四則演算しています。これで、df2['中間'] に保管されている全データが計算されるのです。

　ただし、これは当たり前ですが、数値が保管されているSeriesでなければいけません。テキストが保管されている場合、テキストとの加算や整数による乗算などはサポートしていますが、それ以外の演算はできません。

Seriesの統計メソッド

　このほかにもSeriesには、便利なメソッドがいろいろと用意されています。ここでは、統計処理などでよく使われるメソッドをいくつか紹介しておきましょう。

・合計

```
[Series] .sum()
```

・平均

```
[Series] .mean()
```

・中央値

```
[Series] .median()
```

230

6-2　DataFrame のデータを活用する

・最小値

```
[Series] .min()
```

・最大値

```
[Series] .max()
```

・分散

```
[Series] .var()
```

・標準偏差

```
[Series] .std()
```

　これらは、そのSeriesに保管されている全データを元に計算し、結果を返します。では、利用例を挙げておきましょう。

リスト6-12

```
print('合計:%s' % df2['中間'].sum())
print('平均:%s' % df2['中間'].mean())
print('中央:%s' % df2['中間'].median())
print('最小:%s' % df2['中間'].min())
print('最大:%s' % df2['中間'].max())
```

図6-23：「中間」データの合計、平均、中央値、最小値、最大値を表示する。

```
In [212]: print('合計:%s' % df2['中間'].sum())
          print('平均:%s' % df2['中間'].mean())
          print('中央:%s' % df2['中間'].median())
          print('最小:%s' % df2['中間'].min())
          print('最大:%s' % df2['中間'].max())

          合計:3260
          平均:54.333333333333336
          中央:54.5
          最小:0
          最大:97
```

　ここでは「**中間**」のデータの合計、平均、中央値、最小・最大値をそれぞれ計算し、表示しています。いずれも、**df2['中間']**からメソッドを呼び出すだけで値が取得できることがわかります。

　これらのメソッドも、値が数値のSeriesでないとうまく動きません。

DataFrameのソート

　Seriesの基本についてはこの辺りにしておいて、再びDataFrameに戻りましょう。

　次は、DataFrameで表示されるデータのソート（並べ替え）についてです。

　DataFrameには、特定の列を基準にしてデータを並べ替える「**sort_values**」というメソッドが用意されています。これは以下のように使います。

231

Chapter 6 pandas によるデータ分析

```
変数 = [DataFrame] . sort_values( [ 列 ] , ascending= 真偽値 )
```

第1引数には、列名のリストを用意します。これは1つだけでなく、複数指定することも可能です。例えば、['A', 'B'] とすれば、まずA順に並べ替え、Aで同じ値があった場合はB順にして並べ替えます。

ascending引数は、昇順か降順かを指定するもので、Trueならば昇順、Falseならば降順になります。省略すると昇順で並べ替えます。

では、DataFrameを「**期末**」の点数順に並べ替えてみましょう。

リスト6-13

```
df2.sort_values(['期末'],ascending=False)[:10]
```

■**図6-24**：「期末」の点数を高い方から並べ替える。

```
In [246]: df2.sort_values(['期末'],ascending=False)[:10]
Out[246]:
```

	氏名	教科	中間	期末
o	佐藤	社会	24	96
K	江口	数学	40	94
1	上杉	英語	69	93
C	武田	理科	82	90
Y	上杉	国語	95	89
A	武田	数学	94	89
x	高橋	理科	56	84
y	高橋	社会	23	84
h	田中	英語	8	82
X	小川	社会	63	81

これを実行すると、期末の点数順にデータを並べ替え、トップ10のデータを表示します。sort_valuesで並べ替えられたテーブルが表示されるのを確認して下さい。

sort_valuesを使うときに注意したいのは、「**sort_valuesは、DataFrameのデータそのものを変更するわけではない**」という点です。あくまで「**並べ方のデータを返す**」のであり、DataFrameそのものが改変されるわけではありません。

第3章でnumpyの「**スライス**」について説明する際、「**スライスの表示はビューであって、実体ではない**」ということを説明しましたね。sort_valuesも、numpyのビューと同じような働きをするものと考えるとよいでしょう。

232

6-2　DataFrame のデータを活用する

グループについて

サンプルで作成したDataFrameでは、氏名、教科、中間、期末といった列があります。これらのうち、中間と期末は個々の点数がずらっと並んでいるだけですが、氏名や教科は、複数の同じ値が並んでいます。例えば「**山田**」という氏名は、5教科分のデータ（つまり、5行のデータ）がありますし、「**国語**」という教科は、保管している氏名の数だけ存在します。

「**氏名**」や「**教科**」のようなものは、同じものが複数あるわけで、データを集計して処理するとき、これらを「**それぞれの氏名ごと**」あるいは「**教科ごと**」にまとめて扱えると大変便利です。

こうした「**特定の値ごとにデータをグループ化する**」という機能がDataFrameにはあります。それが「**グループ**」です。

グループは、DataFrameに用意されている「**groupby**」というメソッドを使って作成します。

```
変数 = [DataFrame] . groupby( 列名 )
```

引数には列名を指定します。これにより、その列の値を基にデータをグループ分けして返します。

グループは、実際にやってみないと、なかなかイメージがつかめないでしょう。簡単なサンプルを動かしてみましょう。

リスト6-14

```
srt = df2.sort_values(['中間','期末'],ascending=False)
grp = srt.groupby('教科')
grp.first()
```

図6-25：DataFrameを「教科」でグループ化し、最初のデータを表示する。

```
In [262]: srt = df2.sort_values(['中間','期末'],ascending=False)
          grp = srt.groupby('教科')
          grp.first()
```

Out[262]:

教科	氏名	中間	期末
国語	上杉	95	89
数学	佐藤	97	23
理科	中西	85	45
社会	高野	94	71
英語	高野	91	59

233

まず、sort_valuesで中間の点数順にデータを並べ替えておき、それを**groupby('教科')**で教科ごとにグループ化しています。これで、各教科ごとにデータがまとめられたものが作られます。

グループ化したデータは、そのままではデータの中身を表示したりできません。そこで、グループの中からデータを取り出すメソッドを使って表示をしています。ここでは「**first**」というメソッドを使っていますが、これは各グループの最初のデータだけを取り出して表示します。

ここでは「**教科**」でグループ化していますから、各教科ごとに全員のデータがまとめられています。グループ化の前に、sort_valuesで中間の点数順に並べ替えていますから、グループ化したデータも、ソート順にグループにまとめられています。ということは、firstで一番最初のデータを取り出せば、「**各教科の最高点**」が表示されることになります。

firstのほか、「**最後のデータ**」を取り出す「**last**」というメソッドもあります。また、最初や最後のデータを複数行取り出す「**head**」「**tail**」といったメソッドも利用することができます。

groupby で得られるのは「GroupBy」

groupbyで得られるのは、DataFrameではありません。**グループ分けしたDataFrame**である「**GroupBy**」というクラスのインスタンスです。

これは、グループ化されたデータの扱いに関するメソッドが用意されたクラスであり、DataFrameとは動作が異なります。DataFrameはデータを管理しますが、GroupByは、DataFrameに保管されているデータをインデックスなどでまとめているだけであり、GroupByそのものにはデータはありません。

では、GroupByの中でどのようにグループのデータが管理されているのか見てみましょう。

リスト6-15

```
grp.groups
```

groupsは、グループ分けに関する情報が保管されているプロパティです。このように実行してみると、ざっと以下のようなテキストが出力されるでしょう（細かなIndexの値などはそれぞれの環境によって異なります）。

```
{'国語': Index(['Y', 'f', 'p', 'z', 'u', 'a', 'J', 'E', 'T', 'k', '4', 'O'],
dtype='object'),
 '数学': Index(['l', 'A', 'g', 'Z', 'F', 'U', 'b', 'v', 'K', 'P', '5', 'q'],
dtype='object'),
 '理科': Index(['H', 's', 'C', '2', 'x', '7', 'd', 'M', 'i', 'n', 'W', 'R'],
dtype='object'),
 '社会': Index(['S', 't', 'e', '8', 'X', 'D', 'N', '3', 'j', 'I', 'o', 'y'],
dtype='object'),
 '英語': Index(['Q', 'V', 'G', 'c', 'L', '1', 'B', 'w', '6', 'm', 'r', 'h'],
dtype='object')}
```

6-2 DataFrameのデータを活用する

「**教科**」でグループ化していますから、GroupByには、教科名ごとに値が用意されています。それぞれの教科には、**Index**というインスタンスが設定されています。これは、インデックスの値をリストにまとめたもので、これにより「**その教科のデータはどれとどれか？**」をまとめて設定しているのです。

各グループの平均点を得る

GroupByには、グループ内のデータを扱うためのさまざまなメソッドが用意されています。先にSeriesで取り上げたようなメソッドは一通りGroupByにも揃っています。主なものをざっと紹介しておきましょう。

・合計

```
[GroupBy] .sum()
```

・平均

```
[GroupBy] .mean()
```

・中央値

```
[GroupBy] .median()
```

・最小値

```
[GroupBy] .min()
```

・最大値

```
[GroupBy] .max()
```

・分散

```
[GroupBy] .var()
```

・標準偏差

```
[GroupBy] .std()
```

・データ数

```
[GroupBy] .count()
```

どれも引数などを持たず、単にメソッドを呼び出すだけですから簡単です。では実際に使ってみましょう。以下のように実行してみて下さい。

235

> **リスト6-16**
> grp.mean()

図6-26：各教科の平均点を計算する。

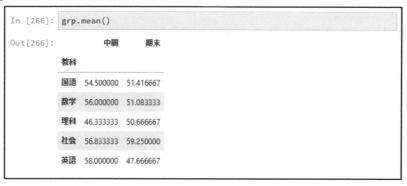

これで、各教科の平均点が表示されます。教科でグループ化しているので、meanだけでそれぞれの教科の平均が表示されるのです。こうした統計メソッドを使うと、グループ化の利点が感じられるようになります。

合計点数でソートする

これらのメソッドの実行結果は、実はDataFrameインスタンスになっています。従って、集計された結果をDataFrameの機能で操作することができます。

例えば、「**氏名ごとに5教科を合計し、合計点の高い順に並べて表示する**」ということを考えてみましょう。すると以下のようになります。

> **リスト6-17**
> grp2 = srt.groupby('氏名')
> grp2.sum().sort_values(['中間','期末'], ascending=False)

6-2　DataFrame のデータを活用する

図6-27：それぞれの氏名の点数を合計し、中間の点数順に並べる。

```
In [251]:  grp2 = srt.groupby('氏名')
           grp2.sum().sort_values(['中間','期末'],ascending=False)

Out[251]:         中間    期末

           氏名

           上杉    378   365

           武田    377   264

           山田    315   331

           中西    295   191

           鈴木    279   158

           田中    263   250

           高橋    253   301

           江口    245   347

           高野    233   156

           小川    228   260

           佐藤    199   278

           黒田    195   220
```

　ここでは、中間の点数の合計でデータを並べ替えています。まず、**groupby**で氏名ごとにグループ化し、**sum**で合計を計算したDataFrameを作成して、それを**sort_values**で並べ替えているのです。1つ1つのメソッドの使い方は既に説明済みですが、それらをこうして複数組み合わせることで、柔軟に集計し、結果を表示できるようになります。

aggで集計する

　これらの統計メソッドは便利ですが、一度に1つの実行結果しか表示できません。合計・平均・中央値・最小値・最大値を調べるのに、1つ1つのメソッドを5つのセルに書いて実行するというのは面倒ですし、表示された結果もすべて別々に分かれていて見づらいでしょう。

　このように「**複数の集計結果を一度にまとめて表示する**」ということを行わせたいときに使うのが「**agg**」というメソッドです。これは以下のように使います。

```
変数 = [GroupBy] . agg( [ メソッド名 ] )
```

　aggは、引数にメソッド名をまとめたリストを指定します。これにより、リストにまとめたメソッドの結果を1つにまとめて表示します。例として、以下のように実行をしてみましょう。

237

Chapter **6** pandas によるデータ分析

リスト6-18

```
grp.agg(['sum','mean','median','min', 'max'])
```

■**図6-28**：中間と期末それぞれの合計・平均・中央値・最小値・最大値を集計する。

```
In [267]:  grp.agg(['sum','mean','median','min', 'max'])
```

Out[267]:

	中間					期末				
	sum	mean	median	min	max	sum	mean	median	min	max
教科										
国語	654	54.500000	60.0	9	95	617	51.416667	59.5	12	89
数学	672	56.000000	46.0	3	97	613	51.083333	51.0	3	94
理科	556	46.333333	47.0	0	85	608	50.666667	55.0	1	90
社会	682	56.833333	56.0	23	94	711	59.250000	66.5	5	96
英語	696	58.000000	65.5	8	91	572	47.666667	47.5	2	93

これを実行すると、中間と期末の両方について、合計・平均・中央値・最小値・最大値のすべての値を計算し、一覧表示します。これは、使いこなせばかなり便利でしょう。必要な統計処理をまとめて表示できるのですから。

特定のグループを取り出す

GroupByは、データ全体をグループ分けして整理しますが、これらグループ分けした結果の中から特定のグループだけ取り出して扱いたい場合もあります。例えば、氏名でグループ分けをしたGroupByから、山田さんのデータだけを取り出したい、というようなケースですね。

このような場合は、GroupByの「**get_group**」が使えます。以下のように呼び出します。

```
変数 = [GroupBy] .get_group( グループ名 )
```

引数には、取り出したいグループの名前を指定します。

では実際に試してみましょう。氏名でグループ分けをし、そこから「**山田**」のデータだけを取り出して表示してみます。

リスト6-19

```
grp2 = srt.groupby('氏名')
grp2.get_group('山田').sort_values(['中間'], ascending=False)
```

238

▌図6-29：「山田」のデータだけを取り出し、「中間」順に並べ替える。

```
In [284]:  grp2 = srt.groupby('氏名')
           grp2.get_group('山田').sort_values(['中間'],ascending=False)
Out[284]:    氏名  教科  中間  期末
         e  山田  社会   83   75
         c  山田  英語   79   81
         a  山田  国語   68   69
         b  山田  数学   46   36
         d  山田  理科   39   70
```

これで、「**山田**」のデータだけが表示されます。データは「**中間**」の点数の高いものから順に並べ替えてあります。

ここでは、**get_group('山田')** として「**山田**」グループのデータだけを取り出しています。このget_groupで取り出されるデータは、DataFrameインスタンスになっています。従って、得られた値をsort_valuesで並べ替えるなどして更に処理することが可能です。

条件で検索する

データ全体の中で、特定の条件のものだけを取り出したい、という場合もあります。こうした場合は、DataFrameにある検索のメソッドが役立ちます。「**query**」は、以下のように呼び出します。

```
変数 = [DataFrame] .query( 条件 )
```

queryの引数には、検索の条件をまとめたテキストを指定します。条件には、基本的な**比較演算(<>=!)** と**論理演算(&|)** の演算子を使った式が使えます。

例として、「**中間と期末の点数がどちらも80以上のデータ**」だけを表示させてみましょう。

▌リスト6-20
```
df2.query('中間 >= 80 & 期末 >= 80')
```

▌図6-30：中間と期末が80以上のデータだけを表示する。

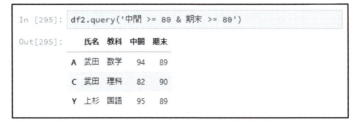

実行すると、中間・期末いずれも80以上のデータだけが表示されます。ここでは、「**中間 >= 80 & 期末 >= 80**」というように検索条件が指定されていますね。これでデータが検索され、表示されていたのです。

■中間・期末の合計で検索

この検索条件では、各列は列のラベルで指定されます。これは、指定の列の値と同じものとして扱われます。ですから、値の比較演算などだけでなく、例えば列の値を使った計算などを行い、その結果で検索することもできます。

例として、中間と期末の合計点で検索を行ってみましょう。

リスト6-21

```
df2.query('中間 + 期末 >= 170')
```

図6-31：中間・期末の合計が170以上のデータのみ表示する。

```
In [308]:   df2.query('中間 + 期末 >= 170')

Out[308]:        氏名   教科   中間   期末

            A    武田   数学    94    89

            C    武田   理科    82    90

            Y    上杉   国語    95    89
```

これは、中間と期末の合計点が170以上のデータだけを検索し、表示する例です。検索条件では、「**中間 + 期末**」で、両者の合計を計算しています。数値を扱う列は、このように計算に利用し、その結果で検索させることができるのです。

queryによる検索は、使いこなせば多量のデータから的確に必要なものだけを取り出せます。queryで得られる値は、DataFrameです。ということは、得られた検索結果を更にDataFrameの機能で処理することもできるのです。

ピボットテーブルについて

Excelなどでは、「**ピボットテーブル**」と呼ばれる機能が用意されています。多数の要素があるデータなどで、表示する値、インデックス、表示する列といった項目を指定することで、その設定に従った形でテーブルを生成する機能です。これは、「**pivot_table**」というメソッドとして用意されています。

```
変数 = [DataFrame].pivot_table( values=[ 列 ], index=[ 列 ], columns=[ 列 ] )
```

pivot_tableでは、3つの引数を用意します。これらはいずれも列名のテキスト、あるいは複数の列名のテキストをリストにまとめて指定します。それぞれ、以下のような役割を果たします。

values	テーブルに表示する値の列を指定します。
index	インデックスとして使う列を指定します。
columns	表示する列を指定します。

これにより、「**index × columns**」のテーブルにvaluesの値が表示されます。では、実際にやってみましょう。

リスト6-22

```
df2.pivot_table(values='中間', index=['氏名'], columns=['教科'])
```

図6-32：氏名を縦軸、教科を横軸にして中間のデータを表示する。

```
In [28]:  df2.pivot_table(values='中間', index=['氏名'], columns=['教科'])

Out[28]:  教科  国語  数学  理科  社会  英語

          氏名

          上杉   95   87   73   54   69

          中西   97   77   32   99   91

          佐藤   23   68   16   70   44

          小川   41   97   46   58   43

          山田   83   67   76   45   87

          武田   15   44   48    1   25

          江口   20   21   34   36   38

          田中    1   92    3   53   55

          鈴木   23   60   34    6   57

          高橋   67   72   55   65   33

          高野   10   74   34   16   25

          黒田   15   25   55   65   35
```

これを実行すると、インデックスに氏名が一列に並べられます。そして列には5教科の各値が並びます。それぞれの項目には、その氏名と教科の中間の点数が表示されます。valuesを'期末'にすれば、期末の点数をテーブル表示します。

ここでのデータは、「**氏名**」「**教科**」という2つのグループ分けできる列があり、そこに「**中間**」「**期末**」という2つの具体的な数値が用意されています。このような要素の多いデータでは、ピボットテーブルを使い、縦横軸と表示する値を特定することで、わかりやすく整理されたテーブルを作成できます。データの要素が多いものほど、ピボットテーブルは威力を発揮するでしょう。

6-3 DataFrameとファイルアクセス

スプレッドシート・データの用意

pandasは、多量のデータをDataFrameでまとめ処理するのに使われます。こうした処理では、データをいちいち打ち込んで使うことはあまりないでしょう。あらかじめファイルなどに保存しておき、それを読み込んで利用するのが一般的です。こうしたファイルアクセスについても、ここで説明しておきましょう。

まずは、データを用意しましょう。この種のデータは、スプレッドシート（表計算ソフト）で整理してファイルに保存しておくのが一般的でしょう。スプレッドシートのソフトウェアでは、マイクロソフトのExcelなどが有名ですね。

ここでは、誰でも無償で使えるものとして、**Googleスプレッドシート**でデータを用意しておくことにします。Googleスプレッドシートは、Googleのアカウントさえあれば、以下のアドレスにアクセスして誰でもスプレッドシートを作成できます。

https://docs.google.com/spreadsheets/

図6-33：Googleスプレッドシート。「空白」を選択してスプレッドシートを作る。

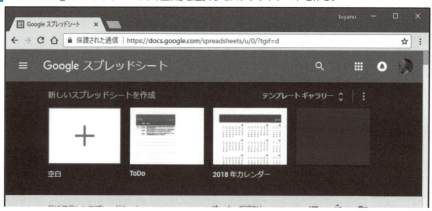

アクセスすると、スプレッドシートのテンプレートがいくつか表示されるので、「**空白**」を選んでスプレッドシートを作成しましょう。そして、サンプルのデータを用意します。今回は、以下のような形式でデータを用意しておきます。

教科	氏名	点数
国語	山田	64
数学	山田	46
英語	山田	80

理科	山田	97
社会	山田	14
……略……		

最初の行に「**教科**」「**氏名**」「**点数**」とタイトルを記述し、次の行から5教科の点数を記入していきます。サンプルとして複数名分を用意しておきましょう。

図6-34：Googleスプレッドシートでデータを作成する。

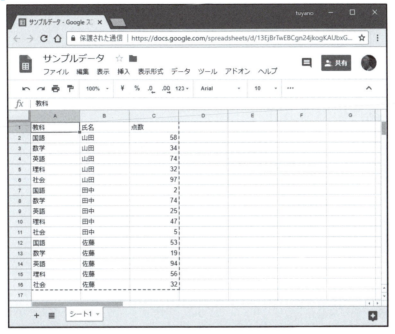

CSVで保存する

作成したデータをCSVフォーマットのファイルで保存します。「**ファイル**」メニューの「**形式を指定してダウンロード**」から、「**カンマ区切りの値（CSV、現在のシート）**」を選んで保存をします。保存されたファイルは、「**mydata.csv**」というファイル名にして、使用しているノートブックファイル（ここでは「**my notebook 1.ipynb**」）と同じ場所に配置して下さい。

図6-35：「形式を指定してダウンロード」メニューを使って、CSVファイルで保存する。

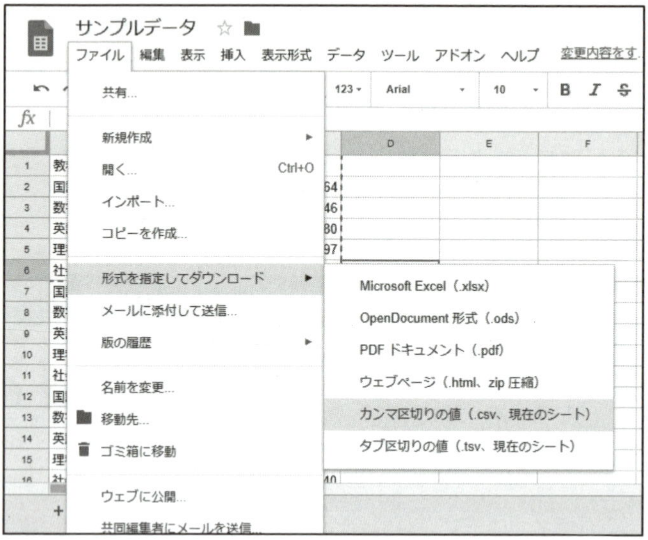

CSVファイルを読み込む

では、CSVファイルを読み込んで利用しましょう。ファイルの読み込みは、pandasの「**read_csv**」というメソッドで行います。これは以下のように利用します。

```
変数 = [DataFrame] . read_csv( ファイルパス )
```

引数には、読み込むファイルのパスを指定します。ノートブックファイルと同じ場所に置いてあるならば、単にファイル名を指定するだけで読み込むことができます。そうでない場合は、'C:/Users/○○/…略……/mydata.csv' というように、ファイルのフルパスを指定して読み込めばいいでしょう。

では、mydata.csvを読み込んで表示をしてみましょう。

リスト6-23

```
csv_df = pd.read_csv('mydata.csv')
csv_df[:5]
```

図6-36：mydata.csvを読み込み、最初のデータを表示する。

```
In [351]: csv_df = pd.read_csv('mydata.csv')
          csv_df[:5]
```

Out[351]:

	教科	氏名	点数
0	国語	山田	10
1	数学	山田	65
2	英語	山田	25
3	理科	山田	41
4	社会	山田	17

ここではmydata.csvを読み込み、最初の5行分のデータを表示しています。表示されるテーブルは、きれいに整形されており、マウスポインタのある行が選択されます。見てわかるように、これはDataFrameによるテーブルです。**read_csv関数は、CSVファイルを読み込み、DataFrameにして返す**のです。

ヘッダー処理について

CSVファイルを読み込むとき注意しておきたいのが、ヘッダー情報です。サンプルでは、あらかじめ「**教科**」「**氏名**」「**点数**」というようにヘッダーを用意してありました。が、例えば何かの観測データなどを利用するときは、ヘッダーなどなく、ただデータだけが記述されている、という場合もあります。

こうしたファイルでは、ヘッダーに関する引数を用意することで対応できます。

```
[DataFrame] . read_csv( ファイルパス, header=None, names=[ 列のラベル ] )
```

header引数は、ヘッダーに関する設定で、Noneにしておくとヘッダー情報がないと判断されます。また**names**は、各列に割り当てるラベルをリストとして用意しておきます(ヘッダーが用意されている場合も使えます)。

利用例を挙げておきましょう。

リスト6-24
```
csv_df2 = pd.read_csv('mydata.csv',header=None,names=['A','B','C'])
csv_df2[:5]
```

図6-37：実行すると、「A」「B」「C」というヘッダーが表示される。本来、ヘッダーだった行もデータとして表示されているのがわかる。

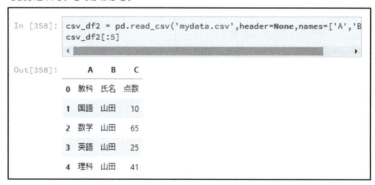

これを実行すると、ファイルを読み込み、「**A**」「**B**」「**C**」というヘッダーでデータが表示されます。よく見ると、一番最初の行には「**教科**」「**氏名**」「**点数**」と表示がされていますね。本来、ヘッダー情報である最初の行からデータとして扱っていることがわかります。

このように、header=Noneを指定し、namesを用意することで、ヘッダー情報がないCSVファイルでも、ヘッダーを追加してDataFrameを作成することができます。

CSVファイルに保存する

では、作成したDataFrameをCSVファイルに保存するにはどうすればいいのか？ これには、DataFrameの「**to_csv**」というメソッドを使います。

```
[DataFrame] . to_csv( ファイルパス )
```

このように、引数に保存するファイルのパスをテキストで指定すると、そのファイルにDataFrameのデータを書き出します。では、やってみましょう。

リスト6-25
```
sorted_df = csv_df.sort_values('教科')
sorted_df.to_csv('mydata_2.csv')
```

これを実行すると、「**mydata_2.csv**」という名前でノートブックファイルと同じ場所にデータを保存します。

保存されたデータの中身がどうなっているか、開いてみてみましょう。すると、データが教科ごとにソートされているのがわかります。sort_valuesで並べ替えているためです。また、一番最初にインデックスの番号らしき整数が追加されているのにも気づくでしょう。DataFrameでは、自動的にインデックスの値を設定します。これが保存の際には追加されるのです。

図6-38：保存したCSVファイルをLabで開いたところ。一番左側にインデックスの数字が追加されているのがわかる。

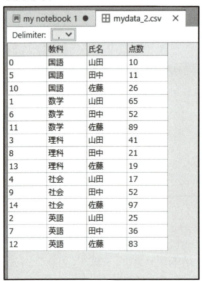

インデックスを保存しない

この勝手に追加されるインデックスは、元のデータに勝手に列が追加されてしまうため、場合によっては困ったことになるでしょう。「**データ構造を勝手に変えられては困る**」という場合は、DataFrameで追加されるインデックスを出力しないようにもできます。

例えば、先ほどのサンプルを以下のように修正してみて下さい。

リスト6-26
```
sorted_df = csv_df.sort_values('教科')
sorted_df.to_csv('mydata_3.csv', index=False)
```

これを実行すると、先ほど読み込んだDataFrameを「**教科**」順に並べ替え、「**mydata_3.csv**」という名前で保存します。実行したら、mydata_3.csvの中身を確認してみましょう。今度は、インデックスは追加されず、本来の「**教科**」「**氏名**」「**点数**」の3列だけが保存されています。

図6-39：保存されたmydata_3.csvをLabで表示する。今回は、インデックは追加されていない。

教科	氏名	点数
国語	山田	10
国語	田中	11
国語	佐藤	26
数学	山田	65
数学	田中	52
数学	佐藤	89
理科	山田	41
理科	田中	21
理科	佐藤	19
社会	山田	17
社会	田中	52
社会	佐藤	97
英語	山田	25
英語	田中	36
英語	佐藤	83

Excelファイルを利用する

続いて、Excelのファイルを読み込ませましょう。先ほどのGoogleスプレッドシートで作成したデータを、Excelのファイルとして保存し、利用することにします。

「**ファイル**」メニューの「**形式を指定してダウンロード**」から「**Microsoft Excel(.xlsx)**」メニューを選び、ファイルを保存して下さい。ファイル名は「**mydata.xlsx**」としておき、ノートブックファイル（「**my notebook 1.ipynb**」ファイル）と同じ場所に配置しておきます。

図6-40:「形式を指定してダウンロード」メニューを使い、Excelのファイルとして保存をする。

Excelファイルをロードする

では、Excelのファイルを読み込んでみましょう。これには「**read_excel**」というメソッドを使います。

```
変数 = [DataFrame] . read_excel( ファイルパス )
```

引数にファイルのパスをテキストで指定して呼び出します。これで、指定のファイルを読み込み、DataFrameインスタンスを作成します。使い方は、read_csvとまったく同じですね。

では、実際にやってみましょう。

リスト6-27
```
xl_df = pd.read_excel('mydata.xlsx')
xl_df[:10]
```

6-3　DataFrame とファイルアクセス

図6-41：mydata.xlsxをロードし、最初の10行を表示する。

```
In [6]:  xl_df = pd.read_excel('mydata.xlsx')
         xl_df[:10]
```

Out[6]:

	教科	氏名	点数
0	国語	山田	71
1	数学	山田	0
2	英語	山田	21
3	理科	山田	78
4	社会	山田	91
5	国語	田中	31
6	数学	田中	55
7	英語	田中	35
8	理科	田中	44
9	社会	田中	49

　これを実行するとノートブックファイルと同じ場所からmydata.xlsxをロードし、最初の10行分を表示します。データが表示されれば、正常にファイルが読み込めたことになります。

Note

　このread_excelは、xlrdモジュールの機能を利用しています。このため、モジュールがインストールされていないと正常に動かないので注意して下さい。

Excelファイルに保存する

　続いて、Excelファイルへの保存です。これは、「**to_excel**」というメソッドで行います。

```
[DataFarme] . to_excel( ファイルパス )
```

　先ほどのto_csvと使い方は同じですね。DataFrameインスタンスのto_excelを呼び出せば、そのDataFrameのデータが指定のExcelファイルに保存されます。では、これもやってみましょう。

リスト6-28

```
sorted_df = xl_df.sort_values('教科')
sorted_df.to_excel('mydata_2.xlsx')
```

　読み込んだDataFrameを「**教科**」順に並べ替え、「**mydata_2.xlsx**」という名前で保存します。

249

> **Note**
> to_excelメソッドは、OpenPyxlモジュールの機能を利用しています。従って、モジュールがインストールされていないと実行できないので注意して下さい。

保存ファイルを確認する

　保存できたら、実際にどのような内容になっているか確認してみましょう。Googleスプレッドシートの場合は、「**ファイル**」メニューの「**インポート…**」を選び、現れたダイアログで「**アップロード**」を選択して、保存したmydata_2.xlsxファイルのアイコンをドラッグ＆ドロップします。これでファイルが読み込まれ、Googleスプレッドシートとして開かれます。

図6-42：「インポート…」メニューを選び、ダイアログで「アップロード」を選択して、ここにExcelファイルをドラッグ＆ドロップする。

　エクセルファイルを開いてみると、やはりCSVのときと同様、DataFrameのインデックスが追加されていることがわかります。

図6-43：mydata_2.xlsxを開くと、一番左にインデックスが追加されているのがわかる。

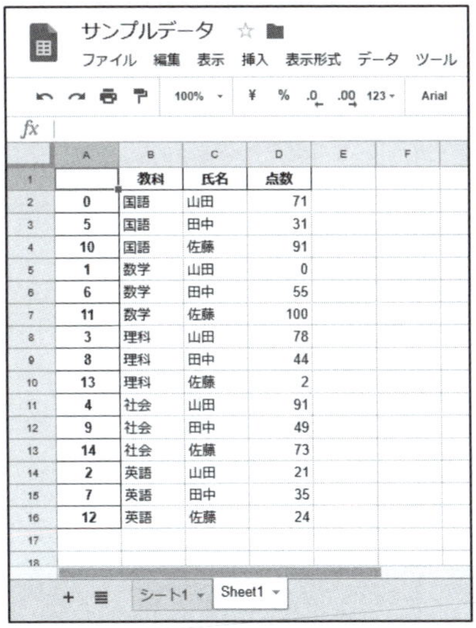

	A	B	C	D	E	F
1		教科	氏名	点数		
2	0	国語	山田	71		
3	5	国語	田中	31		
4	10	国語	佐藤	91		
5	1	数学	山田	0		
6	6	数学	田中	55		
7	11	数学	佐藤	100		
8	3	理科	山田	78		
9	8	理科	田中	44		
10	13	理科	佐藤	2		
11	4	社会	山田	91		
12	9	社会	田中	49		
13	14	社会	佐藤	73		
14	2	英語	山田	21		
15	7	英語	田中	35		
16	12	英語	佐藤	24		
17						
18						

index=Falseを指定する

では、インデックスを追加しない形で保存をしてみましょう。先のCSVの場合と同じく、to_excelの際にindex=Falseの引数を追加します。

リスト6-29

```
sorted_df = xl_df.sort_values('教科')
sorted_df.to_excel('mydata_3.xlsx', index=False)
```

これを実行して、保存されたmydata_3.xlsxを開いて内容を確認して下さい。今度は、DataFrameのインデックスは追加されていません。元からあったデータだけが保存されていることがわかります。

図6-44：mydata_3.xlsxをGoogleスプレッドシートでインポートする。今度はDataFrameのインデックスは追加されていない。

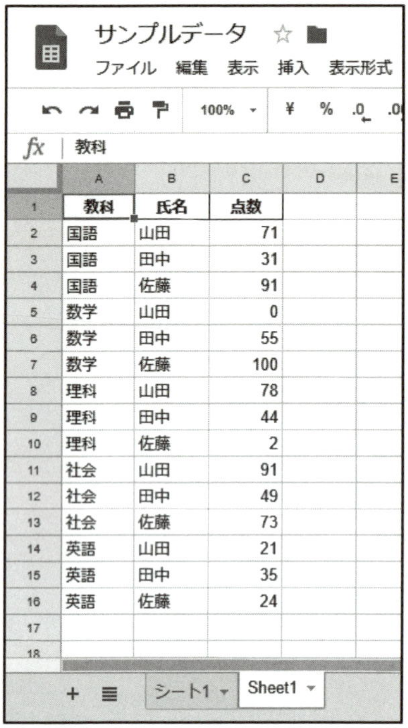

	A	B	C	D	E
1	教科	氏名	点数		
2	国語	山田	71		
3	国語	田中	31		
4	国語	佐藤	91		
5	数学	山田	0		
6	数学	田中	55		
7	数学	佐藤	100		
8	理科	山田	78		
9	理科	田中	44		
10	理科	佐藤	2		
11	社会	山田	91		
12	社会	田中	49		
13	社会	佐藤	73		
14	英語	山田	21		
15	英語	田中	35		
16	英語	佐藤	24		
17					
18					

タブ区切りデータについて

これで、CSVとExcelファイルという、もっともポピュラーな形式のファイルへのアクセスができるようになりました。この2つができれば一般的なファイルアクセスはだいたいできるでしょう。

最後にもう1つだけ、「**タブ区切りテキストデータ**」についても触れておきましょう。データをテキストで保存する場合、CSVはカンマと改行でデータを区切りますが、カンマの代わりにタブ記号でデータを区切って作成するような場合もあります。ワープロなどで簡単な表を作成するようなとき、タブでデータを送って記述したりしますね。「**タブと改行**」というのは、CSVほどではないにしろ、割と使われる形式でしょう。

このタブ区切りテキストファイルを読み込むには、「**read_table**」というメソッドを使います。使い方はCSVなどと同じです。

```
変数 = pd.read_table( ファイルパス )
```

これで指定のファイルを読み込むことができます。例として、mydata.tsvというタブ区切りテキストファイルを読み込んで表示するスクリプトを挙げておきましょう。

6-3　DataFrame とファイルアクセス

リスト6-30

```
tb_df = pd.read_table('mydata.tsv')
tb_df[:5]
```

図6-45：read_tableメソッドでタブ区切りテキストファイルをロードする。

```
In [14]:  tb_df = pd.read_table('mydata.tsv')
          tb_df[:5]

Out[14]:      教科  氏名  点数

          0  国語  山田    60

          1  数学  山田    83

          2  英語  山田    85

          3  理科  山田    66

          4  社会  山田    19
```

保存は to_csv を使う

　では、タブ区切りテキストファイルへの保存は？　「**to_table**」と思ったかもしれませんが、そういうメソッドは用意されていません。

　ではどうするのかというと、「**to_csv**」を使うのです。to_csvメソッドには、データの区切り文字を指定する「**sep**」という引数がオプションで用意されています。その区切り文字を**タブ記号('\t')** にして保存すれば、タブ区切りテキストでデータを保存できます。

リスト6-31

```
sorted_df = tb_df.sort_values('教科')
sorted_df.to_csv('mydata_3.tsv', sep='\t', index=False)
```

　例えば、このようにすれば、tb_dfのデータをmydata_3.tsvというファイルに保存することができます。

253

Chapter 7
matplotlibによる視覚化

データは、グラフに視覚化することで、よりわかりやすく
表現できます。グラフ化の機能を提供するのが「matplotlib」
というモジュールです。このモジュールによるグラフ化の基
本について説明しましょう。

データ分析ツールJupyter入門

7-1 matplotlibの基礎

matplotlibとは？

ここまで、データの作成とテーブルによる集計などについて説明をしました。次に必要なものは？ それは「**データの視覚化**」でしょう。わかりやすくいえば、「**グラフの作成**」です。グラフ作成は、Pythonでは多数のライブラリがあり、どれを使うかで悩むかもしれません。ここでは、おそらくもっとも広く利用されているグラフ化ライブラリである「**matplotlib**」について説明をしていきます。

matplotlibは、オープンソースのPythonライブラリで、以下のWebサイトにて公開されています。

https://matplotlib.org/

図7-1：matplotlibのWebサイト。

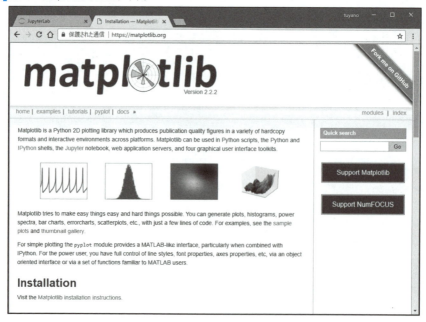

ここでは、matplotlibのドキュメントのほか、多くのサンプルなどが公開されており、matplotlibの使い方を学習できます。ただし、基本的には英語のみで、日本語ドキュメントなどはありません。

matplotlibのインストール

では、matplotlibをインストールしましょう。Navigatorの「**Environments**」を選択し、モジュールのリスト上部にあるプルダウンメニューで「**All**」を選択して、「**matplotlib**」を検索して下さい。そこで表示される「**matplotlib**」のチェックをONにし、「**Apply**」ボタンをクリックします。

▍図7-2：matplotlibを検索して「Apply」ボタンを押す。

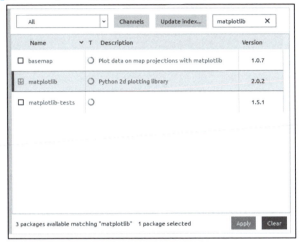

画面に、インストールするモジュールのリストがダイアログに表示されます。matplotlibは、それ以外にもいろいろとモジュールが必要となり、それらがまとめて表示されます。そのまま「**Apply**」ボタンをクリックして、インストールを行って下さい。

▍図7-3：ダイアログが現れたら、内容を確認して「Apply」ボタンをクリックし、インストールする。

pyplotでグラフを描く

では、実際にmatplotlibを使ってみましょう。matplotlibのいちばん重要な機能は「**グラフの作成**」です。このグラフ作成は、matplotlibの「**pyplot**」というモジュールとして用意されています。

これを使って簡単なグラフを表示してみましょう。

リスト7-1
```
import numpy as np
import matplotlib.pyplot as plt

x = np.array(range(0,10))
print(x)
y = x

plt.plot(x, y)
plt.show()
```

図7-4：0～9のリストを作成し、これを使ってグラフを描く。

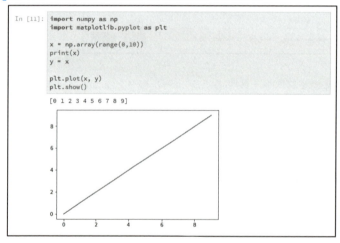

実行すると、[0 1 2 3 4 5 6 7 8 9] というリストが表示され、その下に右肩上がりの線グラフが表示されます。これが、pyplotで描いたグラフです。

実際に試してみると、中にはグラフが表示されず、下のようなテキストだけが表示された人もいるかもしれません。

```
<Figure size 640x480 with 1 Axes>
```

このような場合は、再度実行してみて下さい。再実行すると正常に表示されるでしょう。もしエラーになってグラフが表示されない場合は、モジュールが正しくインストールできていない可能性があります。

plotとshow

では、ここで行っている処理について見ていきましょう。最初に、numpyとpyplotをインポートしています。

```
import numpy as np
import matplotlib.pyplot as plt
```

pyplotは、matplotlib.pyplotとして用意されています。これをpltとしてインポートして利用するのが一般的です。matplotlibのサンプルなどでもこのようにしているので、特に理由がなければこのやり方をとるのがよいでしょう。

続いて、グラフ化するデータを用意します。単純に0～9の整数リストを作成しています。

```
x = np.array(range(0,10))
```

ここではnumpyのarrayを使っています。これはベクトルの値を作成するものとして説明済みですね。これで、xには、[0 1 2 3 4 5 6 7 8 9] というリスト（numpyのベクトル）が用意できました。

変数yにもそのままxを用意し、これでグラフの縦横軸に使うデータが揃いました。これらを使ってグラフを描きます。

```
plt.plot(x, y)
```

グラフの作成は、pyplotの「**plot**」関数を使います。これは引数に2つの値を用意します。

```
plt.plot ( [ Xデータ ] , [ Yデータ ] )
```

plotは、XとYのデータを引数に指定して実行します。これで、両者のデータを元にグラフを描きます。ただし、まだこの段階ではグラフは表示されません。

```
plt.show()
```

plot後、「**show**」を呼び出すことでグラフが実際に画面に表示されます。showしないと画面には何も表示されません。**plotでグラフを作成し、show**する。これがpyplotの基本です。

plotの働きは「点をグラフ化する」

plotの使い方からわかるように、pyplotによるグラフ描画は、「**用意された点の位置データを元にグラフを描く**」ということです。複数の点の位置を用意すると、それらの点を結ぶ線グラフが描かれる、というものなのです。

ですから、例えば「**式をそのままグラフにする**」というようなことはできません。必ず、式を元に位置データを作成し、それを使ってplotする、という形になります。

sin曲線を描く

この「**式をそのままグラフにするわけではない**」という点をよく理解しておく必要があります。数式を基に、実際にグラフで使う具体的なデータを用意しなければいけません。

これには、あらかじめ式の変数に代入する値をリストなどで用意しておき、これを式の変数に代入して、結果の値をリストとして取得します。例として、sin関数のグラフを作成してみましょう。

リスト7-2

```python
import numpy as np
import matplotlib.pyplot as plt

x = np.arange(-np.pi,np.pi,0.1)
y = np.sin(x)
print(x[:10])
print(y[:10])

plt.plot(x, y)
plt.show()
```

図7-5：-π～πの間のsin関数のグラフを描く。

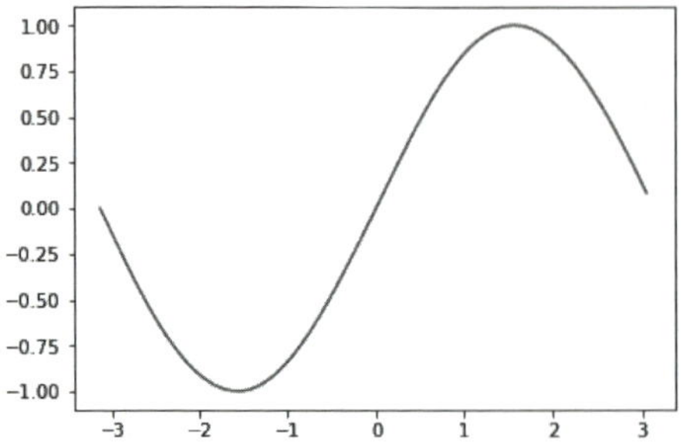

ここでは、-π～πの間のsin関数グラフを描いています。まず最初に、-π～πの間の

数列を用意しておきます。これは以下のようにしています。

```
x = np.arange(-np.pi,np.pi,0.1)
```

np.arangeを使い、-π〜πの間を0.1刻みで数列を作っています。πは、numpyのpiで得られます。サンプルでは、作成したベクトルの最初の10個を出力しています。

```
[-3.14159265 -3.04159265 -2.94159265 -2.84159265 -2.74159265 -2.64159265
 -2.54159265 -2.44159265 -2.34159265 -2.24159265]
```

このような実数の数列がxに得られるわけですね。後は、この用意したベクトルxを使い、sin関数の値を作成すればいいのです。

```
y = np.sin(x)
```

xにベクトルを指定すると、ベクトルの値1つ1つがxに代入・計算され、結果のベクトルがyに代入されます。これは以下のような値になります（最初の10個）。

```
[-1.22464680e-16 -9.98334166e-02 -1.98669331e-01 -2.95520207e-01
 -3.89418342e-01 -4.79425539e-01 -5.64642473e-01 -6.44217687e-01
 -7.17356091e-01 -7.83326910e-01]
```

後は、このxとyの値を元にplotでグラフを作成すればいいのです。ここではsin関数の値を計算していますが、同様に式を作成して、その変数となる部分にベクトルを指定して計算結果を取り出せば、xとyの値が用意でき、グラフ化できるようになる、というわけです。

複数のグラフを描く

pyplotのグラフは、1つしか描けないわけではありません。plotメソッドを複数呼び出すことで、複数のグラフを1つのグラフエリア内に表示させることもできます。

リスト7-3

```
import numpy as np
import matplotlib.pyplot as plt

x = np.arange(-2*np.pi, 2*np.pi, 0.1)
y0 = np.sin(x)
y1 = np.cos(x)

plt.plot(x, y0)
plt.plot(x, y1)
plt.show()
```

図7-6：sinとcosのグラフを表示する。

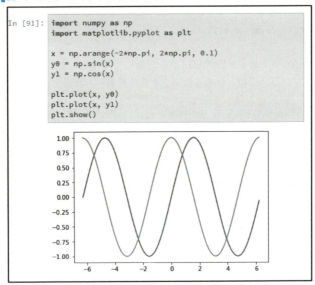

　これは、sinとcosのグラフを表示したものです。ここでは、あらかじめsinとcosのY軸の値をy0、y1として用意しておき、これらを使ってplotを2回実行しています。これを見ればわかるように、plotは、あらかじめpyplotに用意されているグラフのベースとなる部分に、具体的なグラフの線分を追加するのです。また、plotでグラフを作成すると、グラフの色などは自動的に割り振られることがわかります。

　このように複数のグラフを表示する場合、注意しておきたいのは「**X軸かY軸か、どちらかの値は共通にしておく**」という点です。ここでは、sinもcosも、X軸の値はnp.arangeで作成した変数xを使っています。同じグラフ内に表示するのですから、XもYもてんでバラバラな値では、きれいにまとまりません。

凡例を表示する

　plotで表示されるグラフは、X軸Y軸に割り振られる数値やグラフの色などを最適な形に自動設定してくれます。が、あくまでこれらは「**グラフの必要最小限の表示**」です。より見やすくわかりやすいグラフにしていくためには、細かな設定が必要です。

　まずは、凡例からです。特に複数のグラフを表示するような場合、それぞれのグラフについて説明する凡例は必須といえるでしょう。

　凡例には、2つの記述が必要です。1つは、plot時に用意する「**label**」引数です。これは、作成するグラフに付けられるラベル（グラフ名と考えていい）です。そして、実際の凡例表示は「**legend**」関数で行います。これは以下のように実行します。

```
plt.legend()
```

引数などは特にありません。legendは、plotで作成されたグラフのlabelの値を基に凡例を作成し、グラフに追加します。showした際にこれは表示されます。では、使ってみましょう。

リスト7-4

```
import numpy as np
import matplotlib.pyplot as plt

x = np.arange(-2*np.pi, 2*np.pi, 0.1)
y0 = np.sin(x)
y1 = np.cos(x)

plt.plot(x, y0, label='y = sin(x)')
plt.plot(x, y1, label='y = cos(x)')
plt.legend()
plt.show()
```

図7-7：2つのグラフを作成し、凡例を表示する。

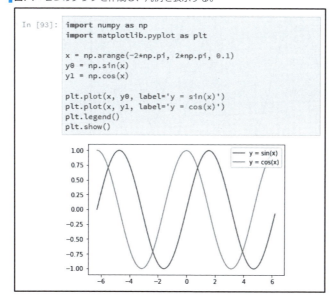

これは、先ほどのsinとcosのグラフを表示するサンプルに、凡例を追加したものです。追加した凡例は、グラフのなるべく邪魔にならないところ（四隅のいずれか）に自動的に配置されます。凡例内には、線の色とラベルがまとめられます。

グラフ表示に関する設定

グラフには、タイトルを表示できます。またX軸とY軸に、値の説明を表示することもできます。これらは以下のようなメソッドとして用意されています。

・タイトルの設定

```
plt.title( テキスト )
```

・X、Y軸のラベル

```
plt.xlabel( テキスト )
plt.ylabel( テキスト )
```

これらは、**plotでグラフを作成後、show する前**に実行します。実際に試してみましょう。**リスト7-4**のサンプルで、showの手前に以下の文を追記し、実行して下さい。

リスト7-5
```
plt.title('sample graph')
plt.xlabel('degree')
plt.ylabel('value')
```

図7-8：グラフのタイトルとX軸Y軸のラベルが表示されるようになった。

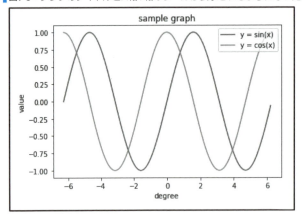

グリッド表示について

グラフでは、縦横にグリッド線を表示させることもできます。これはpyplotの「**grid**」関数で設定します。

```
plt.grid( 引数 )
```

このような形ですね。問題は、引数として用意されている値が非常に多い、という点です。ここでは重要なものをピックアップして整理しておきましょう。

color	グリッドの色。6桁の16進数などで設定。
alpha	透過度。0〜1の実数で設定。

which	メジャーな線(major)、マイナーな線(minor)、両方(both)のいずれか。
axis	描画する方向。'x' または 'y'。省略すると両方表示。
linestyle	ラインの種類。'-'だと直線、':'だと点線。ほかに'--'、'-.'などがある。
linewidth	ラインの太さ。

これらを引数として用意し、gridを実行することで、グリッド表示を設定することができます。では、やってみましょう。先ほどのサンプルで、showの手前に以下の文を追記してみて下さい。

リスト7-6
```
plt.grid(which='both', axis='x', color='#0000ff', alpha=0.25, linestyle=
    '-', linewidth=1)
plt.grid(which='major', axis='y', color='#00ff00', alpha=0.5, linestyle=
    ':', linewidth=2)
```

図7-9：gridで青い実線の縦グリッド線と、緑の点線の横グリッド線を表示する。

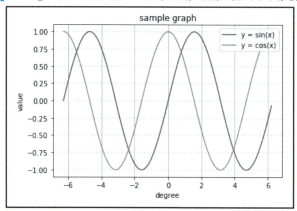

ここでは、縦横それぞれにグリッド線を表示しています。縦線は青い実線、横線は緑の点線にしてあります。gridは、このように縦と横をそれぞれ個別に設定し、表示させることもできます。

グラフの表示エリア

グラフの縦横の描画範囲は、描かれるグラフの図形を基に自動調整されます。が、表示範囲を手動で設定することも可能です。これには「**axis**」「**xlim**」「**ylim**」という関数を利用します。

・表示エリアを設定する
```
plt.axis( [ xmin , xmax , ymin , ymax ] )
```

・X方向の表示エリアを設定する

```
plt.xlim( [ xmin , xmax ] )
```

・Y方向の表示エリアを設定する

```
plt.ylim( [ ymin , ymax ] )
```

axisは、**xlim**と**ylim**を1つにまとめたものであり、axisとxlimおよびylimは、どちらも同じ設定を行います。どちらか一方だけを利用すればよいでしょう。では、先のサンプルで、showの手前に以下の文を追記してみて下さい。

リスト7-7
```
plt.xlim([-7, 7])
plt.ylim([-1.5, 1.5])

# plt.axis([-7, 7, -1.5, 1.5]) # ●
```

図7-10：xlimとylimでグラフの表示エリアを設定する。

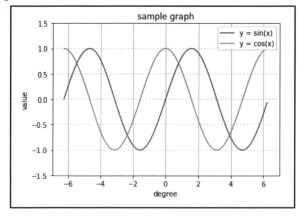

xlimとylimで表示エリアを設定しています。axisを使うならば、この2行の代わりに●の1文を記述します（どちらか一方のみ実行すればOK）。実行すると、実際のグラフの表示エリアよりも広い範囲が設定されるようになります。

グラフの形状

plotで描画されるグラフは、いわゆる「**折れ線グラフ**」です。グラフに描かれる各点を線で結んだものですね。サンプルでは点の数が多いため、なめらかな曲線に見えますが、基本的には「**点と点を直線で結んだもの**」です。

が、このグラフの形状は、変更することができます。plotで描画を行う際、第3引数に表示に関する値を用意しておくのです。

```
plt.plot ( Xデータ , Yデータ , 表示記号 )
```

第3引数に、グラフの表示に関する記号を記述したテキストを指定します。これには、色を示す記号と、グラフの点と線分に関する記号があります。主な記号は以下のようになります。

・色の記号

r	赤
b	青
g	緑
c	シアン
k	黒
m	マジェンタ
y	黄色

・グラフ形状の記号

'-'	実線
'--'	破線
':'	点線
'-.'	一点破線
's'	四角形
'^'	三角形
'o'	円

これらは、'r-'というように、2つの記号をつないだテキストを値にします。どちらか一方だけでも構いません。その場合、もう一方はpyplotが自動設定します。

では、これも使ってみましょう。以下のスクリプトを実行してみて下さい。

リスト7-8

```python
import numpy as np
import matplotlib.pyplot as plt

x = np.arange(-2*np.pi, 2*np.pi, 0.2)
y0 = np.sin(x)
y1 = np.cos(x)

plt.title('sample graph')
plt.plot(x, y0, 'm^', label='y = sin(x)')
plt.plot(x, y1, 'co', label='y = cos(x)')
plt.legend()
plt.grid(which='both', color='#ccccff')
plt.show()
```

▌**図7-11**：sinとcosのグラフを▲と●で描いた。

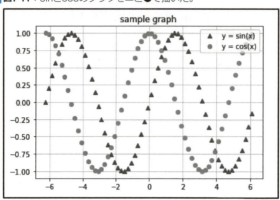

　これを実行すると、いわゆる折れ線グラフではなく、1つ1つの点に図形を表示したグラフに変わります。ここでは、sinグラフは▲、cosグラフは●を使って描いています。以下のようにしてグラフを描いていますね。

```
plt.plot(x, y0, 'm^', ……)
plt.plot(x, y1, 'co', …… )
```

　第3引数の記号で、色と図形の形状が変更されているのがよくわかるでしょう。

7-2 グラフを使いこなす

Axesの分割

　pyplotでは、グラフを描くためのエリアが用意されており、そこにplotでグラフを描いています。これは、「**Figure**」と「**Axes**」という2つのオブジェクトの組み合わせによって作られています。

　Figureは、グラフを描く**エリア**全体のベースとなるものです。いわば、グラフの「**入れ物部分**」と考えていいでしょう。そしてAxesは、その中に配置される**座標軸**です。初期状態では、pyplotは1つのFigureに1つのAxesが配置されている、という状態です。

図7-12：pyplotのグラフの構造。Figureというベースの中に、Axesというグラフの座標軸が用意されている。

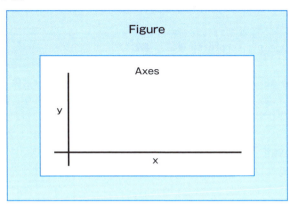

通常、pyplotには1つのFigureと1つのAxesが用意されています。Axesには、縦横のグラフの軸線と目盛り部分が用意され、更にplotやlegend、gridといったメソッドでグラフや凡例、グリッド線を追加することで、よりグラフらしい表示を整えていきます。このように、描かれるグラフは1つの部品だけでなく、座標軸となる「**Axes**」があって、そこに「**グラフ**」が追加されているという点をよく理解して下さい。

FigureのにAxesがあり、その中にグラフが表示されている、ということを考えると、もしFigureの中にAxesを複数用意できたなら、複数のグラフを別々に表示させることもできることになります。pyplotには、Figureを分割し、複数のAxesを組み込む機能があります。複数のAxesを配置することで、1枚のFigure内にいくつものグラフを組み合わせて表示できるのです。

図7-13：Figureの中を分割し、複数のAxesを配置すれば、複数のグラフを並べて表示できる。

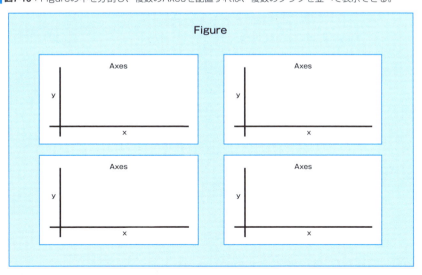

subplot で分割する

Figureの分割は、「**subplots**」という関数で行います。

```
変数 , ( 変数 ) = plt.subplots( 整数 , 整数 )
```

subplotsの引数は2つあります。これは、**X軸方向とY軸方向の分割数**を示します。例えば、(2, 1)とすれば、X軸方向に2分割、Y軸方向には1分割(つまり、横長のAxesが縦に2つ並ぶ形)となります。

戻り値は、大きく2つの変数が返されます。1つは、**Figureオブジェクト**で、もう1つが**分割されたAxesオブジェクト**(正確には、**AxesSubplot**というオブジェクト)になります。Axesオブジェクトは、分割数に合わせて複数の変数をタプルにまとめた形になります。

例えば、2×2＝4分割した場合、返される2番目の変数には、((左上 , 右上) , (左下 , 右下)) というような形で4つのAxesのオブジェクトが格納されます。

2分割して表示する

では、実際にFigureを分割し、複数のグラフを表示してみましょう。例として、縦に2分割(横長のAxesが縦に2つ並ぶ状態)でグラフを表示してみます。

リスト7-9

```python
import numpy as np
import matplotlib.pyplot as plt


x = np.arange(-2*np.pi, 2*np.pi, 0.2)
y0 = np.sin(x)
y1 = np.cos(x)


fig, (p_a1, p_a2) = plt.subplots(2,1)


p_a1.plot(x, y0, 'r', label='y = sin(x)')
p_a1.legend()
p_a2.plot(x, y1, 'b', label='y = cos(x)')
p_a2.legend()
plt.show()
```

図7-14：2つに分割してグラフを表示する。

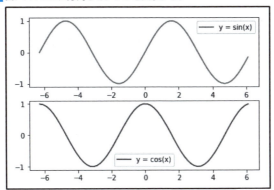

実行すると、横長のAxesが2つ縦に並んだ状態となり、上にsin、下にcosのグラフが表示されます。Figureを分割すると、このように簡単にグラフを並べることができるのです。

ただし、実際にやってみるとわかりますが、Jupyterではページ内にグラフが埋め込まれた状態で表示されるため、Figureを複数に分割すると、1つ1つのグラフが小さくなり、非常に見づらくなります。従って、1つのAxes内に複数のグラフを表示したほうが多くの場合、見やすいでしょう。

FigureにAxesを追加する

subplotsは、Figure全体を縦横に等分割します。これは、複数のグラフを等サイズで表示するにはよい方法です。が、例えば「**メインのグラフの脇に、小さく参考グラフを追加したい**」というような場合にはあまりよい方法とはいえません。

このように、グラフの重要度が異なるようなときは、等分割するのではなく、メインのグラフを作成した後で、新たにAxesを追加する、というやり方ができます。これは「**axes**」という関数で行えます。

```
変数 = plt.axes （ [ 横位置 ， 縦位置 ， 幅 ， 高さ ] ）
```

このように実行すると、指定した領域にAxesを作成し、そのオブジェクトを返します。注意したいのは、位置と大きさの設定値です。これらは、**Figure全体を1.0とする相対的な値**として指定します。また、その位置は「**左下をゼロ地点とする**」形で指定します。例えば、[0, 0, 0.5, 0.5] とすれば、Figureの左下に全体の4分の1サイズで新しいAxesが作成されることになります。

では、実際の利用例を見てみましょう。

リスト7-10

```python
import numpy as np
import matplotlib.pyplot as plt

x = np.arange(-2*np.pi, 2*np.pi, 0.2)
y0 = np.sin(x)
y1 = np.cos(x)

plt.plot(x, y0, 'r', label='y = sin(x)')
plt.legend()

ax2 = plt.axes([0.3, 0.3, 0.4, 0.4])
ax2.plot(x, y1, 'b', label='y = cos(x)')
ax2.legend()

plt.show()
```

図7-15：大きなグラフの中に、小さなグラフが重なって表示される。

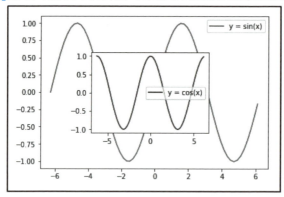

これを実行すると、Figure全体に表示されるsin関数のグラフのほぼ中央に、全体の0.4倍サイズの小さなcos関数のグラフが表示されます。ここでは、以下のようにして新しいAxesを追加しています。

```
ax2 = plt.axes([0.3, 0.3, 0.4, 0.4])
```

これで、Figureの左下から0.3の位置に、縦横0.4倍サイズのAxesが追加されます。後から追加したAxesは、既にあるAxesの手前に配置されます。従って、配置場所によっては、それまであったグラフが見えなくなることもあるので注意しましょう。

テキストを追加する

グラフの中に、説明などのテキストを表示させたいこともあります。このようなときには、「**text**」関数を使います。

```
変数 = plt.text ( X値 , Y値 , テキスト )
```

textは、テキストを表示する「**Text**」オブジェクトを作成し、pyplotに追加する関数です。引数には、追加するテキストのX座標とY座標の位置、そして表示するテキストを指定します。注意したいのは、テキストの位置は、追加するAxesの座標軸の値として指定される、という点です。つまり、このテキストは「**グラフを構成する部品**」なのです。配置場所などもすべてAxesの座標軸を元に設定されるのです。

このほか、オプションとしてテキストのサイズを指定する「**fontsize**」、テキストの色を指定する「**color**」といった引数も使うことができます。

では、実際にグラフ内に簡単なテキストを表示させてみましょう。

リスト7-11
```
import numpy as np
import matplotlib.pyplot as plt

x = np.arange(-2*np.pi, 2*np.pi, 0.2)
y = np.sin(x)

plt.plot(x, y, 'b', label='y = sin(x)')
plt.legend()

plt.text(-6, 0.8, 'This is Sample!', fontsize=16, color='r')

plt.show()
```

図7-16：グラフに「This is Sample!」と赤いテキストを追加する。

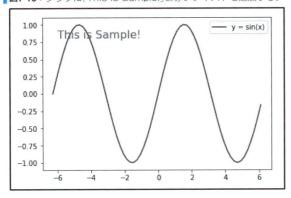

実行すると、グラフの左上部あたりに「**This is Sample!**」という赤いテキストが表示されます。ここでは、以下のようにしてテキストの追加を行っています。

```
plt.text(-6, 0.8, 'This is Sample!', fontsize=16, color='r')
```

作成したTextを後で利用することはないので、特に戻り値は取り出していません。配置位置はx=-6、y=0.8となっています。表示されているグラフの座標を見て確認しておきましょう。

矢印の追加

テキストと同様、「**矢印**」もグラフ内に追加できると便利な部品の一つですね。これは「**arrow**」という関数として用意されています。

```
変数 = plt.arrow( X値 , Y値 , X幅 , Y幅 )
```

arrowは、矢印の開始位置と縦横の幅を指定して矢印を作成します。X値、Y値が矢印の開始位置となり、X幅、Y幅が矢印の長さになります。つまり、**矢印の先端**は、**(X値 + X幅 , Y値 + Y幅)**の位置となります。

このほか、矢印の表示に関するオプションの引数がいろいろと用意されています。主なものを以下に挙げておきます。

width	矢印の太さ
head_width	矢印の頭部分の幅
head_length	矢印の頭部分の長さ
color	矢印の色

arrowでは、位置や長さに関する引数がいろいろと登場しますが、これらもすべて、配置するAxesの座標軸を基にした値で指定します。では、利用例を挙げておきましょう。

リスト7-12

```
import numpy as np
import matplotlib.pyplot as plt

x = np.arange(-2*np.pi, 2*np.pi, 0.2)
y = np.sin(x)

plt.plot(x, y, 'b', label='y = sin(x)')
plt.legend()

plt.arrow(2.,0., -1.5, 0., width=0.05, head_width=0.2, head_length=0.5,
    color='y')
plt.show()
```

▎図7-17：0、0の地点に向けて矢印を配置した。

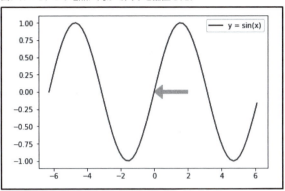

実行すると、緑色の矢印が、(0, 0)の地点を示すように配置されます。ここでは、X軸の位置として2、X幅に-1.5を指定しています。2の位置から-1.5だとすると0.5の位置に先端が来るように思いますが、実は違います。head_widthで頭部分を設定すると、その分が更に追加されるのです。つまり、X幅1.5 + head_width0.5 = 2.0の長さになる、というわけです。

注釈を付ける

arrrowによる矢印は、矢印の開始位置と幅で指定をするため、実際に使ってみると意外と位置の調整が面倒です。普通、矢印というのは、「**この位置に矢印の先端が来てほしい**」というように指定するものでしょう。そういうピンポイントで矢印の先端を指定するような場合にはarrowはあまり向いていません。

このような用途には、矢印ではなく「**注釈**」を利用するのが便利です。注釈は、矢印とテキストが合体したような部品です。注釈を付ける位置とテキストの位置を指定することで、指定した地点に矢印を伸ばし、テキストを表示するような部品が作成できるのです。

これは、「**annotate**」という関数で作成をします。

```
変数 = plt.annotate( テキスト )
```

annotate関数の必須引数は、表示するテキストのみです。ただし、これだけでは注釈を思うように表示はできません。オプションとして用意されているさまざまな値を用意することで、注釈の細かな設定が行えます。

```
xy = ( X値 , Y値 )
```

注釈の矢印の先端位置を指定します。値は、X値とY値をタプルでまとめたものになります。

```
xytext = ( X値 , Y値 )
```

表示するテキストの位置を指定します。やはり、X値とY値をタプルでまとめます。

```
fontsize = 数値
```

表示するテキストのフォントサイズを指定します。値は数値です。

```
color = 色の指定
```

表示するテキストの色を指定します。矢印の色ではないので、間違えないように。

```
arrowprops = dict( 属性 = 値 , …… )
```

dictで辞書のインスタンスを作成し、矢印に関する細かな設定を行います。ここに用意できる属性としては以下のようなものがあります。

color	矢印の色。
arrowstyle	矢印のスタイル。'simple'、'fancy'、'wedge'のほか、'->'というように矢印の形状を記号で指定できる。
width	arrowstyleを使わず、矢印の細かな設定を行う。これは矢印の太さ。
headwidth	同上。頭部分の幅。
headlength	同上。頭部分の長さ。

arrowpropsの設定がやや面倒ですが、arrowstyle='simple'などを指定してしまえば、colorで色を設定する程度で、ほかは指定する必要はありません。では、利用例を挙げておきましょう。

リスト7-13

```
import numpy as np
import matplotlib.pyplot as plt

x = np.arange(-2*np.pi, 2*np.pi, 0.2)
y = np.sin(x)

plt.plot(x, y, 'b', label='y = sin(x)')
plt.legend()

plt.annotate('Here!', xy=(0,0), xytext=(1,-0.5), \
        arrowprops=dict(arrowstyle='simple', color='c'), \
        fontsize=18, color='r')
plt.show()
```

図7-18：実行すると、青い矢印と赤いテキストが表示される。

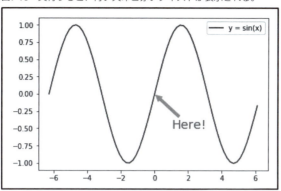

実行すると、先ほどのarrowと同様、(0, 0)の位置に向けて矢印が表示されます。その矢印の後尾には「**Here!**」とテキストが表示されています。

ここでは、**xy=(0,0), xytext=(1,-0.5)**として、矢印の先端とテキストの位置を指定しています。このように、直接的に矢印の位置を指定できるのがannotateの特徴です。arrowよりも、思った位置にきっちりと矢印を配置しやすいでしょう。

線の描画

グラフでは、特定の値を強調するような線分を表示することがあります。例えば、値の最大値や最小値、平均や中央値の値などに直線を引くことでわかりやすくする、といったことですね。

こうした「**縦横に直線を引く**」という働きをするのが「**axhline**」「**axvline**」という関数です。これらはそれぞれ横線・縦線を引く働きをするもので、以下のように実行します。

```
plt.axhline( y=値 )
plt.axvline( x=値 )
```

これで、指定した値の場所に直線を引くことができます。ただし、これだけでは描かれる線の細かな設定などが行えないため、オプションとして用意されている以下の引数を併せて使うことができます。

color	線分の色。
alpha	透過度。0〜1の実数で指定。
linewidth	線の太さ。
xmin、xmax	axhlineで横線を引くときの、Xの最小値と最大値。
ymin、ymax	axvineで縦線を引くときの、Yの最小値と最大値。

では、これも簡単な利用例を挙げておきましょう。横線と縦線をグラフに描き足してみます。

リスト7-14

```python
import numpy as np
import matplotlib.pyplot as plt

x = np.arange(-2*np.pi, 2*np.pi, 0.2)
y = np.sin(x)

plt.plot(x, y, 'b', label='y = sin(x)')
plt.legend()

plt.axhline(y=0., linewidth=2, color='y')
plt.axvline(x=-np.pi * 1.5, ymin=0.5, ymax=1., linewidth=5, color='r')
plt.axvline(x=-np.pi * 0.5, ymin=0., ymax=0.5, linewidth=5, color='r')
plt.axvline(x=np.pi * 0.5, ymin=0.5, ymax=1., linewidth=5, color='r')
plt.axvline(x=np.pi * 1.5, ymin=0., ymax=0.5, linewidth=5, color='r')
plt.show()
```

図7-19：y=0の地点に横線を引き、sin関数の最大値と最小値のところにy=0から縦線を引く。

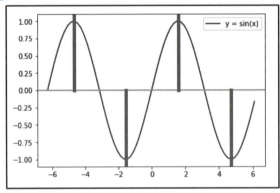

　実行すると、まずy=0の地点に黄色い横線を、そしてsin関数の曲線が最小の地点と最大の地点に、それぞれy=0の地点からグラフの上端あるいは下端まで縦線を引いています。

　ここでは、axhlineで横線を、そしてaxvlineで縦線を引いていますが、縦線ではyminとymaxで線の両端の位置を設定しています。この値は、実はAxesの座標ではありません。これは、**表全体を0～1とする相対値**なのです。従って、例えばy=0の地点は、このグラフではちょうど中央に位置するので、0.5を指定すればいい、というわけです。

　座標を直接指定するわけではないため、微妙な調整は難しくなります。例えば、ここでは縦線はグラフの先端まで縦線を引いていますが、これを「**sinグラフの線まで**」にしようとすると、位置の指定はかなり難しくなってしまうでしょう。
　表示する位置については、xとyの座標を使って指定できます。これらの直線は「**基本はグラフの端から端まで。場合によっては長さを調整することもできる**」程度に考えましょう。

一定の幅で塗りつぶす

axhlineとaxvlineは直線を引く機能でしたが、線分ではなく、一定の幅で塗りつぶすようなこともあります。「**Xが0～1のエリア内を塗りつぶす**」という機能ですね。一定の範囲を色付けすることで、その範囲に注目させることができます。

こうした場合に用いられるのが、「**axhspan**」「**axvspan**」という関数です。以下のように呼び出します。

```
plt.axhspan( Y最小値 , Y最大値 )
plt.axvspan( X最小値 , X最大値 )
```

axhspanは、引数で指定したY軸の範囲部分を、左端から右端まで塗りつぶします。axvspanは、指定したX軸の範囲を上端から下端まで塗りつぶします。これらも、塗りつぶしに関するオプション引数がいろいろと用意されています。

color	線分の色。
alpha	透過度。0～1の実数で指定。
linewidth	線の太さ。
xmin、xmax	axhspan時の、Xの最小値と最大値。
ymin、ymax	axvspan時の、Yの最小値と最大値。

基本的な使い方は、線分を引くaxhlineおよびaxvlineとだいたい同じですから使い方はわかるでしょう。では利用例を挙げておきます。

リスト7-15

```python
import numpy as np
import matplotlib.pyplot as plt

x = np.arange(-2*np.pi, 2*np.pi, 0.2)
y = np.sin(x)

plt.plot(x, y, 'b', label='y = sin(x)')
plt.legend()

plt.axhspan(0., 1.,  color='g', alpha=0.25)
plt.axvspan(-np.pi, 0., color='c', alpha=0.25)
plt.show()
```

図7-20：縦と横に一定幅の塗りつぶし領域を表示する。

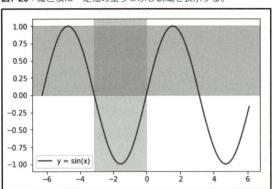

ここでは、2つの領域に色を付けています。axhspanでは、Yの値が0〜1の範囲を塗りつぶしています。axvspanでは、-π〜0の範囲を塗りつぶしています。

指定領域の塗りつぶし

グラフの線に沿って一定の領域内を塗りつぶしたい、ということもあります。このようなときに用いられるのが「**fill**」関数です。これはグラフと同様にXとYの数値リストを持ち、それで描かれるグラフの領域内を塗りつぶします。

```
plt.fill( [ Xリスト ], [ Yリスト ] )
```

color	線分の色。
alpha	透過度。0〜1の実数で指定。

fillは、グラフを描くplotと似たような使い方をします。グラフの描画で使ったXとYのリストをそのまま利用すれば、グラフの線に沿った領域を塗りつぶせます。では実際の利用例を挙げましょう。

リスト7-16
```
import numpy as np
import matplotlib.pyplot as plt

x = np.arange(-2*np.pi, 2*np.pi, np.pi / 20)
y = np.sin(x)

s_x = np.arange(-np.pi, np.pi+0.001, np.pi / 20)
s_y = np.sin(s_x)
c_x = np.arange(-np.pi, np.pi+0.001, np.pi / 20)
c_y = np.cos(c_x)
```

```
plt.plot(x, y, 'b', label='y = sin(x)')
plt.legend()

plt.fill(s_x, s_y, color='m', alpha=0.2)
plt.fill(c_x, c_y, color='c', alpha=0.2)
plt.show()
```

図7-21：sin関数とcos関数の領域を塗りつぶす。

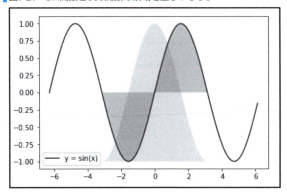

　実行すると、sin関数のグラフのy値が-π〜πの範囲内をマジェンタで塗りつぶします。また、cos曲線のy値が-π〜πの範囲内をシアンで塗りつぶしています。
　ここでは、np.arangeを使い、塗りつぶす図形のX軸とY軸の値をベクトルにまとめています。このように、グラフと同じやり方で値を用意すれば、複雑な図形もきれいに塗りつぶすことができます。

　また、塗りつぶされる領域を見ると、XとYの値の一番最初と一番最後の地点を直線で結んだ「**閉じた図形**」として塗りつぶされていることがわかります。このため、sinとcosでの図形の塗り方が違っているのです。「**どこで図形が閉じられるか**」を意識してデータを用意するように心がけましょう。

7-3 さまざまなグラフ

ここまでは、すべてpyplotの「**plot**」関数でグラフを作成してきました。plotでは、用意されたデータの位置を線分で結ぶ「**折れ線グラフ**」を作成しました。

が、グラフには、ほかにも沢山の種類があります。それらについても、pyplotは作成することができます。ここでは、さまざまな種類のグラフ作成について説明をしていきましょう。

棒グラフを作る

まず、「**棒グラフ**」からです。棒グラフは「**bar**」という関数で作成します。折れ線グラフのplotに相当するもので、以下のように実行をします。

```
plt.bar( [ Xデータ ] , [ Yデータ ] )
```

棒グラフもグラフですから、基本は折れ線グラフと同じです。すなわち、X方向とY方向の値のリストを用意し、それらを引数に指定することでグラフを作成します。

では、簡単なグラフを作成してみましょう。ランダムに数字を用意して棒グラフ化してみます。

リスト7-17
```
import numpy as np
import matplotlib.pyplot as plt

x = list('abcdefg')
y = np.array([np.random.randint(75) + 25 for i in range(7)])

plt.bar(x, y, label='random value.')
plt.legend()
plt.show()
```

図7-22：ランダムに用意された値を使い、棒グラフを描く。

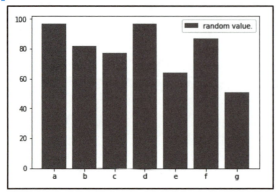

これを実行すると、7つの値を表示する棒グラフが作成されます。ここでは、XとYの値のほかに、「**label**」というオプション引数を使ってグラフのラベルを設定しています。これがlegendで凡例として表示されます。

bar関数で使えるオプション引数は、plotとだいたい同じようなものです。ここではlabelを使っていますが、これによりこのグラフの凡例にグラフ名が表示されるようになります。また凡例は、legendで作成しています。グラフの表示は、一通りの処理が終わった後、showを呼び出して行います。すべてplotと同じやり方なのがわかりますね。

ただし、今までやったように「**XとYの値をそれぞれ座標の数値として用意する**」というのではなく、X軸の値には['a', 'b', 'c', 'd', 'e', 'f', 'g'] というテキストのリストが指定されています。これらがX軸の各項目名として表示されています。

棒グラフは、折れ線グラフなどと異なり、1つのグラフに数十数百ものデータを表示させることはまずありません。ですからグラフのX軸、Y軸の値も、必ずしも数値のリストである必要はないのです。

グラフを重ねる

棒グラフで複数のデータを1つのグラフ内に表示させるような場合には、いくつかのやり方があります。

1つは、複数のデータをスタックする（積み重ねる）方法です。このやり方では、複数のデータの総計が一目でわかります。ただし、1つ1つのデータはやや見づらくなるでしょう。

グラフを重ねて描く場合、必要となるのは「**描く棒の開始位置**」です。ある棒グラフを描き、その後に別の棒グラフを重ねて表示しようと思ったら、棒グラフの棒の「**表示位置**」を調整してやらないといけません。

これには、「**bottom**」というオプション引数を使い、描く棒の下位置を設定します。これに最初の棒グラフの上位置を指定することで、2番目の棒グラフの棒の位置が、最初の棒グラフの棒の上端に設定されるようになります。

では、やってみましょう。

リスト7-18

```python
import numpy as np
import matplotlib.pyplot as plt


x = list('abcdefg')
y0 = np.array([np.random.randint(75) + 25 for i in range(7)])
y1 = np.array([np.random.randint(75) + 25 for i in range(7)])


plt.bar(x, y0, label='random A')
plt.bar(x, y1, bottom=y0, label='random B')
plt.legend()
plt.show()
```

図7-23：2つの棒グラフを縦にスタックして表示する。

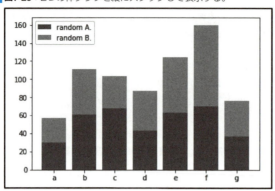

これを実行すると、1つ目の棒グラフの棒の上に、2番目の棒グラフの棒が重ねられているのがわかります。こうすれば、複数の棒グラフをきれいに1つにまとめられますね。
ここでのbar関数の実行部分を見ると、このようになっているのがわかります。

```
plt.bar(x, y0, label='random A')
plt.bar(x, y1, bottom=y0, label='random B')
```

1つ目のbarは普通に行っていますね。そして2番目のbarも、最初の2つの引数はXとYの値を指定していますが、**bottom**に1つ目のグラフのY値(y0)を指定していますね。こうすることで、1つ目のグラフの上に重ねる形で描くことができるのです。

棒グラフを横に並べる

このように、棒グラフを「**縦に並べる**」のは、bottomを使って簡単に行えます。では、「**横に並べる**」のはどうでしょうか？ つまり、複数の棒グラフが1つのAxes内に「**A、B、A、B、……**」というように順に並べられていくようにするのです。

これは、普通にbarを複数回実行すると、同じ場所に重なって表示されてしまうため、うまくいきません。ではできないのか？ というと、そうでもありません。
例えば、2つのグラフを表示する場合を考えてみましょう。X軸の値に交互に棒が並ぶようにすればいいわけですから、Aグラフの表示場所を0、2、4、……とし、Bグラフを1、3、5、……というように交互に位置を指定していけば、両者が重なることなくきれいに表示されるはずです。ではやってみましょう。

リスト7-19

```
import numpy as np
import matplotlib.pyplot as plt

x0 = np.arange(0, 13, 2)
x1 = np.arange(1, 14, 2)
y0 = np.array([np.random.randint(75) + 25 for i in range(7)])
```

```
y1 = np.array([np.random.randint(75) + 25 for i in range(7)])
lb = list('abcdefg')

plt.bar(x0, y0, tick_label=lb, label='random A.')
plt.bar(x1, y1, label='random B.')
plt.legend()
plt.show()
```

図7-24：実行すると、2つの棒グラフが交互に表示される。

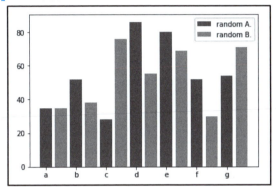

これを実行すると、random Aとrandom Bという2つの棒グラフが交互に表示されます。ここでは、2つの棒グラフのX位置を以下のように設定しています。

```
x0 = np.arange(0, 13, 2)
x1 = np.arange(1, 14, 2)
```

x0は偶数の値、x1は奇数の値がまとめられています。このようにすれば、2つのグラフが重なることなく表示できます。ただし、このやり方では2つのグラフのX位置を数値で指定するため、X軸には整数のメモリが割り振られることになります。

棒グラフは、単に「**0、1、2、……**」と項目が割り振られることはあまり多くなく、「**東京本社、大阪本社、横浜支社、……**」というように1つ1つの項目に具体的なラベルを付けることが多いものです。そこで、ここでは「**tick_label**」という引数を使ってX軸のラベルを別途設定しています。

tick_labelは、表示される棒の数に応じて、リストの形で値を設定します。リスト内に、表示される棒の1つ1つのラベルを用意しておくのです。こうすることで、無機質な「**0、1、2、……**」といった表示ではなく、1つ1つの棒に具体的なラベルを表示できるようになります。

2つを重ねて表示する

これで複数のグラフを並べて表示することができるようになりました。この「**Xの位置を少しずつずらして複数グラフを表示する**」というテクニックは、いろいろな使い方ができます。

例えば、「**グラフを半分だけ重ねて表示する**」ということをやってみましょう。以下のように実行してみて下さい。

リスト7-20

```
import numpy as np
import matplotlib.pyplot as plt

x0 = np.arange(0., 10., 1.5)
x1 = np.arange(0.5, 11., 1.5)
y0 = np.array([np.random.randint(75) + 25 for i in range(7)])
y1 = np.array([np.random.randint(75) + 25 for i in range(7)])
lb = list('abcdefg')

plt.bar(x0, y0, tick_label=lb, label='random A.')
plt.bar(x1, y1, label='random B.')
plt.legend()
plt.show()
```

図7-25：1つのグラフが半分だけ重なった形で表示される。

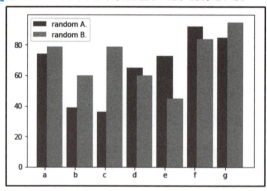

ここでは、random Aとrandom Bが半分だけ重なった状態で表示されます。ここでは、2つのグラフのX位置を以下のように用意しています。

```
x0 = np.arange(0., 10., 1.5)
x1 = np.arange(0.5, 11., 1.5)
```

半分ずれるということは、**0.5だけ位置をずらす**ということになります。それぞれのグラフの幅は1.0です。半分ずらして2つのグラフを表示するということは、1.5間隔でグラフを配置していけばいいことになります。すなわち、

```
random AのX位置：0, 1.5, 3.0, 4.5……
random BのX位置：0.5, 2.0, 3.5, 5.0……
```

このようにすればいいことになります。X位置の調整の仕方次第で、さまざまな並べ方ができるのです。

リスト7-21
```
import numpy as np
import matplotlib.pyplot as plt

x0 = np.arange(0, 7, 1)
x1 = np.arange(7, 14, 1)
y0 = np.array([np.random.randint(75) + 25 for i in range(7)])
y1 = np.array([np.random.randint(75) + 25 for i in range(7)])
lb = list('abcdefg')

plt.bar(x0, y0, tick_label=lb, label='random A.')
plt.bar(x1, y1, label='random B.')
plt.legend()
plt.show()
```

図7-26：左側にrandom A、右側にrandom Bを表示する。

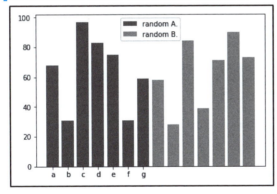

これは、random Aとrandom Bを左右に分けて配置する例です。こうすれば、2つのグラフを並べて見ることができます。Figureを2つに分割してそれぞれ表示するやり方もありますが、このほうが簡単に2つを並べられますね。

ただし、**tick_labelによるラベルは2つのグラフのどちらか一方にしか設定できない**ため、このやり方では片方のグラフだけしかラベルが表示できません。きっちりと同じように2つのグラフを配置したい場合は、Figureを2分割して表示したほうがよいでしょう。

円グラフを描く

続いて、円グラフについてです。円グラフは「**pie**」という関数で作成をします。これは、以下のように実行をします。

```
plt.pie( データ )
```

引数には、グラフ化する値をリストにまとめて指定します。これにより、値を自動的に円弧に変換し、円グラフを作成します。

円グラフそのものは、このように表示するデータだけあれば作れますが、これだけではあまりわかりやすいグラフになりません。表示を整えるオプション引数として以下の項目が用意されています。

labels	表示する各データに割り当てるラベル。ラベルのテキストをリストにまとめたものを指定。
shadow	Trueにすると影を付ける。
explode	特定の円弧をグラフ本体から少し離して表示する。各データの表示位置の数値をリストにまとめて指定する。
startangle	円のスタート位置。デフォルトでは、時計の3時の方向から左回りに配置される。角度を示す数値を設定することでスタート位置をずらせる。
autopct	各円弧にパーセント値を表示する。'%1.nf%%'というフォーマットで記述する。nには、小数点以下の桁数を示す整数を指定する。

では、乱数で作ったデータを円グラフにまとめて表示させてみます。

リスト7-22
```
import numpy as np
import matplotlib.pyplot as plt

x = np.array([np.random.randint(75) + 25 for i in range(7)])
y = list('abcdefg')
ex = [0, 0, 0, 0.25, 0, 0, 0]

plt.pie(x, labels=y, shadow=True, autopct='%1.1f%%', explode=ex)
plt.legend()
plt.show()
```

図7-27：ランダムに用意した7つの値を円グラフにして表示する。

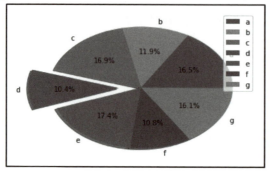

7-3 さまざまなグラフ

ここでは、ランダムに7つの値を作ってリストにまとめ、これを円グラフにしています。**labels**で各円弧のラベルを、そして**explode**でそれぞれの表示位置（グラフから離れた距離）を指定しています。

labelsやexplodeは、用意したリストの値が1つ1つの円弧に適用されます。このため、表示するデータ数と同じ数だけ値が用意されていなければいけません。多過ぎたり少な過ぎたりするとエラーになるので、注意して下さい。

ヒストグラムの作成

多数のデータを整理するのに多用されるのが「**ヒストグラム**」でしょう。多量のデータをヒストグラムでグラフ化することで、データがどのように分布しているかが一目でわかります。

ヒストグラムは「**hist**」という関数として用意されています。これは以下のように呼び出します。

```
(n, bins, patches) = plot.hist( データ , 分割数 )
```

第1引数には、グラフ化するデータを指定します。これは、数値をリストにまとめて用意します。第2引数にはいくつに分割してグラフ化するかを指定します。10とすれば、10本のバーが表示されます。

このほか、グラフを調整するためのオプションとして以下のような引数があります。

range	グラフ化する範囲を指定します。(最小値 , 最大値)といったタプルを用意します。
orientation	グラフの方向を指定します。'horizontal'または'vertical'で指定します。
stacked	複数データを扱うとき、データをスタック（積み重ねる）するかどうかを指定します。
cumulative	累積ヒストグラム（値をすべて加算していく）とするかどうか指定します。
density	確率密度関数の近似値を返します。
histtype	バーのスタイルを設定します。'bar'、'barstacked'、'step'、'stepfilled' が用意されています。
color	バーの色を指定します。複数データを扱うときは色名のリストを指定します。

戻り値について

hist関数は、3つの値を戻り値として返します。それぞれ、以下のような内容になります。

n	各バーのデータ数のリスト。
bins	各バーの境界の値のリスト。分割数が10なら、11個の値のリストになる。
patches	表示される各バーのオブジェクト（Rectangle）のリスト。

これらは、特に必要がなければ受け取らなくても構いません。単純にヒストグラムを表示するだけならば、特に使うことはないでしょう。

ヒストグラムを使う

では、実際にヒストグラムを使ってみましょう。ここでは乱数を使って1000個のデータを作成し、それをヒストグラムでグラフ化してみます。

リスト7-23

```
import numpy as np
import matplotlib.pyplot as plt
from scipy.stats import norm

(sigma, mu) = (10, 50)
value = np.random.randn(1000)*sigma+mu
plt.hist(value, 25)
plt.show()
```

図7-28：ランダムなデータをヒストグラムで表示する。

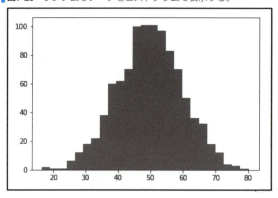

ここでは、**np.random.randn**という関数を使って乱数を作成しています。このrandnは、正規分布に従って乱数を発生させるもので、作成した乱数は自然と正規分布に沿って分布します。こうして作成したデータを、histを使って25に分割して表示をしています。

Note
ここでは乱数 * 10 + 50の値をデータにまとめていますが、これは特に意味があるわけではありません。偏差値とほぼ同じように、50を中心とした分布に調整してあるだけです。

確率密度曲線を描く

ヒストグラムでは、指定した範囲内のデータ数をバーの形で表すだけだけでなく、**確率密度曲線**と呼ばれる線グラフを併せて表示することもあります。確率密度曲線は、そ

の名の通り、その値の確率密度をグラフ化したものです。これはpyplotでは、plot関数で描くことができますが、描画には注意が必要です。

hist関数でヒストグラムを作成する際、「**density=True**」の引数を指定する必要があります。そして、戻り値のbinsを使い、scipy.statsモジュールにあるnorm.pdf関数を実行して、確率密度が得られるようになります。

これは、手順が重要になります。

リスト7-24
```
import numpy as np
import matplotlib.pyplot as plt
from scipy.stats import norm

(sigma, mu) = (10, 50)
value = np.random.randn(1000)*sigma+mu
(n, bins, patches) = plt.hist(value, 50, density=True)
plt.plot(bins, norm.pdf(bins, loc=mu, scale=sigma))
plt.show()
```

図7-29：確率密度曲線を描画した。

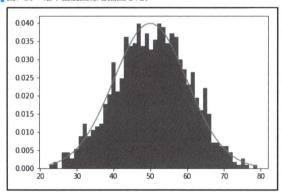

リスト7-23のサンプルに加え、確率密度曲線を描くようにしたものです。ここでは、histを実行する際に、**density=True**を指定しています。そしてplotで描画を行う際、戻り値の**bins**と、norm.pdf関数の結果を指定して描画を行っています。

norm.pdfは、引数にbinsを指定することで確率密度を計算します。ただし、元データそのものが正規化されたものではないので、**loc**と**scale**という引数で調整をしています。元データではrandnで作成した乱数にsigmaを乗算し、muを加算していますから、scaleにsigmaを、locにmuをそれぞれ指定することで、グラフに表示されているヒストグラムと確率密度曲線の倍率と位置を揃えることができます。

こうしてbinsと、norm.pdfで得られた値をそれぞれXとYのデータに指定してplotすることで、確率密度曲線がヒストグラムと同じ倍率で表示されます。

複数データの利用

ヒストグラムでは、複数のデータをまとめて扱うこともあります。このような場合には、hist関数の第1引数（データを指定する引数）に、複数のデータをリストにまとめて指定します。

このとき注意したいのが、「**stacked**」引数です。stackedを指定せずに実行した場合、それぞれのデータのヒストグラムは横に並べられた状態で表示されます。が、**stacked=True**を指定した場合、ヒストグラムはスタックされ（積み上げられ）て表示されます。

リスト7-25

```
import numpy as np
import matplotlib.pyplot as plt
from scipy.stats import norm

(sigma, mu) = (10, 50)
value0 = np.random.randn(1000)*sigma+mu
value1 = np.random.randn(1000)*sigma+mu
(n, bins, patches) = plt.hist([value0, value1], 25, stacked=True,
    density=True) #●
plt.plot(bins, norm.pdf((bins-mu)/sigma)/sigma)
plt.show()
```

図7-30：stacked=Trueを指定していない場合（左）と、指定した場合（右）の違い。

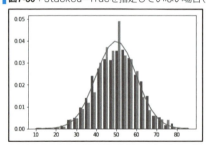 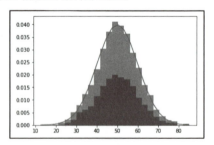

●マークにある「**stacked=True**」を削除した場合と、そのまま記述して実行した場合で表示を確かめてみましょう。stacked=Trueすると、2つのデータのヒストグラムが1つに重なって表示されるのがわかります。状況に応じてどちらでも使えるようにしておくようにしましょう。

7-3 さまざまなグラフ

散布図の作成

多数のデータの分布を表すのに用いられるグラフに「**散布図**」があります。散布図は、単純にXとYの値でドットなどを描いていくだけというわけではありません。これに加え、描く図形の大きさや色なども情報として指定することができます。つまり、1つの図形で最大4つのパラメータを表現できるのです。

散布図は、「**scatter**」という関数として用意されています。これは以下のように利用します。

---

plt.scatter(Xデータ , Yデータ)

必須である引数は、XとYの座標データのみです。それぞれ、座標の値をリストにまとめて用意します。

s	サイズデータです。Xデータ、Yデータと同様、サイズの値をリストにまとめて指定します。
c	色データです。やはり色の値をリストにまとめて指定します。
marker	描く図形の形状を指定します。「..ov^<>12348spP*hH+xXdD¦_」といった記号のいずれかを指定すると、その記号に対応する図形で表示されます。

とりあえず、XとYのデータさえあれば散布図は作れます。これに加えて**s**と**c**のデータも指定できると、非常にカラフルな散布図になります。これらのデータ数はすべて同じ数に揃えておく必要があります。

では、実際に試してみましょう。

リスト7-26

```python
import numpy as np
import matplotlib.pyplot as plt
from scipy.stats import norm

(n,sigma, mu) = (300, 10, 50)
x = np.random.randn(n) * sigma + mu
y = np.random.randn(n) * sigma + mu
c = np.random.rand(n)
s = np.random.rand(n)**2 * np.pi * 100

plt.scatter(x, y, s=s, c=c, alpha=0.25)
plt.show()
```

293

▎図7-31：ランダムにデータを作成し、scatterで散布図を作成する。

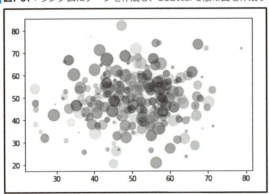

ランダムにx、y、c、sのデータを300個作成し、それを基に散布図を作成しています。xとyはrandnを使って正規表現にしたがって乱数を発生させています。このため、表示される**マーカー**(データを表す円)は中央に集まるように配置されます。色と大きさは完全にランダムに表示されます。

なお、散布図は多数のマーカーが表示されるので、重なって見づらくなりがちです。scatterの引数に**alpha**を用意して半透明にしておくと、マーカーの数が多くなっても、それほど見づらくはなりません。

カラーメッシュを描く

散布図では、マーカーの色も重要な役割を果たしていました。こうした「**色によるグラフ表示**」というものも、最近では利用されています。**カラーメッシュ**と呼ばれるものです。これは「**pcolormesh**」という関数で作成をします。

```
plt.pcolormesh( 色データ )
```

色データは、表示する色の値を2次元リストにまとめたものを用意します。色の値は、0〜2.0の範囲で指定します。

基本的に色データだけあれば表示はできるのですが、この場合、X軸とY軸の目盛りはメッシュの数で自動的に割り振られます。これらの目盛りを独自に設定したい場合は、それぞれの目盛りのデータをリストにまとめて引数に指定します。

```
plt.pcolormesh( Xデータ, Yデータ, 色データ )
```

このXデータとYデータが、X軸とY軸の目盛りに割り当てる値のリストになります。このほか、オプションとしてさまざまな引数が用意されています。主なものを以下に整理しておきましょう。

cmap	使用するカラーマップ名を指定します（後述）。
vmin、vmax	表示する値の最小値と最大値を指定します。これらを指定すると、その範囲内でカラーが割り振られます。最小値以下のものはすべて最小値扱いとなり、最大値以上のものはすべて最大値扱いとなります。
norm	ノーマライズ（正規化）です。標準では0～1の値に正規化されますが、norm=Noneにすることで正規化しないようになります。

cmap について

オプション引数の中でも重要なのが「**cmap**」でしょう。これは、カラーメッシュで使用する**カラーマップ**を指定します。

カラーメッシュは、RGBのすべての色を使うわけではありません。決まった2色の間をグラディエーションする形で色を値に割り振った「**カラーマップ**」が用意されており、それを使って値を色に変換していきます。

cmapでカラーマップを変更することで、同じデータでも表示される色合いをガラリと変えることができます。では、デフォルトで用意されているカラーマップ名を挙げておきましょう。

autumn、bone、copper、flag、gray、hot、hsv、jet、pink、prism、spring、summer、winter

カラーメッシュを表示する

では、実際にカラーメッシュを表示させてみましょう。ごくシンプルなグレーのグラディエーションを表示させてみます。

リスト7-27

```python
import numpy as np
import matplotlib.pyplot as plt
from scipy.stats import norm

x = np.arange(0, 11, 1)
y = np.arange(0, 110, 10)
c = [np.arange(n / 10, 1. + n / 10, 0.1) for n in range(0,10)]
plt.pcolormesh(x, y, c, cmap='gray', vmin=0., vmax=1.8)
plt.colorbar()

plt.show()
```

図7-32：グレースケールのカラーメッシュを表示する。

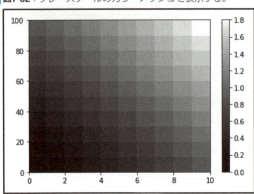

ここでは、**cmap='gray'** としてグレースケールにカラーマップを変更してあります。また、vminとvmaxで範囲を指定してありますが、ここで使っているデータの上限と下限そのものなので影響はありません。表示を確認したら、vminとvmaxの値を微調整して、表示がどう変わるか確かめてみるとよいでしょう。

3Dグラフの描画

pyplotでは、3Dグラフの描画も行えます。ただし、そのためには**mpl_toolkits**モジュールの**mplot3d**にある「**Axes3D**」をインポートする必要があります。

```
from mpl_toolkits.mplot3d import Axes3D
```

これで、Axes3Dが利用できるようになります。これは、グラフを表示するFigureに組み込んで使います。

```
ax = plt.figure().gca(projection='3d')
```

これで、変数axにAxes3Dのオブジェクト（正確にはAxes3DSubplotインスタンス）が代入されます。後は、このaxにある機能を利用して3Dグラフを描いていきます。
3Dグラフの描画には、2つのメソッドが用意されています。

・サーフェスで描く

```
[Axes3DSubplot] . plot_surface( Xデータ , Yデータ , Zデータ )
```

・ワイヤーフレームで描く

```
[Axes3DSubplot] . plot_wireframe( Xデータ , Yデータ , Zデータ )
```

3Dグラフは、線分のみの**ワイヤーフレーム**と、グラフ表面を塗りつぶした**サーフェス**の2種類があります。どちらも、X、Y、Zのデータを用意して実行します。これらのデータは、いずれも2次元リストの形にまとめておく必要があります。3次元グラフは、縦横奥行きの3方向について、それぞれ面の位置データを用意する必要があるのです。

これで基本的な3Dグラフは表示できますが、更にグラフの表示を整えるのにオプション引数もいくつか用意されています。

cmap	カラーメッシュでも触れた、値に色をマッピングしたものです。
linewidth	ワイヤーフレーム時の線の太さを設定します。
antialiased	Trueにするとサーフェス時にアンチエイリアスを使ってなめらかに描きます。

では、実際の利用例を挙げておきましょう。sin関数を使い、簡単な3Dグラフを描いてみます。

リスト7-28

```python
import numpy as np
import matplotlib.pyplot as plt
from mpl_toolkits.mplot3d import Axes3D

ax = plt.figure().gca(projection='3d')

x0 = np.arange(0, 5, 0.1)
y0 = np.arange(0, 5, 0.1)
(x, y) = np.meshgrid(x0, y0)
z = np.sin(x * y)

surf = ax.plot_surface(x, y, z, cmap='gray', antialiased=True)
plt.show()
```

図7-33：実行するとsin関数を使った波のようなグラフが描かれる。

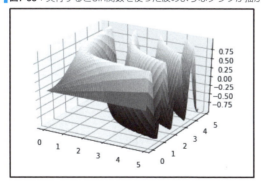

実行すると、sin関数を使い、波のようなグラフが描かれます。ここでは、**np.arange**を使って0〜5の範囲で0.1刻みのベクトルを作成し、**np.meshgrid**メソッドで、2つのベクトルを使って行列を作っています。

例えば、[0, 1, 2]というベクトルを2つmeshgridの引数に指定すれば、

```
[[0, 1, 2],
 [0, 1, 2],
 [0, 1, 2]]

[[0, 0 0],
 [1, 1, 1],
 [2, 2, 2]]
```

このような2つの行列が作成できるのです。これでX面とY面のデータを作成し、この2つを使ってsin関数で残りのX面のデータを作成しています。後はそれらを**plot_surface**に指定すればグラフ化できるというわけです。

view_init による視点変更

3Dグラフは、「**どこから見るか**」によって表示が大きく変わります。場合によっては、グラフの様子がわかりにくい方向から表示してしまうこともあります。このようなときには「**view_init**」メソッドを使って向きを調整できます。

[Axes3DSubplot].view_init(縦角度 , 回転角度)

view_initは、グラフを水平にどれだけ回転し、どの角度からそれを見るかで視点を設定します。縦方向の角度は、ゼロでグラフを真横から見た状態となります。回転角度は、ゼロで左端の一番手前がゼロ地点となり、そこから右および奥へ数字が増えていくようになります。この状態から、グラフを水平に回転させ、斜め上(または下)から見下ろす(または見上げる)角度を指定することで、グラフをさまざまな視点から見られるようにできます。

例として、**リスト7-28**の3Dグラフのサンプルで、showの手前に以下の文を記入してみて下さい。

リスト7-29
```
ax.view_init(60, 45)
```

図7-34：波が手前から奥へと表示される。

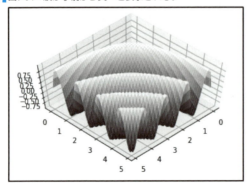

これで、sin関数による波の中心から奥へと視点を設定することができます。2つの引数の値をいろいろと変更して表示がどう変わるか確認しましょう。

contourf について

3Dグラフは、それ単体で表示するだけでは変化が見づらいこともあります。このようなとき、3方向に立てられている壁(目盛りが表示されている面)にグラフを投影する形で表示することができると、全体の形状がつかみやすくなります。

これは「**contourf**」というメソッドで行えます。contourfは、3Dグラフの描画と同じく、X、Y、Zの各データを引数に指定して実行します。また、ほかに**zdir**と**offset**という値で、表示位置に関する調整を行います。

```
[Axes3DSubplot] . contourf( Xデータ , Yデータ , Zデータ )
```

zdir	投影する面(x, y, z)を指定します。
offset	面からどれだけ離れた位置に投影を表示するかを指定します。

このほか、cmapでカラーマップを設定したりできます。では、やってみましょう。**リスト7-28**のサンプルで、showの前に以下の文を追記して実行して下さい。

```
ax.contourf(x, y, z, zdir='z', offset=-1., cmap='hot')
```

図7-35：下の面にグラフを投影して表示する。

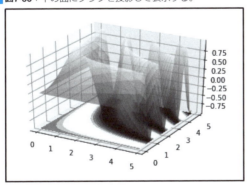

これを実行すると、グラフの下の面にグラフの状態をカラーで投影します。3Dグラフと、投影されたイメージを比べてみるとわかりますが、要するにこれは「**等高線**」の図なのです。高さごとに色が変化していくのがよくわかりますね。

Chapter **8**

pillowによる
イメージ処理

pillowは、Pythonの代表的なイメージ処理ライブラリです。イメージの処理や図形の描画、複数イメージの合成など、さまざまなイメージ処理について説明を行いましょう。

データ分析ツールJupyter入門

8-1 pillowの基礎

Pythonは、数値計算にのみ用いられているわけではありません。そのほかにもさまざまな分野で利用されています。意外かもしれませんが、「**イメージ処理**」にもよく用いられているのです。

理工学系では、数値のデータだけでなくイメージデータを扱うことも多々あります。こうしたイメージを一定のやり方で処理していくのは、レタッチソフトなどよりプログラミング言語のほうが向いています。Pythonには、そうしたイメージ処理のためのライブラリもいろいろと揃っているのです。

pillowとは？

Pythonの世界で広く使われているイメージ処理ライブラリは、「**PIL**」です。「**Python Image Library**」の略で、かなり以前から使われている、Pythonのイメージ処理の代表的なライブラリです。

ただし、最近は開発が停止しており、ほとんど更新されていません。代わりに、このPILをフォークした「**pillow**」というライブラリがPILに置き換わるものとして広く使われるようになっています。以下のサイトで公開されています。

https://pillow.readthedocs.io

▌**図8-1**：pillowのサイト。各種ドキュメントはここで読める。

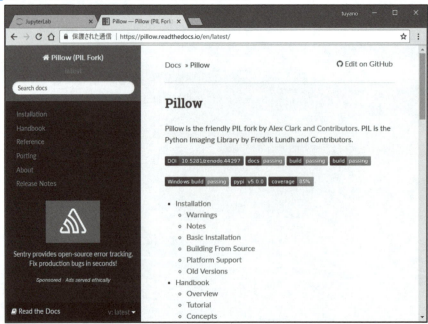

pillowをインストールする

pillowのインストールは、Navigatorから行えます。Navigatorの「**Environments**」を選択し、モジュールのリスト上部にあるプルダウンメニューで「**All**」を選択して、「**pillow**」を検索します。そして表示される「**pillow**」のチェックをONにして「**Apply**」ボタンをクリックします。

■**図8-2**：pillowを検索して「Apply」ボタンを押す。

　画面に、インストールするモジュールのリストがダイアログにまとめられて表示されます。pillowは、いくつかのモジュールが必要であり、それらも表示されます。そのまま「**Apply**」ボタンをクリックしてインストールを行います。

■**図8-3**：ダイアログが現れたら、内容を確認して「Apply」ボタンをクリックし、インストールする。

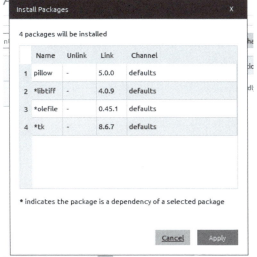

Chapter 8 pillow によるイメージ処理

イメージを読み込む

では、実際にpillowを使っていきましょう。pillowは、あらかじめイメージファイルを用意しておき、それを読み込んで処理を行います。**第2章**でMarkdownの説明を行ったとき、「**image.jpg**」というイメージファイルを用意しておきました（**2-1節**内の「**イメージを用意する**」を参照）。あのイメージをそのまま利用することにしましょう。

イメージファイルを読み込むには、PILモジュールの「**Image**」クラスを使います。Imageの「**open**」メソッドを使ってイメージを読み込みます。

```
変数 = Image.open( ファイルパス )
```

引数には、ファイルパスを指定します。これで、イメージファイルを読み込み、オブジェクトとして返します。

返されるオブジェクトは、JPEGファイルならば「**JpegImageFile**」というクラスのインスタンスになります。pillowでは、各種イメージファイルの機能がプラグイン形式で組み込まれており、読み込むファイルのフォーマットに応じて対応するクラスのインスタンスが作られます。

これは、イメージであるImageクラスのフォーマットによるオプション機能をまとめたものといえます。JpegImageFile以外にも、それぞれのフォーマットごとにクラスが用意されています。

ただし、これらのクラスでは、基本的に用意されているイメージ処理関係の機能がほぼ同じであり、どのファイルフォーマットで読み込んでも、すべて同じオブジェクトの感覚で扱うことができます。これらのクラスは、すべてベースとなる「**Image**」クラスの派生クラスとして設計されており、基本的なイメージ関係の機能はすべて共通しているのです。

では、実際にimage.jpgを読み込んで表示してみましょう。

リスト8-1

```
from PIL import Image

img = Image.open('image.jpg')
img
```

304

▌図8-4：実行すると、ノートブックファイルと同じ場所にあるimage.jpgを読み込んで表示する。

イメージの情報を得る

　JpegImageIFileはイメージ全体を扱いますが、それとは別に、イメージのピクセルに直接アクセスするオブジェクトも用意されています。「**PixelAccess**」というクラスで、openで取得したオブジェクトから「**load**」メソッドを呼び出すことで取得できます。

```
変数 = [Image] .load()
```

　PixelAccessでは、2次元リストの感覚で各ピクセルにアクセスすることができます。例えば、**[0, 0]**と指定すれば、左上のピクセルの色を得ることができます。
　色の値は、RGB各輝度を0〜255の整数で表した数字をタプルでまとめます。また、この形で色の値を用意し、指定のピクセルに代入すれば、そのピクセルの色を変更することもできます。
　では、実際にピクセルの操作を行ってみましょう。

リスト8-2

```
from PIL import Image

im_file = Image.open('image.jpg')
(w,h) = im_file.size
img = im_file.load()
for m in range(w // 4, w // 4 * 3):
    for n in range(h // 4, h // 4 * 3):
        (r,g,b) = img[m,n]
```

```
                    img[m,n] = (255-r, 255-b, 255-g)
im_file
```

図8-5：イメージの中心付近を反転させる。

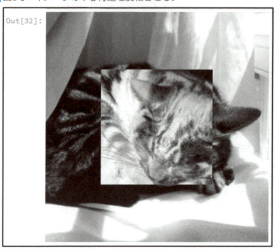

　これを実行すると、image.jpgを読み込み、そのイメージの中央付近のピクセルを反転表示します。ここでは、**open**でファイルを読み込み、**im_file.size**で縦横のピクセル数を取得しています。sizeは、幅と高さのピクセル数をタプルで保持しているプロパティです。
　サイズを取り出したら、**load**でPixelAccessを取得し、二重のforを使って、縦横の4分の1～4分の3の範囲のピクセルの色を取り出し、RGBの各値を255から引いた値に変更します。これでRGBすべての輝度が反転します。

　処理を行った後でim_fileを表示すると、そのままイメージが変更された状態で表示されます。PixelAccessで値を操作すると、そのまま読み込んだイメージを書き換えていることがわかります。

ファイル保存とフォーマット変換

　読み込んだイメージは、そのまま「**save**」メソッドで保存することができます。このとき、拡張子を指定することで自動的にフォーマット変換し、保存することもできます。

```
［Image］.save( ファイルパス )
```

　保存の際には、フォーマットによってオプションとなる引数が用意されている場合があります。主なものをいくつか挙げておきましょう。

・JPEG

quality	画像品質（圧縮率）を指定します。1 〜 95の整数で指定をします。デフォルトは75になります。
progressive	Trueに設定すると、プログレッシブJPEGとして保存します。
dpi	ピクセル密度を指定します。(x, y) と2つの値のタプルで指定します。

・PNG

transparency	透過色の指定をします。カラーパレット使用時は番号を、RGBの際は透過設定する色の値を指定します。
compress_level	ZLIBによる圧縮レベルを0 〜 9の整数で指定します。
dpi	ピクセル密度を指定します。JPEGと同様、2つの値のタプルで指定します。

・TIFF

save_all	Trueにするとすべてのフレームを保存します。
compression	圧縮モードを指定します。None、"tiff_ccitt"、"group3"、"group4"、"tiff_jpeg"、"tiff_adobe_deflate"、"tiff_thunderscan"、"tiff_deflate"、"tiff_sgilog"、"tiff_sgilog24"、"tiff_raw_16" のいずれかにします。

・GIF

save_all	Trueにするとすべてのフレームを保存します。
loop	GIFを繰り返し再生する回数を指定します。
duration	各フレームの表示間隔をミリ秒で指定します。

　これらの指定で、ファイルに必要な設定をすることができます。例えばJPEGフォーマットでは、「**quality**」という引数に値を指定することで圧縮率を設定することができます。

　では、ファイルの保存例を挙げておきましょう。

リスト8-3

```
from PIL import Image

img = Image.open('image.jpg')
img.save('image.png')
```

　これを実行すると、image.jpgを読み込み、同じ場所にimage.pngというファイル名でPNGフォーマットで保存することができます。

ファイルの例外処理について

　ファイルを利用する場合、考えなければいけないのが「**例外処理**」でしょう。ファイル

が見つからなかったり、何らかの原因でファイルが開けなかったり、ということはあり得ます。自分だけで利用するなら「**エラーが起きたらファイルを確認して再実行**」でもいいのですが、ほかの人と共有するような場合はファイルの例外処理ぐらいは用意しておく必要があるでしょう。

Imageの機能では、openやsaveなどファイルを読み書きする際に、**IOError**が発生する可能性があります。このような場合はプログラムを中断するようにし、問題なければ処理を行うようにさせましょう。

リスト8-4

```
import sys
from PIL import Image


img;
try:
    img = Image.open('image.jpg')
except IOError:
    print("Can't open!")
    sys.exit()
# ……imgを操作……
img
```

これは、その簡単な例です。Image.openは**try**内で実行させています。例外が発生したときはメッセージを表示し、**sys.exit**でプログラムを終了しています。そして具体的なImageの処理はその後で行うようにしています。

Imageは、スクリプトの最後に実行することでイメージをその場で表示させることができますが、これはtry内などで実行してもうまく表示されません。このため、except内ではsys.exitで処理を終了させ、その後で具体的な処理を行ってイメージを表示するようにしています。

Note

本書では、以後のサンプルでも特に例外処理は用意しておきませんが、基本的な処理の書き方は頭に入れておくとよいでしょう。

サイズの変更

イメージのサイズは、既に述べたようにsizeプロパティで得ることができます。ではサイズを変更する場合は？ これは、sizeプロパティを書き換えても変えられません。「**resize**」というメソッドを使って変更をします。

```
変数 = [Image] .resize( ( 横 , 縦 ) )
```

引数には、幅と高さのピクセル数をタプルにまとめて指定します。また、拡大縮小するときのリサンプル方法を「**resample**」というオプション引数で指定できます。これは、リサンプルする際に用いる方法を指定します。Imageクラス内に以下のような値が用意されています。

```
NEAREST、BOX、BILINEAR、HAMMING、BICUBIC、LANCZOS
```

resample引数を省略すると、Image.NEARESTでリサンプリングされます。

このresizeメソッドは、「**自分自身を書き換えるものではない**」という点に留意して下さい。変更されたイメージを返すメソッドです。**呼び出したオリジナルイメージは変更されません**。

では、実際に試してみましょう。

リスト8-5
```
from PIL import Image

img = Image.open('image.jpg')
(w,h) = im_file.size
img2 = img.resize((w//2, h//2))
img2
```

図8-6：実行すると、image.jpgを縦横2分の1に縮小して表示する。

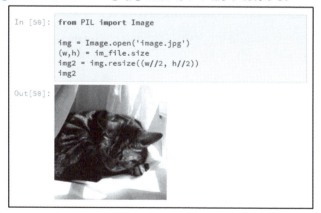

実行すると、縦横を2分の1に縮小したイメージを表示します。ここでは、im_file.sizeでサイズを取得し、その値を2分の1にしたものをresizeで設定しています。なお、表示しているイメージは、resizeで返された値です。openで取得したイメージオブジェクトそのものではありません。

拡大縮小も resize で

リスト8-5のサンプルでは縦横を均等に縮小しましたが、それぞれの値を設定することでイメージの大きさを自由に変更できるようになります。例えば、イメージを横長に変形してみましょう。

リスト8-6

```
from PIL import Image

img = Image.open('image.jpg')
(w,h) = im_file.size
img2 = img.resize((w, h//2),resample=Image.NEAREST)
img2
```

図8-7：実行すると、image.jpgの高さを2分の1に縮小したイメージを作る。

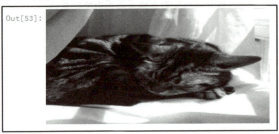

　実行すると、image.jpgを読み込み、高さを2分の1に縮小して表示します。resizeで高さの値のみ2分の1にしています。これで縦方向にのみ縮小されたイメージが作れます。resizeでは縦横サイズを別々に指定できますから、こうした修正も簡単に行えるのです。

イメージの回転

　続いて、イメージの回転です。イメージの回転は、「**rotate**」というメソッドを利用します。これは以下のように行えます。

```
変数 = [Image] .rotate( 角度 )
```

　引数には角度を示す整数を指定します。指定した角度だけイメージを左回りに回転したイメージを作成して返します。

　なお、90の倍数の角度の場合、水平垂直がきれいに揃いますが、それ以外の角度の場合、角の位置が一致しないため、どうしても元のイメージの領域外にはみ出る部分が出てきます。このはみ出た部分の扱いをどうするか決めるためのオプションとして、「**expand**」という引数が用意されています。

　expand=Trueにすると、回転して生成されたイメージの大きさに合わせてイメージサイズが拡大されます（つまり、はみ出た部分も全て含まれたイメージが作られます）。Falseだと、元のイメージからはみ出た部分はすべてカットされます。

　では、利用例を挙げておきましょう。

リスト8-7
```
from PIL import Image

img = Image.open('image.jpg')
img2 = img.rotate(90, expand=True)
img2
```

図8-8：90度、左にイメージを回転する。

　実行すると、image.jpgを読み込み、90度回転させたイメージを作成して表示をします。ここでは、以下のようにして回転しメージを作っています。

```
img2 = img.rotate(90, expand=True)
```

　サンプルでは縦横サイズが同じイメージを使っているので、90度回転でイメージがはみ出すことはありませんが、縦横サイズが異なっている場合を考えexpand=Trueに設定してあります。

反転と回転

　イメージを上下や左右に反転させたい場合は、「**transpose**」というメソッドを使います。

```
変数 = [Image] .transpose( 値 )
```

　引数には、どのようにイメージを変換するかを示す値を指定します。Imageクラスに用意されている、以下のような値です。

FLIP_LEFT_RIGHT	左右を反転する
FLIP_TOP_BOTTOM	上下を反転する
ROTATE_90	90度回転する
ROTATE_180	180度回転する
ROTATE_270	270度回転する

イメージ反転のほか、90度単位の回転もtransposeに用意されています。90単位のものだけなので、rotateのようにリサンプリングのためのオプションなどはありません。
では例を挙げておきましょう。

リスト8-8
```
from PIL import Image

img = Image.open('image.jpg')
img2 = img.transpose(Image.FLIP_TOP_BOTTOM)
img2
```

図8-9：イメージを上下反転させる。

これを実行すると、上下を反転させたイメージを表示します。transposeも、元のイメージを書き換えるのではなく、変換したイメージを返すので、戻り値を変数に代入して利用します。

rotate と transpose の違い

rotateでもrotanspose でも、どちらでも90度単位でイメージを反転させることができます。が、両者はどう違うのでしょうか？
これは、実際に表示を比べてみるとわかるでしょう。

8-1 pillow の基礎

リスト8-9
```
from PIL import Image

img = Image.open('image.jpg')
(w,h) = img.size
img2 = img.resize((w,h//2))
img3 = img2.rotate(90)              # ●
#img3 = img2.transpose(Image.ROTATE_90)    # ●
img3
```

図8-10：rotateのイメージ（左）と、transposeのイメージ（右）。

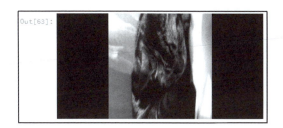

●の2行のコメントアウトを入れ替えて、どちらか片方のみ実行するようにして下さい。すると、rotateでは、イメージは横長のままイメージを回転させるため、左右に黒いエリアが表示されます。また、はみ出した上下のイメージはカットされます。transposeの場合、イメージそのものが90度回転するため、縦長のイメージになります。

rotateでも、expand=Trueを設定すれば、transposeと同様に縦長のイメージになります。つまり、「**transposeは、rotateでexpands=Trueを指定して90度ずつ回転したもの**」と考えていいでしょう。

RGBとグレースケールの変換

Imageは、カラー（RGB）とモノクロ（グレースケール）の2種類のモードを持っています。これらは「**convert**」というメソッドで変換することができます。

```
[Image] .convert( 値 )
```

引数には、**'RGB'** または **'L'** のいずれかの値を指定します。'RGB' ならばカラー、'L' ならばモノクロになります。

リスト8-10
```
from PIL import Image

img = Image.open('image.jpg')
img2 = img.convert('L')
img2
```

図8-11：図ではわかりにくいが、イメージはモノクロに変わっている（実機で確認して下さい）。

ここでは、イメージをグレースケールに変換して表示しています。**convert('L')** でグレースケールに変換したImageを取得し、表示しています。

グレースケールに変換すると、カラーの情報は失われます。再度RGBに戻したとしても、元のカラーイメージには戻りません。

8-2 イメージ処理の機能

フィルターについて

イメージ処理のプログラムなどでは、多数のフィルターが用意されていて、それらを使ってさまざまな処理が行えます。pillowでもそれは同様です。pillowのImageには、フィルターを適用する「**filter**」というメソッドが用意されています。これを利用することで、さまざまなフィルター処理を行えます。

```
[Image] .filter( フィルター )
```

引数には、実行する**フィルターモジュール**に用意されているクラスを指定します。このフィルターモジュールは、**PIL.ImageFilter**というモジュールとして用意されており、利用の際には以下のようにimport文を用意しておきます。

```
from PIL import ImageFilter
```

ブラー処理を行う

では、フィルターを利用してみましょう。まずは、「**ブラー処理**」(ぼかし)からです。もっともシンプルなブラー処理は、以下の3種類が用意されています。

・ブラーをやや弱くかける
```
ImageFilter.SMOOTH
```

・ブラーをかける
```
ImageFilter.SMOOTH_MORE
```

・ブラーをやや強くかける
```
ImageFilter.BLUR
```

これらは、ブラーの「**弱**」「**中**」「**強**」といったものと考えるとよいでしょう。これをfilterの引数に指定して呼び出せば、ぼかしをかけることができます。

リスト8-11
```
from PIL import Image
from PIL import ImageFilter

img = Image.open('image.jpg')
img2 = img.filter(ImageFilter.BLUR)
img2
```

図8-12：実行すると、ブラーでぼかしをかけたイメージが表示される。

これを実行すると、ぼかしをかけたイメージが表示されます。ここでは、filterに**ImageFilter.BLUR**を指定してあります。3種類の中でこのBLURが一番強いぼかしになります。

GaussianBlurについて

ImageFilter.BLURなどの3種類のブラーは、扱いが非常に簡単で便利ですが、細かな調整機能に欠けます。ぼかしの強弱も設定できないのでは困りますね。

実をいえばImageFilterには、「**GaussianBlur**」というぼかしのためのクラスも用意されています。こちらはインスタンスを作成する際に、ぼかしの強さを引数で与えることができます。

```
変数 = ImageFilter.GaussianBlur( 実数 )
```

引数の値が大きくなるほど、ぼかしは強くなります。BLURは、だいたいGaussianBlur(2.0)程度となります。では、GaussianBlurの利用例を挙げておきましょう。

リスト8-12
```
from PIL import Image
from PIL import ImageFilter

img = Image.open('image.jpg')
img2 = img.filter(ImageFilter.GaussianBlur(10.0))
img2
```

図8-13：GaussianBlurでかなり強力にぼかしをかけた。

ここでは、**GaussianBlur(10.0)**と、かなり大きな値を指定してあります。ほとんど画像がなんだかわからないレベルにまで、ぼかしがかかっているでしょう。

BoxBlurでぼかしをかける

ブラーフィルターは、GaussianBlurだけしかないわけではありません。このほかにも、「**BoxBlur**」というクラスも用意されています。

GaussianBlurは、指定のピクセルからどれだけ離れているかによって、それぞれのピクセルの値に重みをかけることで平滑化します。BoxBlurは、その名の通り、ボックス（四角い領域）を指定し、その中のピクセルの平均を計算して平滑化します。GaussianBlurとBoxBlurは、平滑化のアルゴリズムが違うのです。このため、実際にぼかしをかけても、その感じが違います。

BoxBlurは、以下のようにインスタンスを作成します。

```
変数 = ImageFilter.BoxBlur( 値 )
```

引数には、ボックスの大きさを示す実数値を指定します。これもやはり、数字が大きくなるほどにぼかしが強くなります。

リスト8-13
```
from PIL import Image
from PIL import ImageFilter

img = Image.open('image.jpg')
img2 = img.filter(ImageFilter.BoxBlur(10.0))
img2
```

図8-14：BoxBlurによるぼかし。

れは、**BoxBlur(10.0)**でぼかしをかけた例です。先ほどのGaussianBlur(10.0)とは、だいぶぼかしの印象が違うのがわかるでしょう。

アンシャープマスクをかける

ぼかしの反対に、輪郭を際だたせるのが「**アンシャープマスク**」と呼ばれるフィルター処理です。これには、いくつかの方法があります。

まずは、ImageFilterに用意されている値を使った方法です。これは、ブラーにおけるBLURのように、よく使われる設定がされた完成品です。

・輪郭をやや強調する

```
ImageFilter.SHARPEN
```

・輪郭を強調する

```
ImageFilter.EDGE_ENHANCE
```

・輪郭をより強調する

```
ImageFilter.EDGE_ENHANCE_MORE
```

ブラーと同様、アンシャープマスクの度合いに応じて「**弱**」「**中**」「**強**」と3通りを用意しておいた、というわけです。これらをfilterメソッドの引数に指定すれば、アンシャープマスクを適用できます。

リスト8-14
```
from PIL import Image
from PIL import ImageFilter

img = Image.open('image.jpg')
img2 = img.filter(ImageFilter.SHARPEN)            # ●
# img2 = img.filter(ImageFilter.EDGE_ENHANCE)     # ●
# img2 = img.filter(ImageFilter.EDGE_ENHANCE_MORE)    # ●
img2
```

図8-15：3種類のアンシャープマスクフィルターを比べた。

●マークの3行のコメントを操作し、常に1行だけを実行するようにして試して下さい。それぞれのアンシャープマスクの強さがよくわかるでしょう。

UnsharpMaskクラスについて

これらの3つの値(SHARPEN、EDGE_ENHANCE、EDGE_ENHANCE_MORE)は、細かな調整などはなく、用意された設定をそのまま適用するだけです。

もっときめ細かな設定を行いたいなら、「**ImageFilter.UnsharpMask**」というクラスが利用できます。これは、以下のようにインスタンスを作成します。

```
変数 = ImageFilter.UnsharpMask(radius=大きさ, percent=強さ, threshold=しきい値 )
```

大きさ、強さ、**しきい値**(一定の値を超えたときに処理が適用されるようにする境界の値)を実数で指定します。より細かな調整をしてアンシャープマスクを適用することができます。

リスト8-15
```
from PIL import Image
from PIL import ImageFilter

img = Image.open('image.jpg')
img2 = img.filter(ImageFilter.UnsharpMask(radius=3, percent=100, threshold=10))
img2
```

図8-16：図では違いがわかりにくいが、UnsharpMaskクラスを使ってアンシャープマスクを調整した。

ここでは、radius=3、percent=100、threshold=10に引数を指定してUnsharpMaskインスタンスを作成し、適用しています。

モルフォロジー変換

モルフォロジー変換は、イメージの図形が縮小したり膨張したりするフィルター処理です。これは、「**カーネル**」と呼ばれる一定サイズの要素に対して処理を行います。処理の仕方によって、大きく2通りがあります。

収縮 —— カーネル内のピクセルについてもっとも輝度の低い値をとる。
膨張 —— カーネル内のピクセルについてもっとも輝度の高い値をとる。

これらは、ImageFilterに以下のクラスとして用意されています。

・収縮
```
ImageFilter.MinFilter
```

・中間
```
ImageFilter.MedianFilter
```

・膨張
```
ImageFilter.MaxFilter
```

これらはいずれも、引数なしのコンストラクタを使ってインスタンスを作成します。では例を挙げましょう。

リスト8-16
```python
from PIL import Image
from PIL import ImageFilter

img = Image.open('image.jpg')
img2 = img.filter(ImageFilter.MinFilter())        # ●
# img2 = img.filter(ImageFilter.MedianFilter())   # ●
# img2 = img.filter(ImageFilter.MaxFilter())      # ●
img2
```

図8-17：MinFilter利用例(a)とMedianFilterの利用例(b)、MaxFilterの利用例(c)。

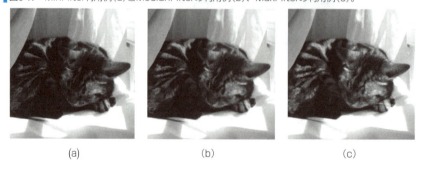

(a) (b) (c)

●マークの3行のいずれか1行のみを実行し、後はコメントアウトして試して下さい。MinFilter、MedianFilter、MaxFilterの効果を比較できます。

8-2 イメージ処理の機能

RankFilterについて

MinFilter、MedianFilter、MaxFilterよりも、実はもっと細く設定を行ってフィルターを適用できるクラスが用意されています。「**RankFiter**」といい、以下のようにインスタンスを作成します。

```
変数 = ImageFilter.RankFilter( カーネルサイズ , ランク )
```

カーネルサイズは整数で指定します。ランクは、カーネルでどの輝度を値として採用するかを指定します。
では、簡単な利用例を挙げておきましょう。

リスト8-17

```python
from PIL import Image
from PIL import ImageFilter

img = Image.open('image.jpg')
s = 5
r_min = 0     # ●
r_med = s * s /2     # ●
r_max = s * s - 1     # ●
img2 = img.filter(ImageFilter.RankFilter(s, r_min))
img2
```

ここでは、カーネルサイズをs値（5）、ランクの値をr_min、r_med、r_maxの3種類用意してあります。この3つの値は、実はMinFilter、MedianFilter、MaxFilterで使われている値なのです。これらを実際に使ってフィルターを適用し、それから調整してフィルターの適用具合を確認してみましょう。

pointと輝度調整

イメージの個々の**ピクセルの値（輝度）**を操作する方法として、「**point**」というメソッドも用意されています。以下のように利用をします。

```
変数 = [Image] .point( リスト )
変数 = [Image] .point( 関数 )
```

pointの引数指定には2つのやり方があります。
1つは、**輝度のリスト**を与える方法です。これは、RGB各輝度の0〜255のすべての値について、新たに設定する値を用意するものです。RGBの輝度はそれぞれ256ありますから、256×3個のリストを用意して1つ1つ値を設定すれば、それを元にイメージの輝度が変更されます。

321

もう1つは、**関数**を使い、それぞれの値を変換する処理を用意するというやり方です。個々の輝度の値が、設定された関数によって変換され新たな値に変更されます。

ラムダ式による輝度変換

これは、実際にやってみないとイメージしにくいでしょう。まずは、関数を使った輝度の変更からです。

リスト8-18
```
from PIL import Image
from PIL import ImageFilter

img = Image.open('image.jpg')
img2 = img.point(lambda x: x * 2)
img2
```

図8-18：ラムダ式を使い、すべての輝度を2倍にした。

これを実行すると、ハレーションを起こしたようにイメージが極度に明るくなります。pointを見ると、**point(lambda x: x * 2)**と設定されていますね。**ラムダ式**を使い、値をすべて2倍にしています。こうすることで輝度の値を2倍にしていたのです。

関数を利用する方法は、このようにすべての輝度を一定の法則で一律に変更するような場合に有効です。

リストによる輝度変換

もう1つの、リストを使ったやり方も見てみましょう。例えば「**256×3個のリストを用意する**」というと、なんだか猛烈な手間がかかりそうに思えますが、Pythonでは多数の値を持つリストを簡単に作れます。意外と大変ではないのです。

リスト8-19

```
from PIL import Image
from PIL import ImageFilter

img = Image.open('image.jpg')
(w,h) = img.size
img2 = img.point(list(range(256,0,-1))+list([255]*256)+list(range(256,0,-1)))
img2
```

図8-19：RGBのRBは輝度が逆転し、Gの輝度はすべて255に変更される。

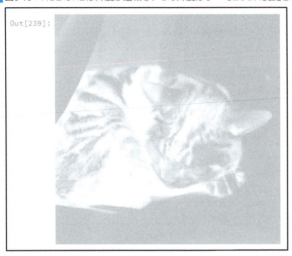

　これを実行すると、RGBのRとBは輝度が逆転し、Gはすべて輝度が最大に変換されます。ここでのpointメソッドの引数を見てみましょう。

Rの値	list(range(256,0,-1))
Gの値	list([255]*256)
Bの値	list(range(256,0,-1))

　このようにRGBのリストを用意し、それらを加算して1つにまとめています。見ればわかるように、Gだけがすべて255に変更されていますね。これで、Gの値だけが最大輝度に変わっていたのです。

　ただ、このように規則的な数列をリストとして用意するやり方は、関数を使っても行えます。リストを使う方法は、1つ1つの輝度に対し、きめ細かに変換を指定するような場合に用いるものと考えたほうがよいでしょう。

Chapter 8 pillow によるイメージ処理

8-3 イメージの描画と合成

新しいイメージの作成

pillowは、必ずしも「**既に用意されているイメージに修正を加える**」ためだけのものではありません。全く新しいイメージを用意したり、新しい図形やイメージを描いたりすることもできます。そうして作成したイメージを、既にあるイメージと合成するなどして新しいイメージを作り出すことも可能です。

まずは、「**新しいイメージの作成**」から行ってみましょう。これは、Imageのnewメソッドを利用します。

```
変数 = Image.new( モード , サイズ , 色 )
```

newには3つの引数が用意されます。

第1引数は、作成するイメージの**モード**を指定します。これは、モードを示すテキストで指定をします。モードにはいくつかの種類がありますが、以下のものだけ覚えておけば基本的なイメージ作成は行えるでしょう。

'1'	1ビットのモノクロイメージ。
'L'	グレースケールのイメージ。
'RGB'	RGBによるカラーイメージ。
'RGBA'	RGBにアルファチャンネルを加えたイメージ。

第2引数の**サイズ**は、幅と高さのピクセル数をまとめたタプルとして用意します。例えば**(300, 200)**とすれば、横300×縦200のイメージになります。

第3引数の**色**は、作成されたイメージ全体を特定の色で塗りつぶします。これは省略できますが、その場合、イメージはすべて黒の状態になります。色を指定する場合は、RGBの各色の値をタプルでまとめて指定します。例えば(255, 0, 0) とすれば、赤が設定されます。

ImageDrawについて

イメージに図形などを描画する場合に用いられるのが、「**ImageDraw**」というモジュールです。このモジュールは、PILモジュールに組み込まれています。

イメージへの描画を行うには、ImageDrawの「**Draw**」関数を使います。

```
変数 = ImageDraw.Draw( [Image] )
```

引数には、図形の描画を行うImageインスタンスを指定します。戻り値は、ImageDrawクラスのインスタンスとなります。ちょっとややこしいのですが、これは、**PIL.ImageDrawモジュールに用意されているImageDrawクラス**です。モジュール名とクラス名が同じなので混乱しないようにして下さい。

こうしてImageDrawインスタンスが取得できたら、後はインスタンス内にある描画用メソッドを呼びだすことで、指定のImageに描画できます。

直線の描画

では、描画を行ってみましょう。まずは単純なものとして直線を描画してみます。これは「**line**」というメソッドを使います。

```
[DrawImage] .line( 位置 , fill= 色 , width= 整数 )
```

lineは、第1引数に描く直線の位置情報を指定します。これは位置を表すタプルをリストにまとめたものになります。例えば、[(0, 0), (100, 100)] とすれば、(0, 0) の地点から (100, 100) の地点までの直線となります。

この位置情報は、線分の開始と終了の2箇所のみというわけではありません。多数の位置を用意することもできます。その場合は、それらの点をすべて結ぶ、折れ線を描きます。

fillは、線分の色を指定します。これはImage.newで使ったのと同様にRGBの各輝度をタプルでまとめたものを指定します。また、**width**は線分の太さを指定します。これは実数ではなく整数で指定をして下さい。

直線を描画する

では、実際に直線を描いてみましょう。以下のようにセルに記述して実行して下さい。赤とシアンの線が格子状に描かれます。

リスト8-20

```python
from PIL import Image
from PIL import ImageDraw,ImageColor


img = Image.new('RGB', (300,300), (255,255,255))
draw = ImageDraw.Draw(img)

for n in range(0,10):
    draw.line([(50+n*20,50),(50+n*20,250)], fill=(255,0,0), width=n)
    draw.line([(50,50+n*20),(250,50+n*20)], fill=(0,255,255), width=n)
img
```

図8-20：実行すると、赤とシアンの直線が格子状に描かれる。

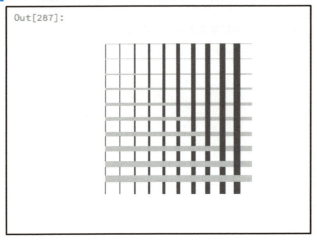

ここでは、forを使い、lineを繰り返し実行しています。位置とwidthを変えながら描画することで、こうした図形も簡単に描けます。

四角形の描画

続いて、四角形の描画を行いましょう。四角形は「**rectangle**」というメソッドとして用意されています。

〔DrawImage〕.rectangle(領域 , outline= 色 , fill= 色)

第1引数には、描画する領域を指定します。これは左上と右下の2点の位置情報を1つのリストにまとめたものです。例えば、(0, 0) と (100, 100) の2点を対角に持つ四角形を描くなら、[0, 0, 100, 100] あるいは [(0, 0), (100, 100)] と指定します。
outlineと**fill**は、輪郭線と内部の**塗りつぶしの色**を指定します。なお、塗りつぶさないときは、**fill=None**としておきます。
では、これも利用例を挙げておきましょう。

リスト8-21

```
from PIL import Image
from PIL import ImageDraw,ImageColor

img = Image.new('RGB', (300,300), (255,255,255))
draw = ImageDraw.Draw(img)
draw.rectangle([0,0,299,299], outline=(255,0,0))
for n in range(0,10):
    draw.rectangle([50+n*10,50+n*10,250-n*10,250-n*10], \
        fill=(255-n*25,255-n*25,255-n*25))
img
```

図8-21：実行すると、グレーの階調を少しずつ変えながら四角形がいくつも重ねられて描画される。

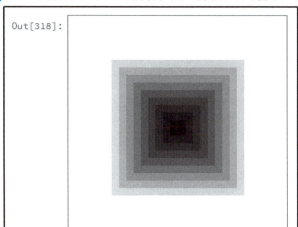

これを実行すると、イメージの輪郭部分を赤い線で描きます。中央には、グレースケールで少しずつ大きさを小さくしながら色を濃くしていく四角形が、10個重ねて描かれます。これも、イメージの周辺をrectangleで描いた後は、forによる繰り返しを使い、大きさと色の濃さを少しずつ変えながら四角形を描いていきます。

ellipseによる円の描画

続いて、円(楕円)の描画です。これは「**ellipse**」というメソッドとして用意されています。このメソッドは、四角形を描くrectangleとほとんど同じ使い方です。

［DrawImage］.ellipse(領域 , outline= 色 , fill= 色)

第1引数には、楕円が描かれる領域の**左上**と**右下**の地点の値をリストにまとめて用意します。outlineとfillには、それぞれ色の値を指定します。塗りつぶさない場合は、fill=Noneにします。

では、これも例を挙げておきましょう。

リスト8-22

```
from PIL import Image
from PIL import ImageDraw,ImageColor

img = Image.new('RGB', (300,300), (255,255,255))
draw = ImageDraw.Draw(img)
draw.ellipse([0,0,299,299], outline=(255,0,0))
for n in range(0,10):
    draw.ellipse([50+n*10,50+n*10,250-n*10,250-n*10], \
            fill=(n*25,n*25,n*25))
img
```

図8-22：円を重ねて描いたところ。

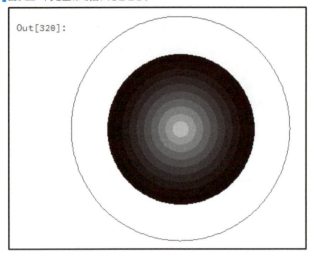

リスト8-21のrectangleで描いた図形をそのままellipseに変更しました。ただし、まったく同じでは面白くないので、塗りつぶす色の変化を「**黒から白へ**」と逆に変化させてあります。

スクリプトの処理は、**リスト8-21**とほとんど同じです。rectangleがellipseに変わっているのがわかるでしょう。

テキストの描画

テキストの描画は、「**text**」というメソッドを使って行います。

```
[DrawImage] .text( 位置 , テキスト , font= フォント , fill= 色 )
```

第1引数には、テキストを描く位置を**縦横の値のタプル**として指定します。第2引数には、描画するテキストを指定します。fillは、描画するテキストの色を指定します。

問題は、**font**でしょう。これには、使用するフォントを指定します。フォントは、「**ImageFont**」というクラスのインスタンスとして用意するのです。

ImageFont の作成

ImageFontは、PILモジュールに用意されているフォントを管理するクラスです。これは、フォントファイルを読み込んでインスタンスを作成します。これには以下のようなメソッドを利用します。

・デフォルトで指定されるフォントを読み込む

```
変数 = ImageFont.load_default()
```

・ビットマップフォントを読み込む

```
変数 = ImageFont.load( フォントファイルパス )
```

・TrueTypeフォントを読み込む

変数 = ImageFont.truetype(フォントファイルパス , フォントサイズ)

デフォルトのフォントやビットマップフォントは、サイズは最初から固定されているため特に指定する必要はありませんが、TrueTypeフォントはどのようなサイズにもできるため、作成するImageFontのフォントサイズを指定する必要があります。

こうして作成したImageFontインスタンスを、textのfont引数に指定して実行すれば、指定のフォントでテキストを描画できます。

テキストを描く

では、実際にテキストをイメージに描いてみましょう。画面にごく簡単なテキストを表示させてみます。

リスト8-23

```
from PIL import Image
from PIL import ImageDraw,ImageColor,ImageFont

img = Image.new('RGB', (300,300), (255,255,255))
draw = ImageDraw.Draw(img)
draw.ellipse([50,50,250,250], fill=(255,100,100))
fnt = ImageFont.truetype('arial.ttf', 40)
draw.text((10,50), "Hello!", fill=(0,0,255))
draw.text((10,100), "This is sample.", font=fnt, fill=(0,255,255))
img
```

図8-23：デフォルトフォントで「Hello!」、Arialフォントの40ポイントで「This is sample.」と表示する。

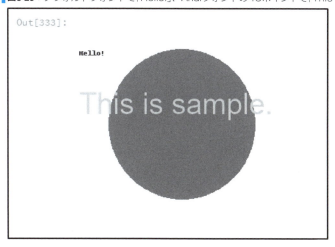

デフォルトフォントとArialフォントを使ってテキストを描画しています。なお、これを実行するには、arial.tffというTrueTypeフォントがインストールされている必要があります。WindowsやmacOSでは、システムに標準で組み込まれているはずです。

実際に試してみると、デフォルトフォントはかなり小さいサイズであることがわかり

ます。また、TrueTypeフォントはフォントサイズごとにインスタンスを用意しなければいけません。

イメージを重ねて描く

図形と同様に、イメージもほかのイメージ内に描画することができます。これは以下のように行います。

```
[Image] .paste( [Image], 位置 )
```

第1引数には、描画するイメージの**Imageインスタンス**を指定します。そして第2引数には、描画する**位置**(横位置と縦位置)をタプルにまとめて用意します。

これで、用意されたImageを等倍で指定位置に描画します。では、やってみましょう。

リスト8-24
```
from PIL import Image
from PIL import ImageDraw,ImageColor,ImageFont

img = Image.open('image.jpg')
(w,h) = img.size
img2 = img.resize((w//3,h//3))
img.paste(img2,(0,0))
img.paste(img2,(w//3,h//3))
img.paste(img2,(w//3*2,h//3*2))
img
```

図8-24：image.jpgを読み込み、それを3分の1に縮小したイメージを元のimage.jpg内に描画する。

実行すると、左上から右下にかけて、縦横3分の1に縮小されたイメージを3つ描画します。pasteでは、resizeで縮小したimg2を引数に指定して描画しています。

イメージを切り抜いてペーストする

イメージ全体ではなく、一部分だけを切り抜いてほかのイメージにペーストする場合には、一部を切り抜いたImageを作成する「**crop**」というメソッドを利用します。

```
変数 = [Image] .crop( 領域 )
```

引数には、**切り取る領域**を示す値を用意します。これは、領域の左上と右下の位置(横位置と高さ)の値を1つのリストにまとめて用意します。先にrectangleやellipseで図形を描く領域の値を指定しましたが、あれと同じものと考えればよいでしょう。

リスト8-25
```
from PIL import Image
from PIL import ImageDraw,ImageColor,ImageFont

img = Image.open('image.jpg')
(w,h) = img.size
img2 = img.crop([w//2,h//2,w,w])
img.paste(img2,(0,0))
img
```

図8-25：イメージの右下4分の1をcropし、中央よりやや左上辺りにペーストする。

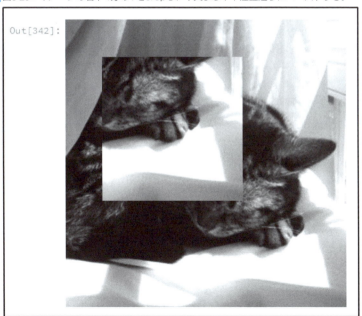

Chapter **8** pillow によるイメージ処理

これを実行すると、読み込んだイメージを4分割した右下の部分をcropし、それを左上から (50,50) の位置に描画しています。

イメージのブレンド

2つのイメージを重ねて合成するとき、普通にpasteしただけでは、後からペーストしたイメージに置き換わってしまいます。そうではなく、**透過**するように両方のイメージを合成したい場合もあるでしょう。これは、Imageモジュールの「**blend**」という関数で行えます。

```
変数 = Image.blend( [Image], [Image], 透過度 )
```

引数には、ベースになるイメージと、上に重ねるイメージ、そしてどの程度の透過度を指定してブレンドするかを示す値（0 〜 1の実数）を指定します。これがゼロだと第2引数のイメージはまったく表示されず、1だと第1引数のイメージが完全に消えて第2引数のイメージに置き換わります。その間の値を調整して、両者がきれいにブレンドする値を探ります。戻り値は、合成して作成されたImageインスタンスになります。

では、これも実際に試してみましょう。

リスト8-26

```python
from PIL import Image
from PIL import ImageDraw,ImageColor,ImageFont

img = Image.open('image.jpg')
(w,h) = img.size
img2 =  Image.new('RGB', (w,h),(255,255,255))
drw = ImageDraw.Draw(img2)
for n in range(0, 10):
    drw.rectangle([w//10*n,0,w//10*(n+1),h],fill=(n*25,n*25,n*25))

bld_img = Image.blend(img,img2,0.75)
bld_img
```

332

図8-26：実行すると、イメージに、色が段階的に変化するグレースケールのイメージを合成する。

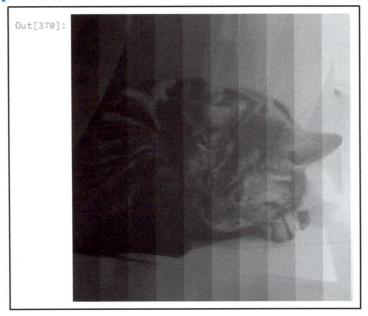

実行すると、イメージと、グレースケールの図形が合成されて表示されます。ここでは、**Image.blend(img,img2,0.75)** として、img2のイメージを0.75とかなり強めにして合成をしています。第3引数の数値をいろいろと変えて試してみると、ブレンドによる合成がどういうものかよくわかるでしょう。

RGBの分離とマージ

Imageには、イメージのデータをRGBそれぞれの輝度ごとに分離する機能があります。また、複数のImageをRGBのそれぞれの輝度として1つに合成する機能もあります。

・RGBを分離する

```
変数 = [Image] .split()
```

・マージする

```
変数 = [Image] .merge( モード , イメージ )
```

splitは、RGBそれぞれの輝度のグレースケールImageとして分離します。戻り値は、3つのImageをタプルでまとめます。ですから、「**(r, g, b) = ～**」というように、それぞれを変数に代入するようにして利用するのが基本です。

mergeは、複数のImageを合成して1つのImageにします。第1引数には、作成するイメージのモードを示すテキストを指定します。通常のRGBならば 'RGB' とすればいいでしょう。第2引数には、RGBそれぞれに割り当てる3つのImageをタプルにまとめたものを用意します。

では、実際に試してみましょう。

リスト8-27
```
import sys
from PIL import Image
print()img = Image.open('image.jpg')
(r, g, b) = img.split()
img2 = Image.merge("RGB", ( \
        r.transpose(Image.FLIP_LEFT_RIGHT),g,b))
img2
```

図8-27：イメージのRGBを分離し、Rの輝度だけを左右反転して再び合成する。

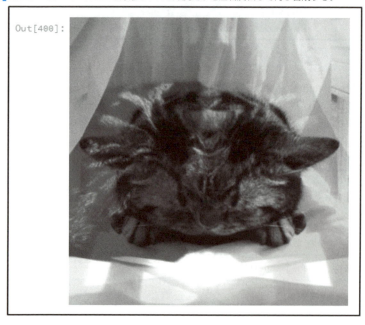

実行すると、イメージをRGBに分離し、Rの輝度だけを左右反転して再び合成し、表示します。splitでRGBの輝度を分解してr、g、bの3つの変数に代入し、これをmergeする際にRだけtransposeで左右反転しています。

イメージのセピア化

splitとmergeを使いこなせば、色調に関するさまざまな処理が行えるようになります。また、RGBのそれぞれについて個別に輝度を調整して合成すれば、かなり細かなイメージの操作が行えるようになります。

その例として、カラーのイメージをセピア調に変換してみましょう。

リスト8-28

```
import sys
from PIL import Image

img = Image.open('image.jpg')
gry = img.convert("L")
r = gry.point(lambda x: x * 1.0)
g = gry.point(lambda x: x * 0.75)
b = gry.point(lambda x: x * 0.5)
img2 = Image.merge("RGB",(r,g,b))
img2
```

図8-28：わかりにくいが、イメージをセピア調に変換している（実機で確認して下さい）。

セピア調のイメージの作成は、「**イメージをグレースケールに変換する**」「**変換したイメージの輝度を調整し、マージしてカラーイメージを作る**」という作業になります。

まず、グレースケールのイメージを作成します。

Chapter **8** pillow によるイメージ処理

```python
gry = img.convert("L")
```

　続いて、このグレースケールイメージの輝度を調整して、RGBそれぞれに使うイメージを用意します。

```python
r = gry.point(lambda x: x * 1.0)
g = gry.point(lambda x: x * 0.75)
b = gry.point(lambda x: x * 0.5)
```

　R用のイメージはグレースケールそのままのものを使います。G用は0.75倍し、B用は0.5倍します。こうして用意できたイメージをマージします。

```python
img2 = Image.merge("RGB",(r,g,b))
```

　これで、セピア調っぽいイメージが作成できます。RGB各輝度のイメージを作成しているところでは、ラムダ式で各輝度に一定の数値をかけています。この値を色々と調整すれば、生成されるイメージの色合いも変わります。

8-4 ImageOps/ImageChops

オートコントラスト

　pillowには、「**ImageOps**」というモジュールが用意されています。これは、さまざまなイメージ処理のパッケージです。ここに用意されている機能を利用することで、グラフィックソフトなどでよく見られるようなイメージ処理機能を簡単に実現できます。
　ImageOpsを利用するには、以下のようにimportを用意しておきます。

```python
from PIL import ImageOps
```

　これで、ImageOpsが使えるようになります。では、実際に主な機能を使っていくことにしましょう。

autocontrast メソッド

　まずは、「**オートコントラスト**」から行ってみましょう。これはその名の通り、コントラストの自動調整機能です。

```
変数 = ImageOps.autocontrast( [Image] , cutoff= 値 , ignore= 色 )
```

　引数は3つあります。第1引数は、イメージ処理を行うImageインスタンスです。この

引数だけを指定して実行すれば、コントラストを自動調整したImageを返します。
　そのほかの引数には、自動調整の際に使用する設定を用意します。
　cutoffは、輝度のヒストグラムにおいて何%をカットオフするか(それ以下はコントラスト調整しない)を指定します。例えば、cutoff=10とすれば、ヒストグラムの下位10%の輝度部分はコントラスト調整されず、すべて真っ黒になります。
　ignoreは、背景色が使われている場合に利用するもので、指定した色を背景色と判断し、無視して処理をします。
　では、実際に簡単な例を挙げておきましょう。

リスト8-29
```
from PIL import Image
from PIL import ImageOps

img = Image.open('image.jpg')
img2 = ImageOps.autocontrast(img,cutoff=25)
img2
```

図8-29:オートコントラストする。下位25%をカットオフしているため、かなりの部分が黒くなっている。

イメージの反転

　イメージの反転は、既に行いましたが、ImageOpsにも用意されています。以下のような関数です。

・上下反転

> 変数 = ImageOps.flip([Image])

・左右反転

> 変数 = ImageOps.mirror([Image])

これでイメージの上下および左右の反転が行えます。利用例を挙げておきましょう。上下と左右を反転し、180度回転した形でイメージを表示します。

リスト8-30
```
from PIL import Image
from PIL import ImageOps

img = Image.open('image.jpg')
img2 = ImageOps.flip(img)
img3 = ImageOps.mirror(img2)
img3
```

図8-30：上下、左右に反転し、180度回転した状態にイメージを表示する。

イメージの輝度反転

イメージの輝度を反転させる処理は、「**invert**」という関数として用意されています。これは非常に単純です。

> 変数 = ImageOps.invert([Image])

引数にImageインスタンスを指定するだけで、それを反転したImageを返します。では利用例を挙げておきます。

リスト8-31
```
from PIL import Image
from PIL import ImageOps

img = Image.open('image.jpg')
img2 = ImageOps.invert(img)
img2
```

図8-31：イメージの輝度を反転させる。

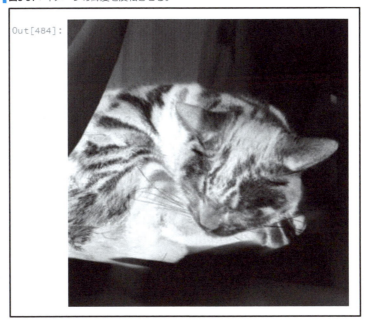

グレースケール化

グレースケールへの変換も、先にconvertメソッドを使って説明をしていますが、ImageOpsではもっとシンプルに行えます。

```
変数 = ImageOps.grayscale( [Image] )
```

引数にImageを指定するだけで、そのイメージをグレースケール化したImageを返します。利用例を以下に挙げます。

リスト8-32

```
from PIL import Image
from PIL import ImageOps

img = Image.open('image.jpg')
img2 = ImageOps.grayscale(img)
img2
```

図8-32：図ではわかりにくいが、グレースケールに変換されている。

ポスタライズ

カラーのイメージを、ポスターのように限られた色数だけで構成されるようにするものです。これは「**posterize**」という関数として用意されています。

```
変数 = ImageOps.posterize( [Image] , 整数 )
```

第1引数には、ポスタライズするImageインスタンスを指定します。第2引数には、**ビット数**を指定します。これは8ビット（256色）から1ビット（2色）の間のビット数を指定します。

では、実際に使ってみましょう。

リスト8-33
```
from PIL import Image
from PIL import ImageOps
print()
img = Image.open('image.jpg')
img2 = ImageOps.posterize(img,2)
img2
```

図8-33：ポスタライズを使い、2ビット（4色）で表示させたところ。

これは、イメージを2ビット（4色）で表示しています。**posterize(img,2)**で簡単にポスタライズされたイメージが得られるのがわかります。

ソラリゼーション

ソラリゼーションは写真の現像で用いられるテクニックです。**露光過多**にすることで白黒が反転する現象です。これを行うのが、「**solarize**」関数です。

```
変数 = ImageOps.soralize( [Image], 整数 )
```

第1引数にはImageインスタンスを指定します。第2引数は「**スレッショルド**」といって、白黒反転する「**しきい値**」を指定します。これは0〜127の整数で指定します。

では、利用例を見てみましょう。

リスト8-34
```
from PIL import Image
from PIL import ImageOps

img = Image.open('image.jpg')
img2 = ImageOps.solarize(img,100)
img2
```

図8-34：ソラリゼーションしたイメージ。

実行すると、イメージにソラリゼーションを適用します。ここではスレッショルドに100を指定していますが、この値を変更するとイメージもずいぶんと変わります。数値を増減して試してみて下さい。

カラーライズ

グレースケールイメージに色を付けてカラー化するのが**カラーライズ**です。これは「**colorize**」という関数として用意されています。

```
変数 = ImageOps.colorize( [Image], white= 色 , black= 色 )
```

第1引数には、カラーライズするイメージのImageインスタンスを指定します。その後のwhiteとblackは、白と黒に割り当てる色を指定します。colorizeは、黒と白にカラーを設定し、グレースケールの濃度に応じてこれらのカラーを配分してカラー化します。

では、これも例を見てみましょう。

リスト8-35

```python
from PIL import Image
from PIL import ImageOps

img = Image.open('image.jpg')
img2 = ImageOps.colorize(ImageOps.grayscale(img),\
        white=(100,255,255),black=(150,0,0))
img2
```

図8-35：グレースケールにしたイメージをカラーライズする。

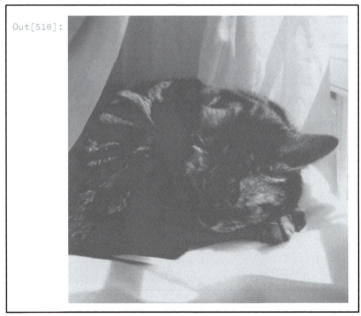

ここでは、ImageOps.grayscaleを使ってグレースケール化したイメージをcolorizeでカラー化しています。whiteには明るいシアンを、blackには暗めの赤を指定し、この2色を使ってカラー化しています。whiteとblackの色を変更することで、カラー化されるイメージも大きく変化します。

平均化

平均化は、**イメージの輝度を平均的にする**機能です。イメージの輝度ごとにヒストグラムを作成すると、特定の値が突出していたりするものですが、それをなめらかにしてイメージ全体をやわらかい色調に変えます。

```
変数 = ImageOps.equalize( [Image] )
```

平均化を行う「**equalize**」関数は、引数にImageを指定するだけのシンプルなものです。これで平均化されたImageが返されます。では利用例を挙げておきます。

リスト8-36
```
from PIL import Image
from PIL import ImageOps

img = Image.open('image.jpg')
img2 = ImageOps.equalize(img)
img2
```

図8-36：イメージを平均化する。図ではわかりにくいかもしれないが、オリジナルよりやわらかい色調になっている。

ImageChopsモジュールについて

ImageOpsは、イメージの基本的な処理をまとめたものでしたが、**チャンネル操作**を行う機能をまとめたモジュールが「**ImageChops**」です。これは、以下のようにimport文を用意して利用します。

```
from PIL import ImageChops
```

これで、ImageChopsモジュール内の関数を呼び出せるようになります。では、主な関数について説明しましょう。

darker/lighter

2つのイメージの暗い方の輝度を取って合成するのが「**darker**」、明るい方の輝度を取って合成するのが「**lighter**」です。これらは以下のように利用します。

・暗い輝度で合成

```
変数 = ImageChops.darker( [Image1], [Image2] )
```

・明るい輝度で合成

```
変数 = ImageChops.lighter( [Image1], [Image2] )
```

これらは2つのImage以外には引数はありません。簡単でわかりやすいですね。では利用例を挙げましょう。

リスト8-37

```
from PIL import Image
from PIL import ImageChops
print()
img = Image.open('image.jpg')
(w,h) = img.size
img2 =  Image.new('RGB', (w,h),(255,255,255))
drw = ImageDraw.Draw(img2)
for n in range(0, 10):
    drw.rectangle([w//10*n,0,w//10*(n+1),h],fill=(n*25,n*25,n*25))
img3 = ImageChops.darker(img, img2)     #●
# img3 = ImageChops.lighter(img, img2)     #●
img3
```

図8-37：darkerしたイメージ(左)と、lighterしたイメージ(右)。

●マークの2行の内、どちらか片方のみを実行するように修正して下さい。これで、darkerとlighterの表示を確認できます。イメージを比べると、両者の違いがよくわかりますね。

addによる合成

「**add**」は、2つのイメージの輝度を加算して新しいイメージを作成します。これは以下のように利用します。

```
変数 = ImageChops.add( [Image1], [Image2], scale=実数 , offset= 整数 )
```

引数にImageを2つ指定することで、その2つをaddで合成します。このほかに、**scale**と**offset**という引数を指定できます。これらは、**倍率**と**オフセット値**を指定します。addによる新たな輝度の計算は、以下のように行われます。

```
( [Image1] + [Image2] ) / scale + offset
```

scaleの値が大きくなるほど新たな輝度は抑え気味になります。また、offsetを加えることで、全体的に輝度に値を上乗せできます。では、利用例を挙げておきましょう。

リスト8-38

```
from PIL import Image
from PIL import ImageChops

img = Image.open('image.jpg')
(w,h) = img.size
img2 =  Image.new('RGB', (w,h),(255,255,255))
drw = ImageDraw.Draw(img2)
for n in range(0, 10):
```

```
        drw.rectangle([w//10*n,0,w//10*(n+1),h],fill=(n*25,n*25,n*25))
img3 = ImageChops.add(img, img2, scale=1.0, offset=10)
img3
```

図8-38：addで2つのイメージを合成する。

　読み込んだイメージと、グレースケールで10段階の輝度で塗りつぶしたイメージを合成しています。scaleとoffsetを調整して変化を確認しましょう。

multiplyによる合成

　「**multiply**」は、乗算によって新たな輝度を確定する方式です。これは以下のように利用します。

```
変数 = ImageChops.multiply( [Image1], [Image2] )
```

　multiplyは、2つのイメージの輝度をかけ合わせ、最大輝度で割ったものを新たな輝度とします。こういう式になります。

```
[Image1] * [Image2]   /  最大値
```

　このように乗算し、最大値で割った値を輝度として、新たなイメージが生成されます。では例を挙げておきましょう。

リスト8-39

```
from PIL import Image
from PIL import ImageChops

img = Image.open('image.jpg')
(w,h) = img.size
img2 = Image.new('RGB', (w,h),(255,255,255))
drw = ImageDraw.Draw(img2)
for n in range(0, 10):
    drw.rectangle([w//10*n,0,w//10*(n+1),h],fill=(n*25,n*25,n*25))
img3 = ImageChops.multiply(img, img2)
img3
```

図8-39：イメージをmultiplyで合成する。

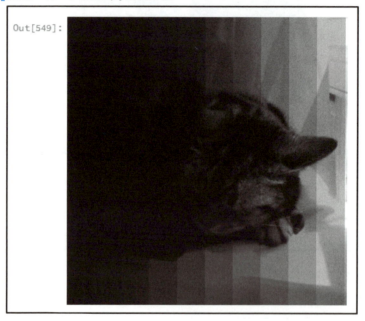

subtractによる合成

2つのイメージの**輝度の差を計算して新たな輝度とする**のが「**subtract**」です。これは以下のように呼び出します。

```
変数 = ImageChops.subtract( [Image1], [Image2], scale=実数 , offset= 整数 )
```

引数には、合成するImageを2つ指定します。このほか、**scale**と**offset**という引数を指定できます。これらはaddでも登場しましたね。倍率とオフセット値を指定するものです。subtractによる新たな輝度の計算は、以下のように行われます。

```
( [Image1] - [Image2] ) / scale + offset
```

2つの輝度の差をとり、それをsaceleで割り、offsetで底上げをする。輝度の差を指定するため、全体として暗くなりがちです。scaleとoffsetは、暗くなるイメージを調整するのに役立ちます。

では、これも利用してみましょう。

リスト8-40
```
from PIL import Image
from PIL import ImageChops

img = Image.open('image.jpg')
(w,h) = img.size
img2 =  Image.new('RGB', (w,h),(255,255,255))
drw = ImageDraw.Draw(img2)
for n in range(0, 10):
    drw.rectangle([w//10*n,0,w//10*(n+1),h],fill=(n*25,n*25,n*25))
img3 = ImageChops.subtract(img, img2, scale=2.0, offset=20)
img3
```

図8-40：subtractで2つのイメージを合成する。

これを実行すると、2つのイメージをsubtractで合成します。scaleは2.0にして変化を柔らかくし、offsetで多少輝度を高めにしてあります。

differenceによる合成

「**difference**」は、輝度の差の絶対値を新たな輝度とする機能です。

```
変数 = ImageChops.difference( [Image1], [Image2] )
```

2つの引数にImageを指定するだけで、ほかに引数はありません。では、これも利用例を挙げておきましょう。

リスト8-41

```
from PIL import Image
from PIL import ImageChops

img = Image.open('image.jpg')
(w,h) = img.size
img2 =  Image.new('RGB', (w,h),(255,255,255))
drw = ImageDraw.Draw(img2)
for n in range(0, 10):
    drw.rectangle([w//10*n,0,w//10*(n+1),h],fill=(n*25,n*25,n*25))
img3 = ImageChops.difference(img, img2)
img3
```

図8-41：differenceでイメージを合成する。

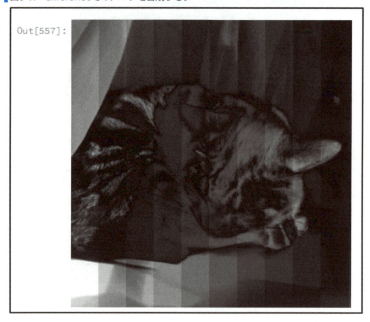

compositeによる合成

「**composite**」は、2つのイメージを「**マスク**」と呼ばれるイメージを使って合成します。1つ目のイメージに、マスクを使って穴を開け、そこに2つ目のイメージをはめ込むのです。これは以下のように利用します。

```
変数 = ImageChops.composite( [Image1] , [Image2] , [mask] )
```

マスクは、**グレースケールのイメージ**です。グレースケールで描いた図形の黒い部分を「**穴**」として使います。[Image1]に、[mask]の黒い部分を使って穴を開け、そこに[Image2]をはめ込むのです。

これは、実際にやってみないと、どんなものができるのか想像しづらいでしょう。

リスト8-42

```python
from PIL import Image
from PIL import ImageChops

img = Image.open('image.jpg')
(w,h) = img.size
img2 =  Image.new('RGB', (w,h),(255,255,255))
drw = ImageDraw.Draw(img2)
for n in range(0, 10):
    drw.rectangle([w//10*n,0,w//10*(n+1),h],fill=(n*25,n*25,n*25))
msk = Image.new('RGB', (w,h),(255,255,255))
msk_drw = ImageDraw.Draw(msk)
msk_drw.ellipse([50,50,w-50,h-50], fill=(0,0,0))

img3 = ImageChops.composite(img2, img, msk.convert('L'))
img3
```

図8-42：compositeを使い、イメージに丸い穴を開けてもう1つのイメージをはめ込む。

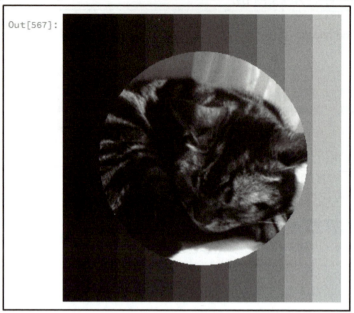

　ここでは、丸い円のイメージをマスクに用意しておきました。これを使い、img2のイメージに丸い穴を空け、imgのイメージをはめ込んでいます。イメージを切り抜くようにしてはめ込むのに役立つ機能ですね。

Chapter 9

Jupyter機能拡張
ウィジェットの活用

Jupyterには、ウィジェットと呼ばれるJupyterを機能拡張するプログラムが用意されています。ここでは、マップを表示する「ipyleaflet」と、基本手なGUIコントロールを作成する「ipywidgets」について説明しましょう。

データ分析ツールJupyter入門

Chapter 9 Jupyter 機能拡張ウィジェットの活用

9-1 ipyleafletの利用

モジュールとウィジェット

ここまで説明してきた各種の機能は、Pythonの**モジュール**として提供されるものでした。従って、機能そのものはJupyterに限らず、普通にPythonのスクリプトから利用できるものです。

こうしたものとは別に、Jupyterの機能を拡張するプログラムもあります。「**ウィジェット**」と呼ばれ、Anacondaからインストールできます。ウィジェットを追加することで、Notebookでの表示を拡張することができます。

> **Note**
>
> ウィジェットは、現時点では「Notebookの拡張のためのもの」と考えて下さい。Labの場合、追加されるモジュールのプログラム自体は動作するけれど実際に画面に表示がされない、といった現象が確認されました。Labはまだ開発中の環境ですので、今後のアップデートにより解決するかもしれません。現時点では「ウィジェットは、Notebook専用」と考えておきましょう。

ipyleafletとは？

最初に紹介するのは「**ipyleaflet**」というウィジェットです。これは、シンプルな**インタラクティブマップ**をセルに表示します。Googleマップのようなものですが、使用しているマップはOpenStreetMapというオープンソースのマップです。

ipyleafletは、モジュールとして公開されているわけではないため、Navigatorのモジュール管理からインストールすることはできません。ターミナルからコマンドを使ってインストールします。

Navigatorの「**Environments**」を選択し、使用している仮想環境（ここでは「**my_env**」）の▼をクリックして「**Open Terminal**」メニューを選んで下さい。

■図9-1：「Open Terminal」メニューを選びターミナルを起動する。

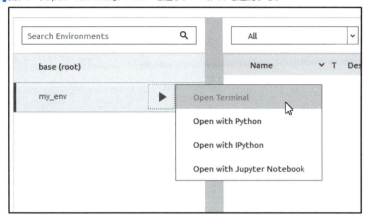

ターミナルのウインドウが現れたら、以下のようにコマンドを実行してください。

```
conda install -c conda-forge ipyleaflet
```

■図9-2：conda installコマンドを実行すると、インストールするプログラム類を調べて一覧表示する。これらのプログラムのインストールや更新が必要になる。

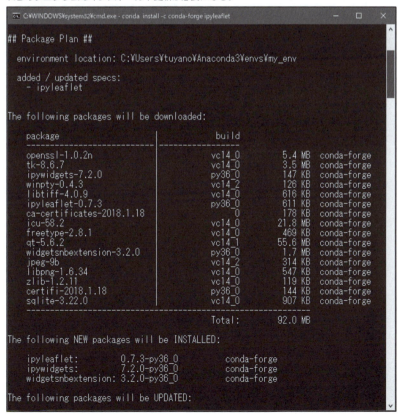

これで、ipyleafletの動作に必要なプログラム類が検索・表示されます。「**Proceed([Y]/n)?**」と表示されるので、そのままEnterまたはReturnキーを押せばインストールが開始されます。

図9-3：Proceed([Y]/n)? と表示されたらEnter/Returnすると、必要なプログラム類をすべてインストールする。

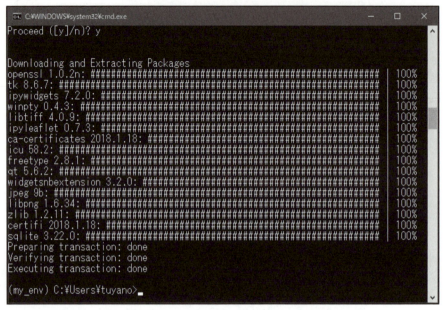

しばらく待って、再び入力状態に戻ったら、インストールは完了しています。ターミナルを閉じ、Notebookでノートブックを開いてipyleafletを使いましょう。

Mapクラスを使う

ipyleafletは、**マップをセルのアウトプットに埋め込んで表示するウィジェット**です。これは、ipyleafletモジュールの「**Map**」というクラスとして用意されています。

Mapのもっともシンプルな使い方は、以下のようにしてインスタンスを作成することです。

```
変数 = Map()
```

これでMapインスタンスが作成できます。ただし、この状態では、緯度経度共にゼロの状態となっています。表示する位置やマップのズームなどは最低限設定したいでしょう。これらは以下のようなオプション引数として指定をします。

center	マップの中央の位置を、緯度と経度の値をリストやタプルでまとめて指定します。
zoom	マップのズームを0〜18の整数で指定します。

インスタンスを作成し、それを出力すればマップが表示されます。では、実際に使ってみましょう。

リスト9-1
```
from ipyleaflet import Map

m = Map(center=(35.68, 139.75), zoom=12)
m
```

図9-4：実行すると、東京近辺のマップが表示される。

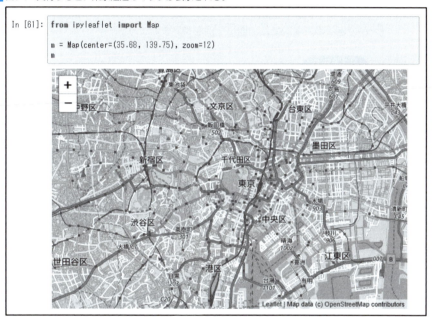

実行すると、セルのアウトプット部分にマップが表示されます。ここでは、東京近辺が表示されるようにしてあります。

表示されるマップは、マウスでドラッグして表示位置を移動することができます。また、「＋」「－」のボタンをクリックして拡大縮小することもできます。単にマップのイメージを表示するのではなく、Googleマップのようにインタラクティブに操作できることがわかります。

マーカーを追加する

マップをカスタマイズして利用する場合、最初に思い浮かぶのは「**マーカー**」でしょう。マップ上の位置を示すマークのことですね。これは、「**Marker**」というクラスとして用意されています。

```
変数 = Marker()
```

これで作成できます。ただし、これも表示する位置は指定しておく必要があるでしょう。位置は、「**location**」という引数で用意できます。これに、緯度と経度をリストやタプルにまとめて設定することで、表示されるマーカーの位置を指定できます。

作成したマーカーは、+=演算子を使ってマップに組み込めます。

```
[Map] += [Marker]
```

このように+=でMarkerインスタンスをMapインスタンスに組み込み、表示させることができるのです。では、簡単な例を挙げましょう。

リスト9-2
```
from ipyleaflet import Map

(lat, lon) = (35.682, 139.765)

m = Map(center=(lat, lon), zoom=17)
for n in range(-3, 4, 1):
    mark = Marker(location=(lat,lon+n/2000))
    m += mark
m
```

図9-5：実行すると、7つのマーカーが横一列に並んで表示される。

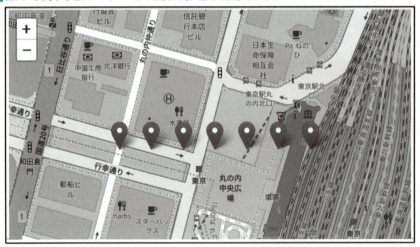

ここでは、7つのマーカーを作成してマップに追加しています。forを使い、位置を少しずつ変化させながらMarkerを作ってMapに追加していけば、簡単にマーカーを表示でききます。

マーカークラスタについて

　多数のマーカーを追加する場合、マップのズームによってはマーカーだらけで見づらい状態になりかねません。このようなときに使われるのが「**マーカークラスタ**」です。

　マーカークラスタは、登録したマーカーと画面のズーム状態を基に「**どのマーカーを表示し、どれを省略するか**」を管理します。省略した場合は、「**ここにいくつのマーカーがあるか**」を表す数字だけが表示されます。
　マーカークラスタは「**MarkerCluster**」というクラスとして用意されており、以下のように作成します。

変数 = MarkerCluster(markers= ［Markerのリスト］)

　MarkerClusterは、引数に**markers**という値を用意しておきます。これに、管理するMarkerをリストやタプルなどにまとめて指定します。後は、MarkerClusterが勝手に表示するマーカーを管理してくれます。
　では、これも実際に使ってみましょう。

リスト9-3

```
from ipyleaflet import Map,MarkerCluster
from ipyleaflet import Map

(lat, lon) = (35.682, 139.765)
mrks = []
m = Map(center=(lat, lon), zoom=17)
for n in range(-3, 4, 1):
    mrks.append(Marker(location=(lat,lon+n/1000)))

marker_cluster = MarkerCluster(markers = mrks)
m += marker_cluster
m
```

図9-6：マーカークラスタの働き。縮小表示していくとマーカーが省略され、そこにあるマーカー数だけが表示される。

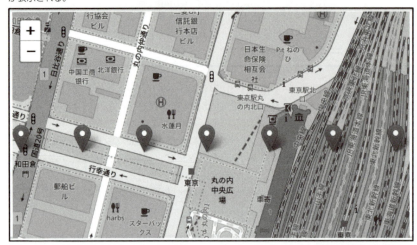

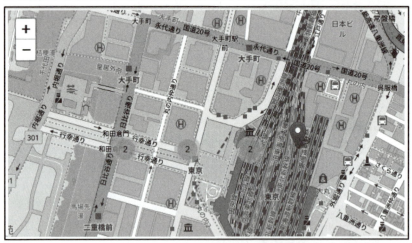

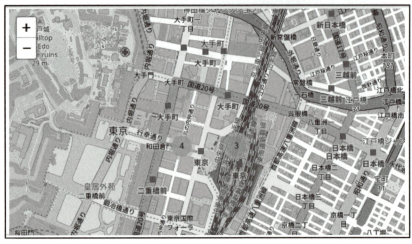

実行すると、先ほどと同様に7つのマーカーが表示されます。そのまま「＋」アイコンで表示を縮小すると、マーカーのいくつかが省略され、数字だけ表示されるようになります。拡大すれば、再びマーカーが表示されるようになります。これが、マーカークラスタの働きです。

円形マーカー

マーカーには、デフォルトのピンの形状以外に、円形も用意されています。「**CircleMarker**」というクラスです。これは以下のように作成をします。

```
変数 = CircleMarker( location=位置 )
```

位置の情報を**location**引数に指定しておきます。これでマーカーそのものは作成できますが、表示する円に関する設定を行う引数が多数用意されており、それらを用意しておくことになるでしょう。

・表示に関するオプション引数

radius	半径
weight	線の太さ
color	線色
fill_color	塗りつぶし色
opacity	透過度
fill_opacity	塗りつぶし部分の透過度

これらを使ってマーカーとして描く円の情報を指定します。作成されたCircleMarkerは、Mapに+=で追加することができます。この辺りの扱いは、Markerと同じです。
では、利用例を挙げておきましょう。

リスト9-4

```
from ipyleaflet import Map,CircleMarker

(lat, lon) = (35.682, 139.765)
mrks = []
m = Map(center=(lat, lon), zoom=17)
for n in range(-3, 4, 1):
    cm = CircleMarker(location=(lat,lon+n/1500), radius=10,
        weight=3, color='#F00', fill_color='#0FF',
        opacity=1.0, fill_opacity=1.0)
    m += cm
m
```

図9-7：横一列に円形のマーカーを表示する。

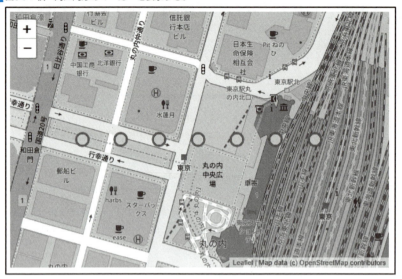

リスト9-4は、**リスト9-2**の7個のマーカーを表示するサンプルをCircleMarkerに置き換えたものです。forによる繰り返しを使い、CircleMarkerを作成してはMapである変数mに追加する、ということを繰り返しています。

> **Note**
> 筆者の環境では、radiusによる大きさの設定がうまく機能せず、固定されたサイズになっていました。これはipyleafletによる問題か、Jupyter側の問題か、あるい筆者の環境に固有の問題なのかはっきりしません。もし同様の問題が起こった場合は、Jupyterかipyleafletのアップデートにより解決するかもしれません。

直線の描画

マーカー以外にも、簡単な図形をマップに描き足すことができます。まずは、直線からです。直線は「**Polyline**」というクラスとして用意されています。

```
変数 = Polyline(locations= 位置情報 , radius=半径 )
```

locaionsの位置情報は、点のタプルをリストでまとめた形になります。Polylineは、「**2点を結ぶ直線**」だけしか描けないわけではありません。locationsに複数の点の位置をリストにまとめて渡すと、それらを順に結ぶ折れ線を描くことができます。また**radius**は、描く円の半径を整数で指定します。

位置以外の設定としては、先にCircleMarkerで使ったオプション引数(weight、color、fill_color、opacity、fill_opacity)がすべて使えます。

では、利用例を挙げておきましょう。

リスト9-5

```
from ipyleaflet import Map,Polyline

(lat, lon) = (35.682, 139.765)
m = Map(center=(lat, lon), zoom=15)

for n in range(0,10):
    pl = Polyline(locations=[(lat+0.005,lon-0.005),
        (lat+0.005-0.001*n,lon+0.005)],
        weight=10-n, color='#f00')
    m += pl
m
```

図9-8：赤い直線を描画する。

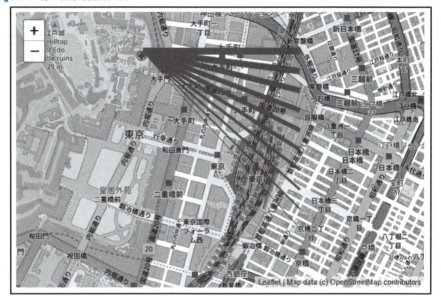

これを実行すると、マップに10本の赤い直線を描きます。繰り返すごとにweightの値を変えて線の太さが少しずつ細くなるようにしてあります。

四角形の描画

続いて、四角形の描画です。これは「**Rectangle**」というクラスとして用意されています。使い方は以下のようになります。

```
変数 = Rectangle(bounds= 領域 )
```

boundsで描く領域を指定します。これは、四角形の左上と右下の2点の位置をリスト

にしたものです。位置の値は、緯度と経度をタプルでまとめます。つまり**[(緯度, 経度), (緯度, 経度)]**という形にしておくわけですね。

描く図形の設定は、CircleMarkerのオプション引数が利用できます。では、これも例を挙げておきましょう。

リスト9-6
```
from ipyleaflet import Map,Rectangle

(lat, lon) = (35.682, 139.765)
m = Map(center=(lat, lon), zoom=15)

for n in range(1,5):
    r = Rectangle(bounds=[(lat-0.001*n,lon-0.001*n),(lat+0.001*n,lon+0.001*n)])
    m += r
m
```

図9-9：実行すると、4つの四角形を重ねて表示する。

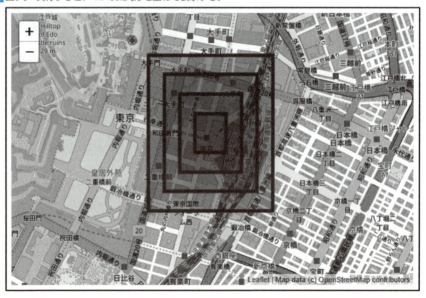

これを実行すると、4つの四角形を重ねて描きます。青い線で描かれますが、ここでは色や透過度の指定は特にしていません。つまり、これはデフォルトで設定されている色なのです。

また、ここでは縦横同じ数値の大きさにしていますが、実際の表示を見ると縦長に見えるはずです。これは、緯度と経度の値を元に描画をしているためです。

円の描画

続いて、円の描画です。これは「**Circle**」というクラスとして用意されています。これは以下のように作成します。

> 変数 = Circle(location= 位置 , radius= 半径)

locationは、緯度と経度をタプルにまとめます。**radius**は整数で指定します。これにより指定の大きさで円が描かれます。描く図形に関する設定は、CircleMarkerのオプション引数が利用できます。

では、例を挙げましょう。

リスト9-7

```
from ipyleaflet import Map,Circle

(lat, lon) = (35.682, 139.765)
m = Map(center=(lat, lon), zoom=15)

for n in range(1,5):
    c = Circle(location=(lat,lon),radius=n*100)
    m += c
m
```

図9-10：4つの円を重ねて描く。

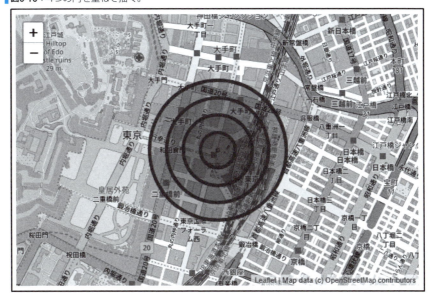

実行すると、4つの円を重ねて描きます。これも、色の指定などはしていません。デフォルトの値でそのまま描画をしています。

イメージを表示する

マップには、イメージを読み込んで表示することもできます。これは「**ImageOverlay**」というクラスとして用意します。

```
変数 = ImageOverlay(url=ファイル , bounds= 領域 )
```

ImageOverlayでは、urlでイメージファイルを指定します。これは、同じサーバー内にあるならばファイルパスで指定できますし、ほかのホストにあるものなら、ファイルのURLを指定できます。読み込んだイメージはそのままの大きさで読み込まれるため、**bounds**で大きさを指定して描画するのがよいでしょう。

作成されたImageOverlayインスタンスは、+=演算子でMapに組み込むことができます。では、これも例を挙げましょう。

リスト9-8

```
from ipyleaflet import Map,ImageOverlay

(lat, lon) = (35.682, 139.765)
m = Map(center=(lat, lon), zoom=15)

io = ImageOverlay(url='image.jpg',
    bounds=[(lat-0.005,lon-0.005),(lat+0.005,lon+0.005)])
m += io
m
```

図9-11：実行すると、image.jpgを読み込んで表示する。

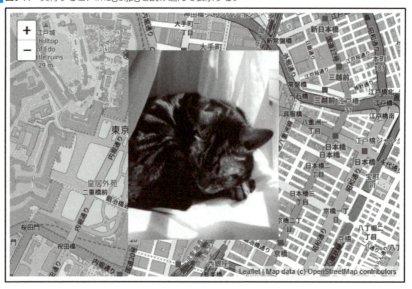

実行すると、ノートブックファイルと同じ場所にあるimage.jpgファイルを読み込み、マップの中央に表示します。ここでは、ImageOverlayのurlでファイル名を指定し、boundsで大きさを指定しています。意外と簡単にイメージをマップに貼り付けられることがわかるでしょう。

描画コントロールの利用

図形の描画は、プログラムを使って行うことができますが、マウスで実際に図形を描くことができれば更にいいですね。実は、ipyleafletには描画用のコントロールが用意されており、これをマップに組み込むことで図形の描画を簡単に行えるようになっています。

これは、「**DrawControl**」というクラスとして用意されています。DrawControlは、引数なしのコンストラクタでインスタンスを作成し、それをMapの「**add_control**」メソッドで組み込みます。

```
[Map] .add_control( [DrawControl] )
```

これで、マップにコントロールが追加されます。では、実際にやってみましょう。

リスト9-9
```
from ipyleaflet import Map,DrawControl

(lat, lon) = (35.682, 139.765)
m = Map(center=(lat, lon), zoom=17)

dc = DrawControl()
m.add_control(dc)
m
```

図9-12：実行すると、描画コントロールがマップに追加され、マウスで図形を描けるようになる。

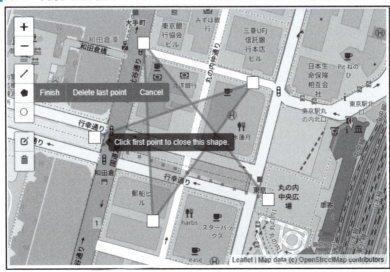

実行すると、マップの左側に描画関係のアイコンが並ぶようになります。これを利用することで、直線や多角形、円などを描くことができるようになります。

ただし、例えば図形の色や線の太さなどの変更はできません。あくまで「**簡単な図形を手軽に描ける**」ものと考えて下さい。

設定をスライダーで操作する

マップに追加するマーカーや図形などは、さまざまな設定を行って作成されています。これらの設定のいくつかは、実は後から操作することができます。

図形やマーカーなどのクラスには「**interact**」というメソッドが用意されています。これは、以下のように実行します。

```
[Marker] .interact( 設定名=値の範囲 , …… )
```

interactの引数には、操作する設定名と、**値の範囲（最小値、最大値、現在値）**をタプルにまとめて用意します。例えば、weight=(0, 10, 1) というようにinteractの引数を指定すると、weightの値を1 〜 10の範囲で変更するスライダーが作成できます。

では、実際にやってみましょう。まず、マップを作成して表示をします。

リスト9-10

```
from ipyleaflet import Map,Circle

(lat, lon) = (35.682, 139.765)
m = Map(center=(lat, lon), zoom=17)
m
```

これで、セルにマップが表示されました。続いて、すぐ下のセルに以下のスクリプトを書いて実行しましょう。

リスト9-11

```
c = Circle(location=m.center)
m += c
c.interact(weight=(0,25,1), opacity=(0.0,1.0,0.01))
```

図9-13：太さと透過度を操作するスライダーが表示される。

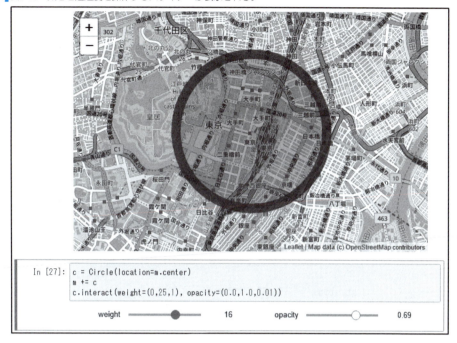

　これで、2つのスライダーが表示されます。2つのスライダーを操作すると、その上のセルに表示されているマップの円の太さと透過度がリアルタイムに変わります。

　ここでは、作成したCircleのinteractメソッドを呼び出し、weightとopacityの2つの値を用意してあります。これにより、2つのスライダーが用意されたのですね。

　作成したCircleは、その前のセルで作成したMapに組み込まれます。これにより、マップの円が、その下のセルにあるスライダーで操作できるようになる、というわけです。

イベントを利用する

　マップには、マーカーや図形などを作成できますが、これらはスクリプトにより実行され、最初から表示されているものです。そうではなくて、インタラクティブにユーザーの操作に応じて何らかの処理が実行されるようにしたいこともあります。

　こうしたインタラクティブな操作は、マップの**イベント**を利用する必要があります。マップには、「**on_interaction**」というメソッドが用意されています。ユーザーの操作によって実行する処理を割り当てるのです。

［Map］.on_interacction(関数)

　引数には、あらかじめ用意しておいた関数を指定します。この関数は、以下のように1つの引数を持つものとして定義します。

```
def 関数名 (**kwargs):
    ……処理……
```

引数に渡される**kwargs**には、発生したイベントに関する細かな情報がまとめられています。これを利用し、必要な処理を行うわけです。

では、実際の利用例を見てみましょう。まずは「**マップをクリックして操作する**」という例についてです。

リスト9-12

```
from ipyleaflet import Map,Marker

def event_handle(**kwargs):
    if kwargs['type'] == 'click':
        global m
        mk= Marker(location=kwargs['coordinates'])
        m += mk

(lat, lon) = (35.682, 139.765)
m = Map(center=(lat, lon), zoom=17)
m.on_interaction(event_handle)
m
```

図9-14：マップをクリックするとマーカーが追加される。

実行したら、マップの適当なところをクリックしてみて下さい。そこにマーカーが追加されます。クリックでどんどんマーカーを増やしていけます。

click イベントの処理について

ここでは、**on_interaction**で**event_handle**関数を設定しています。この関数では、まず発生したイベントをチェックしています。

```
if kwargs['type'] == 'click':
```

引数kwargsは辞書になっており、**kwargs['type']**で取り出しているのは、発生したイベントのタイプです。この値が**'click'**なら、クリックしたときに発生したイベントであるとわかります。

clickイベントだった場合は、kwargsからイベント発生位置(つまり、マウスポインタのある位置)を取り出し、それをもとにマーカーを作成しています。

```
mk= Marker(location=kwargs['coordinates'])
```

イベントの発生した位置は、**kwargs['coordinates']**に収められています。これを**location**に指定してMarkerインスタンスを作成し、それをMapに追加すれば、クリックした位置にマーカーが追加されるというわけです。

リアルタイムに情報を表示する

clickは、クリックしたときのイベントでした。では、クリックしていない間もリアルタイムにマウスの状態などを監視したいときはどうするのでしょうか?

これには、**'mousemove'**というイベントを利用します。kwargs['type']が'mousemove'のときに処理を行えばいいのです。

リスト9-13

```python
from ipyleaflet import Map
from ipywidgets import Label

label1 = Label()
label2 = Label()
display(label1,label2)

def event_handle(**kwargs):
    if kwargs['type'] == 'mousemove':
        here = kwargs['coordinates']
        label1.value = 'Latitude:' + str(here[0])
        label2.value = 'Longitude:' + str(here[1])

(lat, lon) = (35.682, 139.765)
m = Map(center=(lat, lon), zoom=17)
m.on_interaction(event_handle)
m
```

Chapter 9　Jupyter 機能拡張ウィジェットの活用

図9-15：マップ上をマウスポインタが移動すると、現在のポインタの位置をリアルタイムに表示する。

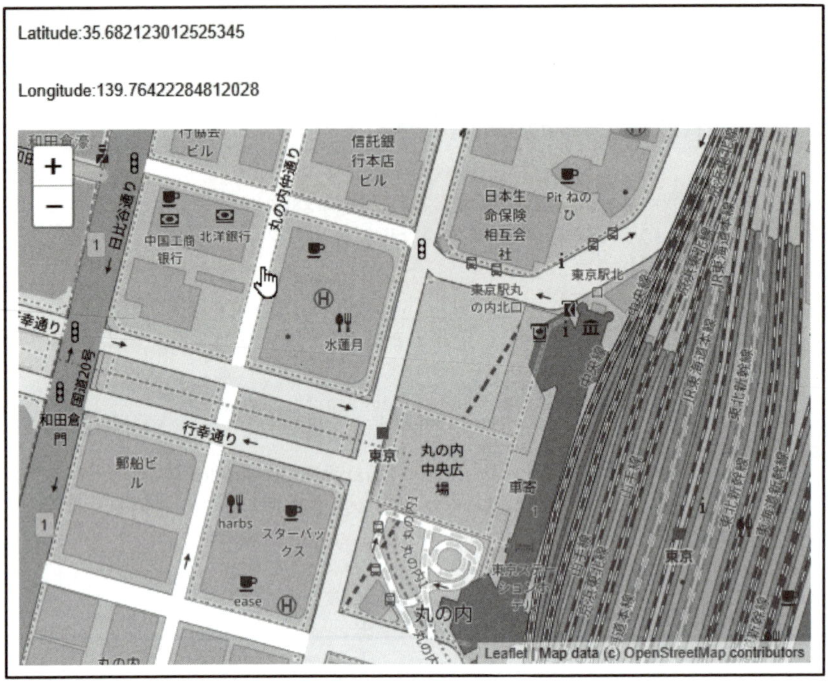

　実行したら、マウスポインタをマップの上に移動してみて下さい。マップの上に、「**Latitude:○○**」「**Longitude:○○**」といったテキストが現れ、現在のマウスポインタの位置をリアルタイムに表示します。

ipywidgets と Label について

　ここでは、テキストを表示するために**ipywidgets**モジュールの「**Label**」というクラスを利用しています。これは、テキストを表示するためのコントロールです。これを作成して画面に組み込んでおくことで、その場にテキストを表示し、更新できるようになります。

　event_handle関数では、先程と同様にまずイベントのタイプをチェックしています。

```
if kwargs['type'] == 'mousemove':
```

　これで、mousemoveイベントと確認できたら、**kwargs['coordinates']**の値を取り出し、その緯度と経度をそれぞれlabel1とlabel2に表示しています。

　このLabelというクラスは、Jupyterのセルにインタラクティブな操作のためのGUIを提供する「**ipywidgets**」というウィジェットに用意されています。続いて、このipywidgetsウィジェットについて説明していきましょう。

9-2 ipywidgets

ipywidgetsとは？

リスト9-13で、マウスポインタの位置を表示するのにLabelというクラスを使いました。これは、**テキストを表示するコントロール**です。

通常、セル内からprintなどでテキストを書き出すと、printするごとにどんどんテキストが追加されてしまうため、あまり大量のテキストが出力されると見づらいし、必要な情報を探すのも大変になります。Labelは、常に設定したテキストだけしか表示されないため、余計な情報を目にすることがありません。

Labelのように、インタラクティブな動作を行うコントロール類をまとめたウィジェットが、「**ipywidgets**」です。これを利用することで、JupyterのセルにGUIを組み込み、スクリプトを操作できるようになります。

▌ipywidgets のインストール

ipywidgetsは、実は既にインストールされています。先にipyleafletをインストールした際、ipywidgetsも併せてインストールされていたのです。ですから、改めてインストールなどを行う必要はありません。

まだipywidgetsがインストールされていないJupyter環境で利用する場合には、Navigatorの「**Environments**」画面で仮想環境の▼からターミナルを起動し、以下のようにコマンドを実行して下さい。

```
conda install -c conda-forge ipywidgets
```

インストールする項目をチェックした後、「**Proceed([Y]/n)?**」と表示されたら、そのままEnterかReturnキーを押します。これで、ipywidgetsがインストールされます。

▌ウィジェットの利用

ウィジェットのクラスは、ipywidgetsというモジュールにまとめられています。ですから、利用の際には、

```
from ipywidgets import ウィジェット
```

このような形で使用するウィジェットをimportします。importしたウィジェットは、大きく3つの手順を経て使えるようになります。

Chapter **9** Jupyter 機能拡張ウィジェットの活用

①インスタンスの作成

ウィジェットはクラスとして用意されています。まず最初にインスタンスを作成します。ウィジェットの操作は、このインスタンスに対して行います。

②必要な設定を行う

作成されたウィジェットは初期状態なので、必要に応じて設定を行います。インスタンスのプロパティに値を代入するなどして設定します。

③displayで表示する

準備が整ったら、ウィジェットを画面に表示します。これは「**display**」関数を使います。

```
display( ウィジェット , ウィジェット, …… )
```

このように、表示するウィジェットを引数に記述していきます。これでそのウィジェットがアウトプット部分に表示されるようになります。

Labelによるテキスト表示

では、実際にウィジェットを使っていきましょう。まずは「**Label**」からです。

このipywidgetsのコントロールは、既に使ったことがありますね。そう、先にipyleafletで利用した「**Label**」です。これは引数なしでインスタンスを作成し、「**value**」プロパティで表示テキストを設定します。

実際の利用例を挙げておきましょう。

リスト9-14
```
from ipywidgets import Label,Button

label = Label()
label.value = 'this is Label.'
display(label)
```

図9-16：アウトプット部分に「this is Label.」と表示されているのがLabelウィジェット。

```
In [46]: from ipywidgets import Label,Button

         label = Label()
         label.value = 'this is Label.'
         display(label)

         this is Label.
```

これは、Labelを作成して表示する例です。Labelインスタンスを作り、valueで表示テキストを設定して、後はdisplayで表示をするだけです。Labelは、valueによるテキストの設定だけで、ほかに機能らしいものも持っていません。ipywidgetsに用意されている中でもっともシンプルなコントロールでしょう。

374

9-2 ipywidgets

interactウィジェット

　Labelは、テキストを表示するだけのシンプルなものでした。実際にインタラクティブに操作できるウィジェットというわけではありません。

　では、インタラクティブに操作できるもっともシンプルなウィジェットは何でしょう？ ボタン？ チェックボックス？ いいえ、もっとシンプルなものがあるのです。それが「**interact**」です。

　interactは、ipywidgetsにあるウィジェットの中では特別な構造をしています。これは、ウィジェットと関数をセットにしたものです。interactは、以下のように実行します。

```
interact( 関数 , 引数の指定 )
```

　第1引数には、interactで利用する関数を指定します。そして第2引数以降には、その関数に用意されている引数の指定を行います。ここで指定される値によって、interactは自動的に最適なウィジェットを作成し、引数の関数と関連付けます。

　なお、ウィジェットはインスタンスを変数に代入しておき、最後にdisplayで表示をしますが、このineractに関してはそうした作業は必要ありません。ただinteractを実行するだけで、画面へのウィジェットの表示まですべて行ってくれます。

数字の interact を使う

　これは、実際にやってみないと働きがよくわからないでしょう。簡単なサンプルを動かしてみましょう。

リスト9-15
```
from ipywidgets import interact

def fn(x):
    return x*2

interact(fn, x=100)
```

図9-17：実行するとスライダーが表示される。これをマウスで動かすと、スライダーの値×2の値が左下に表示される。

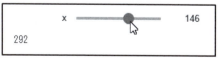

　実行すると、スライダーと、「**200**」と数字の表示されたLabelが現れます。スライダーを動かすと、スライダーの値の2倍が下のLabelに表示されます。

　ここでは、**interact(fn, x=100)** としてinteractを実行していますね。第1引数には関数

375

fnを指定しています。このfnでは、xという引数が1つだけ用意されています。そこで、interactの第2引数には、x=100という引数の指定が用意されています。この100というのは、xの初期値と考えて下さい。

x=100と、fnの引数xに100という値を代入したことで、「**この引数xには、整数の値が渡される**」とinteractは判断します。そして整数の入力に最適なスライダーが作成されます。

このスライダーは、スライドするイベントによって関数fnが呼び出されるようになっています。そしてその結果が後のLabelに表示されます。つまり、こういうことです。

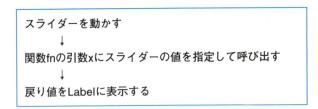

こうした一連の流れが自動的に作成されていた、というわけです。実行する処理を関数にまとめ、interactを呼び出すだけで、その処理への入力と結果表示のウィジェットが自動生成されるのです。

引数のタイプを変更する

interactの最大の特徴は、「**引数のタイプによって表示されるコントロールが自動変更される**」という点にあります。例えば、以下のように修正をしてみましょう。

リスト9-16
```
from ipywidgets import interact

def fn(x):
    if x:
        return 'YES!'
    else:
        return 'No.'

interact(fn, x=False);
```

図9-18：x=Falseとすると、チェックボックスが現れる。

実行するとチェックボックスが表示され、ON/OFFすると、Labelの表示が「**YES!**」「**No.**」と切り替わります。引数が真偽値に変わると、このようにチェックボックスに自動的に切り替わります。

リスト9-17

```
from ipywidgets import interact

def fn(x):
    return 'You typed: "' + x + '".'

interact(fn, x='');
```

図9-19：入力フィールドにテキストを書くとメッセージが表示される。

```
      x | こんにちは                    |
'You typed: "こんにちは".'
```

今度は、**x=''**とテキストを設定してみました。すると、入力フィールドが表示されるようになります。テキストを書くと、「**You typed: "○○".**」というようにメッセージが表示されます。

方程式との連動

interactは、関数の引数を複数用意することで、複数の入力を受け付けることもできます。これにより、かなり複雑な計算なども簡単に行えるようになります。例えば、sympyによる方程式の計算とinteractを連動してみましょう。

リスト9-18

```
from sympy import *
from ipywidgets import interact

(x,y) = symbols(('x','y'))
re = x**3 - y**2

def fn(X, Y):
    global re
    return re.subs([(x,X),(y,Y)])

interact(fn, X=(0,10,1),Y=(0,10,1))
```

図9-20：x**3 - y**2のxとyの値をスライダーで設定し、計算する。

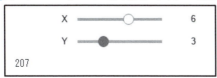

ここでは、x**3 - y**2という式を用意し、xとyへの値の代入をinteractで行っています。これにより2つのスライダーが表示され、これを動かすことでリアルタイムにx**3 -

y**2の答えが表示されるようになります。

なお、interactの引数に、X=(0,10,1),Y=(0,10,1)というようにタプルを指定しています。このタプルは、**(最小値,最大値,ステップ)**の3つの値を指定しています。数値はこのようにタプルの形で指定することもできるます。

Mapとinteractの連動

ウィジェットの中には、interactの機能を実装しているものもあります。例えば、MapのzoomをinteractでMap操作できるようにしてみましょう。

まず、セルに以下のスクリプトを書いて実行して下さい。

リスト9-19
```
from ipyleaflet import Map

(lat, lon) = (35.682, 139.765)
m = Map(center=(lat, lon), zoom=15)
m
```

これで、アウトプットにマップが表示されます。続いて、その下のセルに以下の文を書いて実行します。

リスト9-20
```
m.interact(zoom=(0,18,1))
```

図9-21：スライダーを操作するとマップのズームが変わる。

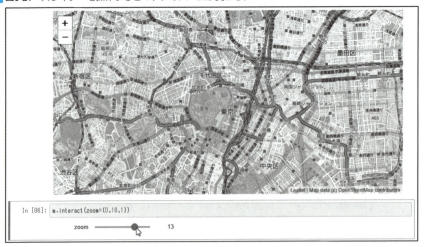

これで、このセルのアウトプットにスライダーが表示されます。このスライダーを操作すると、上のセルに表示されているマップのズームがリアルタイムに変更されます。

ここでは、Mapインスタンスが代入されている変数mのinteractメソッドを呼び出しています。これにより、Mapのzoomの値を操作するスライダーが作成されます。

Mapでは、このほか、Mapに追加するRectangleやCircleなどの図形関係でもinteractメソッドが利用できます。

ボタンとイベント

interactは非常に手軽にコントロールと処理を作成できます。大抵のことはこれで済んでしまうでしょう。が、独自にGUIを構築したいということもあります。こうした場合は、コントロールのクラスを使ってGUIを作っていくことになります。

Label以外のコントロールとして、プッシュボタンの**Button**と、テキスト入力フィールドの**IntText**を利用したスクリプトを作成してみます。

リスト9-21

```python
from sympy import *
from ipywidgets import Label,IntText,Button

label = Label()
input = IntText()
label.value = 'please slide!'

x = Symbol('x')
re = x**2 - x*3

def handle_event(target):
    global re,label,input
    label.value = 'result:' + str(re.subs(x,input.value))

button = Button(description="click")
button.on_click(handle_event)

display(label,input,button)
```

図9-22：入力フィールドに数字を入力し、ボタンを押すと、x**2 - x*3のxに数字を代入し、結果を表示する。

ここでは、**Label**、**IntText**、**Button**を1つずつ配置しています。IntTextは整数を入力する専用のフィールドです。ここに数字を入力し、Buttonをクリックすると、用意しておいたx**2 - x*3の式のxに値を代入して答えをLabelに表示します。

数値を入力するIntTextは、引数なしのコンストラクタでインスタンスを作成します。入力された値は、Labelのテキストと同様にvalueで取り出すことができます。このvalueは、整数値として得られます。

プッシュボタンのButtonは、インスタンス作成時にdescriptionという引数で表示するテキストを設定できます。

Button のクリックイベント

コントロールを作成して利用する場合、操作した際のイベント処理も作成しなければいけません。それを行っているのがこの部分です。

```
button.on_click(handle_event)
```

on_clickは、clickイベントが発生した際に実行する処理を設定します。引数には関数を指定します。

この関数は、interactの関数とは微妙に違います。引数には、発生したイベント情報ではなく、**イベントが発生したコントロール**が渡されるのです。従って、on_clickイベントではマウスポインタの位置などに関する処理は行えません。あくまで、「**対象となるコントロールをクリックした**」という操作に限定した処理をするものと考えましょう。

入力フィールド関連のクラス

ここではIntTextという入力フィールドのコントロールを使いましたが、ほかにも入力フィールドのクラスは用意されています。整理しておきましょう。

Text	テキストの入力
Textarea	複数行のテキストの入力
IntText	整数の入力
FloatText	実数の入力
BoundedIntText	指定範囲の整数の入力
BoundedFloatText	指定範囲の実数の入力

それぞれ入力する値のタイプが異なります。またvalueで取り出される値もコントロールにより違います。また整数と実数はそれぞれ2つずつコントロールが用意されていますが、「**Bounded～**」で始まるコントロールは、入力する範囲を指定できます。

入力フィールド関連の引数

これらのクラスは、インスタンス作成時に共通した引数が用意されています。これらを利用することで、作成するフィールドの状態を設定できます。用意されている引数には以下のようなものがあります。

value	フィールドに入力されている値。
placeholder	テキスト関係のフィールドでのみ有効。未入力時に表示されるテキスト。
description	フィールドの左側に表示される説明テキスト。
disabled	入力コントロールを利用不可にするもの。
min、max	Boundedコントロール専用。最小値、最大値の指定。

placeholderはテキスト関連のみ、またmin、maxはBoundedコントロールでのみ利用可能です。それ以外のものは、すべての入力フィールドで利用することができます。

Column オプション引数＝プロパティ

ここでは、インスタンス作成時に利用できるオプションの引数を紹介しました。これらは、クラスの内部ではプロパティとして値が保持されています。例えば、min=0、max=100といった具合に引数を用意すると、スライダーのminプロパティにゼロ、maxプロパティに100が設定される、というわけです。

これらのプロパティは、基本的に後からアクセスし、値を操作できます。単にインスタンス作成時の設定を行うだけのものではないのです。

スライダー関係コントロール

スライダーも、複数のコントロールが用意されています。以下に簡単にまとめておきましょう。

IntSlider	整数入力のスライダー。
FloatSlider	実数入力のスライダー。
IntRangeSlider	整数の範囲を指定できるスライダー。
FloatRangeSlider	実数の範囲を指定できるスライダー。
FloatLogSlider	実数で対数スケールで値が増減するスライダー。

これらのスライダーにも各種のオプション引数が用意されています。これもまとめておきましょう。

description	スライダーの左側に表示される説明テキスト。
value	設定された値。
min、max	スライダーの最小値、最大値。
step	スライドした時の最小増減数。
continuous_update	スライド中、リアルタイムに更新イベントを発生させるかどうか。
orientation	スライダーの向き。'vertical'、'horizontal' のいずれか。
readout	スライダー横に現在の値を表示するかどうか。
readout_format	表示される値のフォーマット。

これらの内、注意すべきは**value**です。valueは現在の値を示すものですが、RangeSliderの場合、この値はタプルになります。それ以外は1つだけの値になります。

スライダーの change イベント処理

スライダーを利用する場合、スライダーを操作した際のイベント処理をどうするか知っておかなければいけません。これは、「**observe**」というメソッドを利用します。

```
[Slider] .observe( 関数 )
```

このように利用します。引数に指定する関数は、引数を1つだけ持っています。ここでイベントが発生したコントロール関係の情報を得ることができます。

では、スライダー利用の例を挙げておきましょう。

リスト9-22
```python
from ipywidgets import *

label = Label(value='slide me!')
slider = IntRangeSlider(min=0, max=100, continuous_update=False)
display(label,slider)

def on_change(change):
    global slider
    label.value = 'value: ' + str(slider.value)

slider.observe(on_change)
```

図9-23：スライダーをスライドすると、現在の値が上に表示される。

これを実行すると、Rangeを指定できるスライダーが1つ作成されます。このスライダーには、**slider.observe(on_change)**でon_change関数が割り当てられます。

on_change内では、slider.valueの値を取り出し、テキストを付け足してlabel.valueに代入する、という処理を行っています。

このchangeイベントは、**continuous_update**によって発生のタイミングが変わります。continuous_update=Trueだった場合、スライダーをドラッグして動かすとリアルタイムにイベントが発生し続けます。

が、continuous_update=Falseに設定した場合、ドラッグ中はイベントが発生しなくなります。最後にマウスポインタを離したときになってようやくイベントが発生し、on_changeが呼び出されます。リアルタイムに表示などが更新されるとうるさいような場合は、continuous_updateをFalseにして利用するとよいでしょう。

なお、continuous_update=Falseであっても、スライダーの値を表示するLabelはリアルタイムで表示更新されます。

真偽値のコントロール

真偽値の値(すなわち、ON/OFFするもの)を扱うコントロールには、2つの種類が用意されています。「**Checkbox**」と「**ToggleButton**」です。Checkboxはチェックボックスを表示し、ToggleButtonはクリックして選択状態をON/OFFできるボタンを表示します。

これらには、以下のようなオプション引数が用意されています。

・共通のもの

value	ON/OFF状態の値(真偽値)。
description	Checkboxは右側に表示されるテキスト。ToggleButtonはボタンに表示されるテキスト。

・ToggleButton用

button_style	ボタンのスタイル。'success', 'info', 'warning', 'danger' がある。デフォルトは''(空の値)。
Tooltip	ツールチップのテキスト。
icon	チェックマークアイコンの指定。デフォルトは'check'。

このCheckbox/ToggleButtonにも、クリックして選択状態が変わったときのイベントが用意されています。これは、スライダーと同じく「**observe**」メソッドを利用して組み込みます。

では、利用例を挙げておきましょう。

リスト9-23

```
from ipywidgets import *

label = Label(value='slide me!')
check = Checkbox(description='check now')
toggle = ToggleButton(description='Toggle')
display(label,check,toggle)

def on_change(change):
    global check,toggle
    label.value = 'check: ' + str(check.value) + ', toggle: ' + str(toggle.value)

check.observe(on_change)
toggle.observe(on_change)
```

図9-24：CheckboxとToggleButton。クリックしてON/OFFを変更すると、上に表示されているメッセージが変わる。

実行すると、CheckboxとToggleButtonを1つずつ表示します。これらをクリックして操作すると、2つのコントロールの選択状態がその上のLabelに表示されます。

ここでは、CheckboxとToggleButtonの両方に同じon_change関数を設定しています。これで、どちらをクリックしても同じ処理が実行されるようになります。

複数項目からの選択

複数の項目から1つを選択するためのコントロールには、「**RadioButtons**」と「**Dropdown**」があります。RadioButtonsは、複数のラジオボタンを表示するコントロールです。またDropdownは、ドロップダウンメニューを表示するコントロールです。これらは、それぞれ以下のようなオプション引数を持っています。

options	作成する項目の情報。表示する項目のテキストをリストにまとめて設定する。あるいは、表示するテキストと選択したときの値を辞書にまとめてもよい。
value	ON/OFF状態の値（真偽値）。
description	Checkboxは右側に表示されるテキスト。ToggleButtonはボタンに表示されるテキスト。

これらのコントロールでは、**options**が重要な役割を果たします。optionsに値が用意されていなければ何も項目が表示されません。また、リストを用意した場合と、辞書を用意した場合で、valueの値が違うという点にも注意が必要です。

では、利用例を挙げておきましょう。

リスト9-24
```
from ipywidgets import *

label = Label(value='slide me!')
radio = RadioButtons(description='Platform:', \
        options=['Windows','macOS','ChromeOS'])
drop = Dropdown(description='Mobile:', \
        options=['Android','iOS','Flutter'])

display(label,radio,drop)
```

```
def on_change(change):
    global radio,drop
    label.value = 'Platform: ' + str(radio.value) + ', Mobile: ' + str(drop.value)

radio.observe(on_change)
drop.observe(on_change)
```

図9-25：ラジオボタンとドロップダウンメニューを表示する。

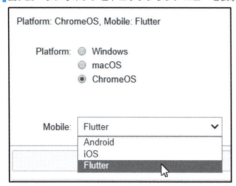

　実行すると、3つの項目からなるラジオボタンとドロップダウンメニューを表示します。これらを操作すると、現在選択されている項目を上のLabelに表示します。
　これらのコントロールも、やはり値を変更した際のイベントは「**observe**」メソッドで設定をします。基本的な使い方はこれまで説明したコントロールと同じなのです。

そのほかの複数項目選択コントロール

　複数の項目から1つを選ぶコントロールというのは、実はこのほかにもまだまだあります。これらについてもまとめておきましょう。

Select	複数の項目を表示する選択リスト。
SelectionSlider	項目を切り替えて表示するスライダー。
SelectionRangeSlider	項目の範囲を選択できるスライダー。
ToggleButtons	複数のボタンを切り替えて表示する。

　これらは、いずれも**options**引数にリストを指定して項目を用意します。また、**observe**でイベントの処理を設定できます。基本的な使い方はラジオボタンなどと同じです。
　これらの中で、あまり馴染みがないのが**SelectionSlider**と**SelectionRangeSlider**でしょう。これらは、スライダーで項目を選択するという、ほかではあまり見ないコントロールです。これらの利用例を見ておきましょう。

リスト9-25
```
from ipywidgets import *

label = Label(value='slide me!')
slider1 = SelectionSlider(description='Platform:',\
        options=['Windows','macOS','ChromeOS','Linux'])
slider2 = SelectionRangeSlider(description='Edition:',\
        options=['Win95','Win98','WinMe','Win2000','Win7','Win8','Win10'])
display(label,slider1,slider2)

def on_change(change):
    global radio,drop
    label.value = 'Platform: ' + str(slider1.value) + ', Edition: ' +
        str(slider2.value)

slider1.observe(on_change)
slider2.observe(on_change)
```

図9-26：スライダーをドラッグすると項目が変わっていく。

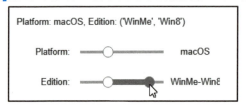

　実行すると、2つのスライダーが表示されます。スライダーをドラッグして動かすと、リアルタイムに選択される項目が変わっていきます。SelectionRangeSliderでは、2つのノブを使って2ヶ所の項目が表示されます。

　スライダーによる項目選択は、どんな項目が用意されているのか実際にドラッグしてみないとわからないという問題はありますが、コントロールを置く場所もそれほど必要でなく、操作も簡単です。特に項目数が増えると、リストやラジオボタンなどより使いやすいでしょう。

複数の項目を選択する

　複数項目から選択するコントロールはいろいろ揃っていますが、いずれも用意された項目の中から1つを選択するものばかりです。複数の項目を選択できるコントロールは1つしかありません。それが「**SelectMultiple**」と呼ばれるコントロールです。
　SelectMultipleは、Selectを複数選択可能にしたものです。基本的な使い方は同じですが、複数項目が選択できるため、valueは選択項目全てをまとめたタプルになります。
　では、実際の利用例を挙げましょう。

リスト9-26

```
from ipywidgets import *

label = Label(value='slide me!')
select = SelectMultiple(description='Edition:', rows=7,\
        options=['Win95','Win98','WinMe','Win2000','Win7','Win8','Win10'])
display(label,select)

def on_change(change):
    global selectp
    label.value = 'Editions: ' + str(select.value)

select.observe(on_change)
```

図9-27：複数の項目を選択すると、選択した項目名がすべて表示される。

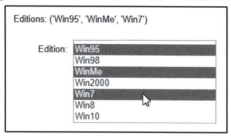

実行すると、選択リストが表示されます。ドラッグやCtrlキー＋クリックで複数の項目を選択できます。選択した項目はタプルにまとめられているので、valueでその値を取り出して処理できます。

Boxコンテナについて

コントロール類は、displayで組み込めば表示できますが、その配置などはipywidgetsにお任せになってしまいます。1つ1つのコントロールの配置を自分で考えたい場合は、「**コンテナ**」を利用します。

コンテナは、コントロール類を組み込む見えない部品です。コンテナを使うことで、複数のコントロールを整列して並べることができます。

もっとも基本的なコンテナは「**Box**」でしょう。これには、水平にコントロールを並べる「**HBox**」と、垂直に並べる「**VBox**」があります。

これらは以下のように利用します。

```
変数 = HBox( リスト )
変数 = VBox( リスト )
```

引数には、コントロールをリストにまとめて指定します。これで、リスト内のコント

ロールがすべてBox内に組み込まれます。後は、Boxをdisplayで表示するだけです。Box
に組み込まれたコントロール類は別途displayで表示する必要はありません。

では、利用例を挙げておきましょう。

リスト9-27

```
from ipywidgets import *

btnsH = []
for n in range(0, 5):
    btnsH.append(Button(description='No,' + str(n)))
boxH = HBox(btnsH)

btnsV = []
for n in range(0, 5):
    btnsV.append(Button(description='No,' + str(n)))
boxV = VBox(btns)

display(boxH,boxV)
```

図9-28：HBoxとVBoxで、Buttonを横一列と縦一列に並べる。

No,0	No,1	No,2	No,3	No,4
No,0				
No,1				
No,2				
No,3				
No,4				

これは、HBoxとVBoxを使い、Buttonを5つずつ水平と垂直に並べた例です。それぞ
れforを使ってButtonを作成してリストに追加し、そのリストを引数に指定してHBoxと
VBoxを作っています。最後にHBoxとVBoxをdisplayで表示すると、その中に組み込まれ
ているButtonがすべて表示されるのがわかります。

Accordionによるアコーディオン表示

多数のコントロールを利用するときには、ただ整列させるだけでなく、必要に応じて
表示したり隠したりできると便利ですね。

「**Accordion**」は、アコーディオンタイプのコンテナです。複数のグループに分けてコ
ントロールを整理し、クリックして利用するグループのコントロールだけを表示できま
す。

これは、以下のように利用をします。

```
変数 = Accordion( children= リスト )
```

Accordionは、インスタンスを作成する際、引数に「**children**」という値を用意しておきます。これはリストになっており、リストの1つ1つの項目が、それぞれアコーディオンで表示される項目になります。先ほどのHBoxやVBoxでコントロール類をまとめ、Boxをリストにまとめてchildrenに設定すれば、多数のコントロール類をアコーディオンで整理し、表示できるでしょう。

これは、実際に使ってみないと便利さが実感できないでしょう。以下に例を挙げておきます。

リスト9-28
```
from ipywidgets import *

btnsH = []
for n in range(0, 5):
    btnsH.append(Button(description='First ' + str(n)))
box1 = VBox(btnsH)

btnsV = []
for n in range(0, 5):
    btnsV.append(Button(description='Second ' + str(n)))
box2 = VBox(btns)

accordion = Accordion(children=[box1, box2])
accordion.set_title(0, 'First')
accordion.set_title(1, 'Second')

display(accordion)
```

図9-29：「First」と「Second」という項目が表示され、クリックするとその項目に組み込まれているコントロール類が表示される。

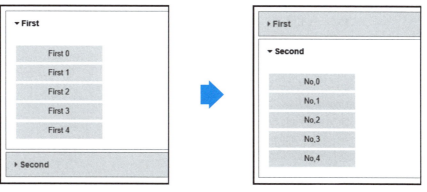

Chapter 9　Jupyter 機能拡張ウィジェットの活用

　　ここでは「**First**」「**Second**」という2つの項目を持つアコーディオンを表示しています。最初は「**First**」が展開されており、その中に組み込まれているButtonが表示されています。「**Second**」をクリックすると、「**First**」の内部に組み込まれていたコントロール類は非表示となり、代わりに「**Second**」側のコントロール類が展開表示されます。

　　このように、項目をクリックすると、その項目に組み込まれているコントロール類が画面に表示され、それ以外の項目のコントロール類は非表示になります。クリックして選択した項目のコントロール類だけが表示され、ほかが非表示になる。これがアコーディオンの働きです。

Tabsによるタブパネル

　　多数のコントロール類を必要に応じて表示するために、もう1つコンテナが用意されています。「**Tabs**」です。

変数1=Tabs(children=リスト)

　　これで、childrenに設定したリストの各項目がタブとして追加されます。この状態でもタブの切替表示は行えますが、各タブには何も表示されていません。そこで、通常はインスタンス作成後、Tabsのタブ表示を設定していきます。

[Tabs] .set_title(インデックス , 値)
---

　　set_titleは、タブのタイトルを設定します。第1引数には、設定するタブのインデックス番号、第2引数にはそのインデックスに保管する値（タブのタイトルバーに表示するテキスト）を用意します。

　　後は、作成したTabsをdisplayで表示すれば、タブを切り替えて表示するコンテナが作成される、というわけです。
　　では、利用例を挙げておきましょう。

リスト9-29

```
from ipywidgets import Tab

btnsH = []
for n in range(0, 5):
    btnsH.append(Button(description='First ' + str(n)))
box1 = VBox(btnsH)

btnsV = []
for n in range(0, 5):
    btnsV.append(Button(description='Second ' + str(n)))
box2 = VBox(btns)
```

390

```
tab = Tab(children=[box1, box2])
tab.set_title(0, 'First')
tab.set_title(1, 'Second')

display(tab)
```

図9-30：実行すると、2つの切り替えタブが表示される。

　実行すると、「**First**」「**Second**」の2つの切り替えタブが表示されます。クリックして切り替えると、それぞれのタブに組み込まれているコントロール類が画面に現れます。
　Tabインスタンスを作成し、set_titleでタブのタイトルを設定したら、displayで表示しています。Tabの基本的な使い方は、これだけです。

コンテナを組み合わせ、更に複雑に！

　BoxやTab、Accordionといったコンテナ類は、それ単体だけでなく、組み合わせることもできます。例えば、Tabのタブの中にAccordionを組み込み、そのそれぞれの項目にBoxでコントロールをまとめて追加する、といった具合です。
　また、HBoxで水平にコントロールを並べたものを複数用意し、それをVBoxでまとめれば、縦横に並ぶコントロールを表示できます。
　このように、コンテナは単体の機能だけでなく、いろいろと組み合わせることで更に柔軟なレイアウトが作成できる、ということを忘れないようにしましょう。

Chapter 10
Jupyterのカスタマイズ

Jupyterは、プログラムを追加したり、設定を記述したりすることで、機能を拡張できます。最後に、Jupyterのさまざまなカスタマイズの方法についてまとめておきましょう。

データ分析ツールJupyter入門

10-1 JavaScriptカーネルを利用する

カーネルについて

Jupyterは、プログラムを拡張するためのさまざまな手段を用意しています。**第9章**で説明した「**ウィジェット**」などもその一つですね。ここでは、Jupyter拡張に関するそのほかの機能について説明をしましょう。

まずは、「**カーネル**」についてです。Jupyterは、カーネルと呼ばれるプログラムを起動し、セルに書かれたスクリプトをカーネルが実行することで動いています。標準ではPython言語のカーネルが組み込まれています。

カーネルは、固定されたものではなく、ユーザーが後から追加していくことができます。カーネルを追加することで、Python以外のプログラミング言語でJupyterを利用できるようになります。

例として、JavaScriptのカーネルをインストールし、利用してみることにしましょう。

IJavascript カーネルについて

JavaScriptのカーネルは何種類かリリースされていますが、ここでは「**IJavascript**」というカーネルを利用することにします。これは、以下のアドレスで公開されています。

http://n-riesco.github.io/ijavascript/

図10-1：IJavascriptのWebサイト。

IJavascriptカーネルは、Node.jsを利用しています。Node.jsは、Googeが開発する「**Chrome V8**」というJavaScriptエンジンを使ったJavaScript環境です。JavaScriptのWebアプリケーション開発に多用されていますが、そもそもNode.jsはWeb開発用というわけではなく、Webブラウザなしに、JavaScriptのスクリプトを直接実行できるランタイム環境なのです。Jupyterのカーネルとして利用するには最適なJavaScript環境といえます。

IJavascriptを利用するには、このNode.jsと、JavaScriptのパッケージ管理ツールである「**npm**」というプログラムが必要になります。npmは、Node.jsをインストールすれば自動的に組み込まれます。

Node.jsは、Anacondaの仮想環境からインストールできますが、汎用的に使いたい場合は、以下のWebサイトからインストールしておきましょう。

https://nodejs.org/ja/

図10-2：Node.jsのサイト。

IJavascriptをインストールする

では、IJavascriptをインストールします。これはターミナルから行います。Navigatorで「**Environments**」を選択し、利用している仮想環境(ここでは「**my_env**」)の▼をクリックして「**Open Terminal**」メニューを選んでください。

Chapter 10　Jupyterのカスタマイズ

■**図10-3**：仮想環境の「Open Terminal」メニューを選んでターミナルを起動する。

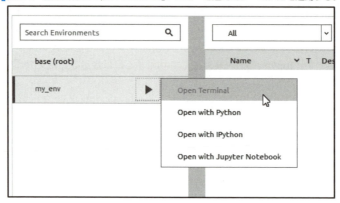

・Node.jsのインストール

　まだNode.jsが用意されていない場合は、condaコマンドを使いNode.jsをインストールします。ターミナルから以下のように実行して下さい。

```
conda install nodejs
```

■**図10-4**：conda install nodejsを実行する。

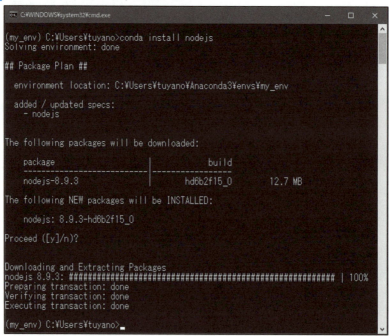

　Package Planが表示された後、「**Proceed([y]/n)?**」と表示されます。そのままEnterかReturnキーを押すとインストールを開始します。

396

・IJavascriptのインストール

続いて、IJavascriptをインストールします。これはnpmを利用します。以下のように実行して下さい。

```
npm install -g ijavascript
```

図10-5：npm installでIJavascriptをインストールする。

実行後、しばらく待っていればIJavascriptがインストールされます。といっても、この段階では、まだソフトウェアがダウンロードされ、保存された、という状態です。

IJavascriptを使えるようにするには、インストールが完了後、IJavascriptのインストールプログラムを実行する必要があります。

```
ijsinstall
```

Chapter 10 Jupyter のカスタマイズ

図10-6：IJavascriptのインストールプログラムを実行する。

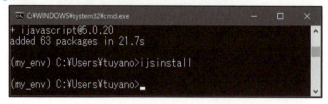

コマンドを実行し、再び入力待ちの状態に戻ったら、インストールは完了しています。何もメッセージなどが表示されませんが、これで使えるようになっています。

IJavascriptカーネルを準備する

では、IJavascriptカーネルを使ってみる準備をしましょう。
カーネルは、ノートブックごとに起動されます。ノートブックを新たに作成する際、使用するカーネルを指定することで、そのカーネルを利用するノートブックが作れます。

まず、IJavascriptカーネルを使ったノートブックを作成しましょう。ノートブックは、現在開いている場所に作成されます。NotebookのDashboardまたはLabで、先に作成したノートブックファイル「**my notebook 1**」が置いてあるフォルダを開き、そこに以下の手順でノートブックを作成して下さい。

Notebook の場合

Notebookでは、Dashboard（Notebook起動時に現れるページ）で新しいノートブックを作成します。ページの右端に見える「**New**」ボタンをクリックすると、作成可能なファイルがメニューが表示されます。

IJavascriptがインストールされていると、ここに「**Javascript(Node.js)**」という項目が追加されます。これを選ぶと、IJavascriptカーネルを使ったノートブックが作成されます。

図10-7：右上のメニューから「Javascript(Node.js)」を選ぶ。

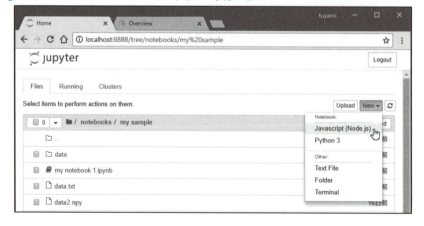

398

Lab の場合

　Labの場合、Launcherから作成することができます。Launcherを開き（画面に表示されていない場合は、「**File**」メニューから「**New Launcher**」を選ぶ）、「**Notebook**」のところに、Pythonのアイコンと並んで「**Javascript(Node.js)**」というアイコンが追加されています。このアイコンをクリックしてノートブックを作成します。

図10-8：Launcherから「Javascript(Node.js)」のアイコンをクリックする。

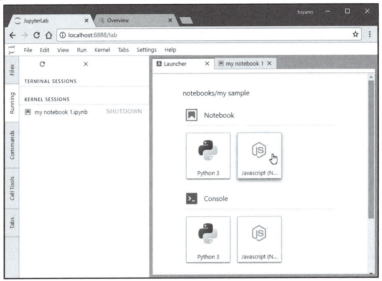

カーネルを変更する

　既にあるノートブックでも、カーネルを変更して使うことができます。ただし、カーネルを変更すると、それまでセルに記述されていたスクリプトなどが正常に動かなくなる可能性もあります。ですから、特別な理由がない限り、既にセルにスクリプトなどを書いて実行しているようなノートブックのカーネルを変更するのはやめたほうがよいでしょう。例外的に、例えばMarkdownなどのドキュメント関係が記述してあるノートブックのカーネルを変更して使う、というような場合はあるかもしれません。

　では、既にあるノートブックのカーネルを変更する方法についてまとめておきましょう。

Notebook の場合

　Notebookでは、開いたノートブックのメニューから変更できます。「**Kernel**」メニューの「**Change kernel**」に、利用可能なカーネルがサブメニューとして登録されています。ここから「**Javascript(Node.js)**」メニューを選べばカーネルが切り替わり、再起動します。

図10-9：「Kernel」メニューの「Change kernel」から使用するカーネルを選ぶ。

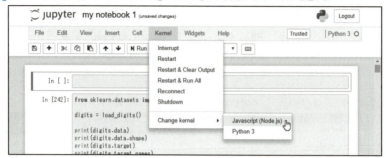

Lab の場合

　Labも、基本的にはメニューからカーネルを変更します。「**Kernel**」メニューから「**Change Kernel...**」を選んで下さい。画面にダイアログが現れるので、ダイアログのメニューから「**Javascript(Node.js)**」を選択し、「**SELECT**」ボタンを押してカーネルを変更します。

　あるいは、ノートブックの右端に見えるカーネル名部分（Pythonならば「**Python 3**」という表示）をクリックしても、カーネル選択のダイアログを呼び出すことができます。

図10-10：「Kernel」メニューの「Change Kernel...」を選び、ダイアログからカーネルを選択する。

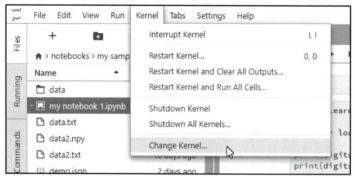

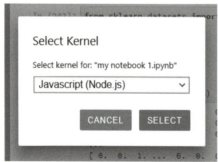

IJavascriptカーネルを利用する

では、実際にIJavascriptカーネルを使ってみましょう。IJavascriptカーネルはJavaScriptを実行するものですが、いわゆる「**Webブラウザで動くJavaScript**」とは違います。HTML内から利用するJavaScriptは、DOMを利用してWebページを操作するような処理を行いますが、こうしたことはIJavascriptカーネルでのスクリプトでは行えません。Webブラウザによって実装されているJavaScriptの機能は使えないのです。

ノートブックのセルに以下のように記述し、実行してみて下さい。

リスト10-1
```
alert('ok');
```

図10-11：alert関数を実行するとエラーになる。

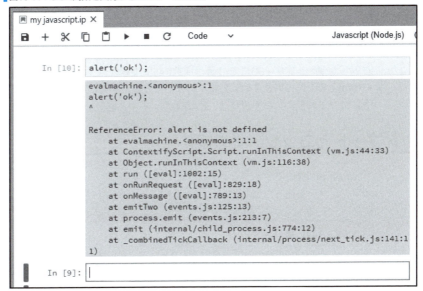

alertは、JavaScriptでアラートを表示するのによく利用される関数ですが、これを実行すると、「**ReferenceError: alert is not defined**」といったエラーが表示されます。alert関数が理解できていないことがわかります。

JavaScriptの基本的な文法については、もちろんまったく同じですが、用意されている関数やオブジェクトについてはだいぶ違いがある、という点を理解しておきましょう。

基本的なスクリプトを実行する

では、簡単なスクリプトを動かしてみましょう。DOMのような特定のオブジェクトを使ったり、alertなどのWebブラウザ固有の関数などを使わない、ごく基本的なスクリプトであれば、普通のJavaScriptの感覚で書いて動かすことができます。

Chapter **10** Jupyter のカスタマイズ

リスト10-2

```
var n = 100;
var total = 0;
for(var i = 1;i <= n;i++){
    total += i;
}
'total:' + total
```

図10-12：実行すると、「total: 5050」と結果が表示される。

```
In [38]:  var n = 100;
          var total = 0;
          for(var i = 1;i <= n;i++){
              total += i;
          }
          'total:' + total

Out[38]:  'total:5050'
```

　これを実行すると、アウトプットに「**total: 5050**」と結果が表示されます。ここでは繰り返しを使い、1 ～ 100までの値を変数totalに加算しています。そして最後に、**'total:'** **+ total**と実行していますね。変数や値などを最後に記述しておくと、その値がアウトプットに出力されます。この辺りは、Pythonカーネルと同じですね。

アウトプットとコンソール出力

　JavaScriptでは、アウトプットのほかにも出力を行うことができます。それは「**console**」オブジェクトを使った出力です。

```
console.log( 値 );
```

　こういうものですね。これ自体は、WebのJavaScriptでも利用されますから使ったことのある人も多いことでしょう。

　このconsole.logは、アウトプットとは別にテキストを出力することができます。実際にやってみましょう。

リスト10-3

```
var arr = [98,76,54,57,68];
var total = 0;
for(var n in arr){
    console.log(arr[n]);
    total += arr[n];
}
'total:' + total;
```

402

図10-13：実行すると、アウトプットの手前に配列の各値が出力される。

```
In [39]:  var arr = [98,76,54,57,68];
          var total = 0;
          for(var n in arr){
              console.log(arr[n]);
              total += arr[n];
          }
          'total:' + total;

          98
          76
          54
          57
          68
Out[39]:  'total:353'
```

　実行すると、インプットの下に配列arrの各値が出力され、その下にアウトプットとして 'total:353' と表示されます。インプットとアウトプットの間に、console.logでテキストが出力されているのがわかります。IJavascriptでは、このようにアウトプットの前に値を表示できるのです。

Node.jsのパッケージを利用する

　IJavascriptでは、Webブラウザで使える多くの機能が使えません。ではどういう機能が使えるのか？　それは、「**Node.jsの機能**」です。IJavascriptカーネルは内部でNode.jsを利用しているのですから、Node.jsに用意されているライブラリなどはすべて利用できるのです。

　実際に例を挙げましょう。

リスト10-4

```
var fs = require('fs');
var data = fs.readFileSync('data.txt', 'utf-8');
var lines = data.split('\n');
for (var n in lines){
    console.log(lines[n]);
}
```

図10-14：data.txtを読み込んで中身を出力する。

```
In [43]:  var fs = require('fs');
          var data = fs.readFileSync('data.txt', 'utf-8');
          var lines = data.split('\n');
          for (var n in lines){
              console.log(lines[n]);
          }

          1, 1, 2, 3
          5, 8, 13, 21
          34, 55, 89, 144
          233, 377, 610, 987
```

Chapter 10　Jupyterのカスタマイズ

実行すると、ノートブックと同じ場所にある「**data.txt**」を読み込み、その内容を1行ずつ表示します。**第3章3-2節**内の「**テキストファイルからデータを読み込む**」で、data.txtにデータを保存しておきましたね。あのファイルをここで読み込んで内容を表示しています。

ここでは、Node.jsに用意されている「**fs**」オブジェクトを使い、ファイルを読み込んでいます。**require('fs')**でオブジェクトをロードし、**readFileSync**でファイルを読み込んで、内容を変数dataに代入しています。

このように、Node.jsのオブジェクトを利用したスクリプトをその場で実行することができます。

HTMLを出力する

console.logやアウトプットへは、基本的にただのテキストとして出力されます。表示テキストのフォントやスタイルなどを変えたい場合、あるいは出力をリストやテーブルなどに整形したい場合は、HTMLのコードを出力し、表示させることができます。

IJavascriptには、「**$$**」というグローバルオブジェクトが用意されています。これは、Jupyterのアウトプットに関する機能をまとめたオブジェクトで、ここに用意されているメソッドなどを利用することで出力を操作できるのです。

HTMLの出力は、$$に用意されている「**html**」メソッドを使います。

```
$$.html( HTMLソースコード )
```

このように、引数にHTMLのソースコードを指定することで、そのHTMLをアウトプットに出力し、表示させることができます。通常、HTMLのソースコードを変数などに持たせて表示させる場合は、そのソースコードがテキストとして表示されるだけですが、htmlメソッドを使えば、HTMLとしてレンダリングされて表示されます。
では利用例を挙げましょう。

リスト10-5
```
var html ='<h1>Sample</h1>';
html += '<p>this is sample content.</p>';
html += '<div><a href="http://google.com">link to google</a>';
$$.html(html);
```

404

図10-15：実行すると、HTMLのコードとして出力される。

```
In [42]:   var html ='<h1>Sample</h1>';
           html += '<p>this is sample content.</p>';
           html += '<div><a href="http://google.com">link to google</a>';
           $$.html(html);

Out[42]:
           Sample

           this is sample content.

           link to google
```

　実行すると、タイトルと本文、リンクといったものがアウトプットに表示されます。リンクはクリックすればGoogleのサイトが開きます。きちんとHTMLとして機能していることがわかるでしょう。

JPEGイメージを出力する

　HTML以外のデータも出力することができます。JPEGやPNGといったイメージファイルをアウトプットに出力することもできるのです。これは、以下のようなメソッドを使います。

```
$$.jpeg( JPEGデータ );
$$.png( PNGデータ );
```

　問題は、引数に指定するイメージのデータです。これは、イメージファイルを読み込んだバイナリデータではなく、それを**Base64でエンコードしたテキストデータ**として用意する必要があります。
　では、実際の利用例を挙げておきましょう。

リスト10-6

```
var fs = require("fs");
var img = fs.readFileSync("image.jpg");
$$.jpeg(img.toString("base64"));
```

▌**図10-16**：image.jpgを読み込んで表示する。

　実行すると、ノートブックファイルと同じ場所にある「**image.jpg**」を読み込んで表示します。

　ここでは、fsオブジェクトを使い、image.jpgファイルを変数imgに読み込んでいます。そしてこれをjpegメソッドで表示をしていますが、その際、imgの**toString("base64")**メソッドを使い、Base64形式のテキストとしてデータを取り出しています。こうすることで、Base64にエンコードしたテキストが得られ、それを元にイメージを表示できるのです。

　このように、Node.jsの機能と、IJavascript独自に用意されている$$オブジェクトの機能を組み合わせて各種の処理を作成していくのが、IJavascriptの基本といえるでしょう。

10-2 機能拡張RISEによるスライドショウ

RISEによるスライドショウ機能

Jupyterには、「**エクステンション**」(機能拡張)があります。前章で取り上げたウィジェットのように、Jupyterの機能を拡張するプログラムです。これらを利用することで、Jupyterをより使いやすくしたり、用途を広げたりできます。

まずは、「**Jupyterによるスライド表示**」に関するエクステンションです。Jupyterは、Markdownが利用できることで、単にスクリプトを実行するためだけでなく、ドキュメントの作成にも多用されます。そうしてドキュメントとして作成したノートブックをそのままスライドショウとして表示できれば、プレゼンなどの資料を改めて作る必要もなく効率的ですね。

Jupyterにスライドショウの機能を追加するのは「**RISE**」というエクステンションです。これは以下のWebサイトで公開されています。

https://damianavila.github.io/RISE/

図10-17：RISEのサイト。ここで必要な情報が得られる。

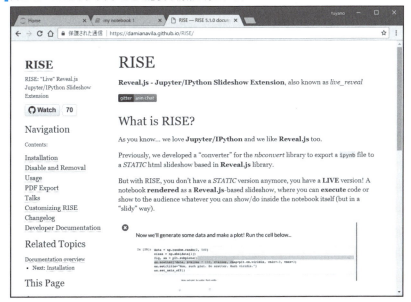

> **Note**
> RISEは、2018年4月の時点では、Labでは対応していません。利用はNotebookで行う必要があります。

RISEのインストール

RISEも、インストールはターミナルから行います。NavigatorのEnvironmentsに表示されるモジュールのリストにはRISEは表示されないので、コマンドでインストール作業を行う必要があるのです。

Navigatorの「**Environments**」を開き、仮想環境の▼マーク（ここでは「**my_env**」）から「**Open Terminal**」メニューを選び、ターミナルを開いて下さい。そして、以下のようにコマンドを実行します。

```
conda install -c damianavila82 rise
```

実行すると、インストールするパッケージプランが表示され、「**Proceed([y]/n)?**」と表示されます。そのままEnterかReturnキーを押せば、インストールが開始されます。

図10-18：conda installコマンドでRISEをインストールする。

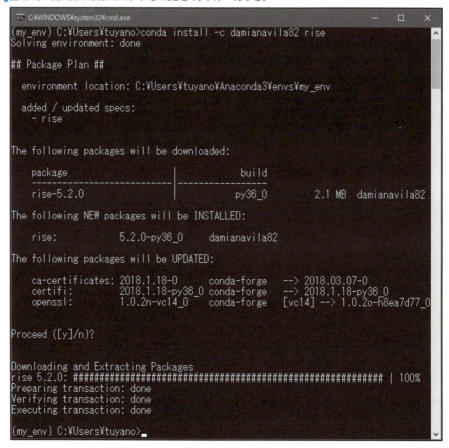

スライドの設定について

インストールが完了したら、次にJupyterのサーバーを起動したときからRISEが使えるようになります。RISEがインストールされていると、Notebookでノートブックを開いたとき、上部のツールバー（アイコンが横一列に並んでいる部分）の一番右端に、RISEのアイコンが追加されます。

このアイコンをクリックすると、スライドショウが開始されるのですが、まだ今の段階ではスライドは表示されません（セルに設定を行う必要があるため）。

図10-19：ツールバーの右端に、RISEのアイコンが追加される。

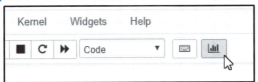

Cell Toolbar を表示する

スライドショウを使うためには、スライドとして表示するセルを指定しておかなければいけません。それを行うのが、「**Cell Toolbar**」です。

「**View**」メニューの「**Cell Toolbar**」から、「**Slideshow**」メニューを選んで下さい。これで、ノートブックの各セルのインプット部分の右側に「**Slide Type**」というプルダウンメニューが表示されるようになります。

図10-20：「Cell Toolbar」から「Slideshow」を選ぶ。

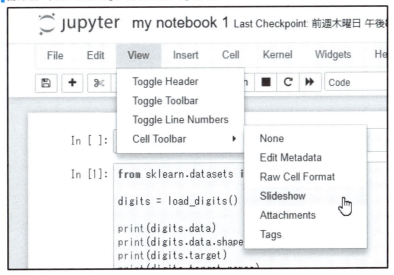

このメニューで選んだ項目により、スライドショウでの活用のされ方が決まります。メニューに用意されているのは以下のような項目です。

（半角ハイフン）	一番上の「-」はスライド設定をしていない状態です。
Slide	そのセルをスライドとして表示します。
Sub-Slide	スライド内から参照するサブスライドとして扱います。
Fragment	スライド内にはめ込んで表示されるフラグメントとして扱います。
Skip	スライドに表示せずスキップします。
Notes	ノートとして扱います。スライドとしては表示しません。

図10-21：Slide Typeメニューに用意されている項目。

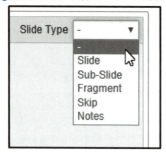

スライドの作成と実行

スライドを作成するには、このSlide Typeプルダウンメニューを利用して設定を行います。といっても作業は単純です。スライドショーに表示したいセルのSlide Typeで「**Slide**」を選んでいくだけです。これだけで基本的なスライドは作成できます。

実際にいくつかのセルをSlideに設定して、スライドショーを表示してみましょう。Slide Typeを選択したら、ノートブックのツールバーにある「**RISE**」のアイコンをクリックするだけで、スライドショーが表示されます。

■図10-22：RISEのアイコンをクリックするだけでスライドショウが開始される。

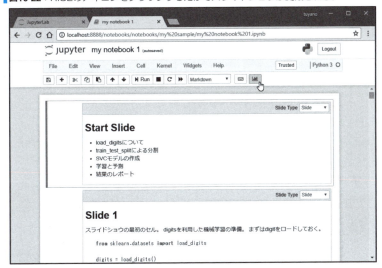

スライドの移動

　スライドショウでは、右下に上下左右の▼マークが表示されたインターフェイスが現れます。これが、スライドを操作するためのものです。

左右の▼	スライドを移動します。右向きの▼で次に進み、左向きの▼で前に戻ります。
上下の▼	サブスライドやフラグメントに使います。

　基本的に、Slide TypeメニューでSlideを選んだセルを複数用意しただけなら、左右の▼をクリックするだけでスライドの表示を移動できます。
　スライドを終了するときは、左上辺りに見える「×」マークをクリックします。スライドの基本は、たったこれだけです。非常に簡単ですね！

図10-23：右向きの▼をクリックすると、次のスライドに切り替わる。左向きの▼で前のスライドに戻れる。

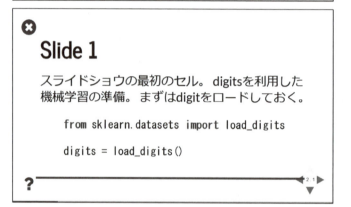

サブスライドについて

普通のスライド表示のほかにも、RISEにはスライドの表示機能があります。1つは「**サブスライド**」です。

サブスライドは、特定のスライドに付けられる関連スライドです。例えば、「**A**」「**B**」「**C**」というスライドがあったとき「**B**」に「**D**」というサブスライドを用意したとしましょう。

このとき、左右の▼を使って移動する場合は、「**A**」→「**B**」→「**C**」と移動し、「**D**」は表示されません。が、「**B**」を表示しているとき、下向きの▼をクリックすると「**D**」を表示することができます。

サブスライドの「**D**」は、あくまで「**B**」に付随するものであり、不要ならば表示することなくそのまま「**C**」に進めます。必要と判断したときのみ表示できるのです。

サブスライドは、スライドのセルの次にあるセルのSlide Typeを「**Sub-Slide**」にすることで設定できます。これにより、そのセルは、その前にあるセルのサブスライドとして扱われるようになります。

■図10-24：Slide Typeから「Sub-Slide」を選ぶと、その前にある「Slide」のサブスライドとして扱われる。

　実行すると、サブスライドが用意されているスライドでは、下向きの▼が使えるようになります。それをクリックすると、サブスライドが表示されます。もちろん、前後の移動はサブスライドでも左右の▼でそのまま行えます。

■図10-25：下向きの▼でサブスライドに移動できる。

フラグメントについて

サブスライドと似たようなものに「**フラグメント**」があります。フラグメントは、スライドのパーツとして用意されます。

例えば、「**A**」というスライドに「**B**」というフラグメントを付けたとしましょう。最初にスライドが表示されたときには「**A**」だけです。そして、下向きの▼をクリックすると、「**A**」の下に「**B**」が追加され表示されます。

フラグメントは、スライドのセルの次にあるセルのSlide Typeを「**Fragment**」にすることで設定されます。Fragmentに設定されたセルは、その直前にあるSlide設定されたセルの部品(フラグメント)扱いになります。

実行すると、フラグメントが用意されているスライドでは下向きの▼が使えるようになっており、これをクリックするとフラグメントのセルがスライドの下部に追加表示されます。

図10-26：スライドが表示されたら下向き▼をクリックすると、表示されているスライドの下部にフラグメントが追加表示される。

10-3 Jupyter contrib nbextensions

Jupyter contrib nbextensionsについて

Jupyterの使い勝手をよくするためのエクステンションはほかにあります。もっとも著名なのは「**Jupyter contrib nbextensions**」(以後、nbextensionsと略)でしょう。さまざまなエクステンションの詰め合わせといった感じのもので、これだけで数十の単機能エクステンションをまとめてインストールできます。nbextensionsは、以下のアドレスで公開されています。

https://github.com/ipython-contrib/jupyter_contrib_nbextensions

図10-27：Jupyter contrib nbextensionsのサイト。ここで主な情報を得られる。

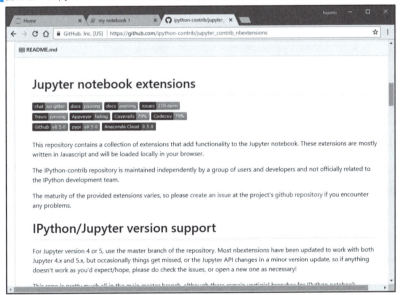

> **Note**
> nbextensionsは、現時点ではlabには対応していません。Notebookでの利用を前提に作られています。

nbextensionsのインストール

では、nbextensionsをインストールしましょう。ターミナルからコマンドで実行をします。

Navigatorの「**Environments**」を開き、仮想環境の▼マーク（ここでは「**my_env**」）から「**Open Terminal**」メニューを選び、ターミナルを開いて下さい。そして、以下のようにコマンドを実行します。

```
conda install -c conda-forge jupyter_contrib_nbextensions
```

これで、Package Planが表示され、「**Proceed([y]/n)?**」と表示されるので、そのままEnterかReturnキーを押してインストールを行います。nbextensionsは、かなりたくさんのプログラムのインストールと更新が必要となります。

図10-28：conda installでnbextensionsをインストールする。

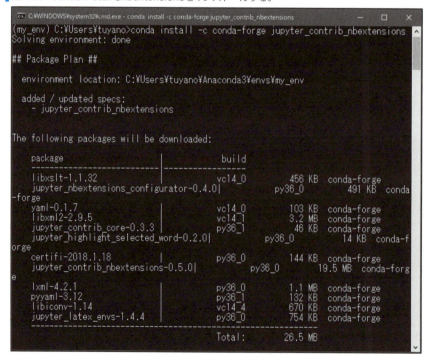

nbextensionsメニューについて

nbextensionsがインストールされ、NotebookのDashboardを開くと、新たに「**Nbextensions**」というタブが追加表示されるようになります。これをクリックすると、用意されているエクステンションが一覧表示されます。

ここから、使いたいエクステンションのチェックをONにするだけで、そのエクステンションが利用できるようになります。必要ないものは、チェックを外せば機能がOFFになります。使い方も簡単ですね。また、項目を選択すると、ページの下の方にそのエクステンションの説明が表示されます。ここでどういう使い方をするのか確認できるのです。

図10-29：「nbextensions」タブを選択すると、エクステンションの一覧が表示される。

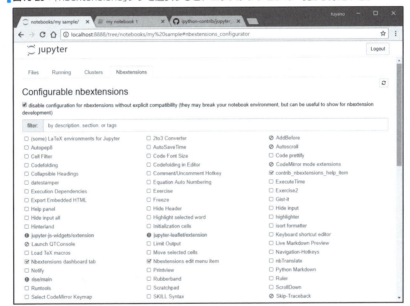

LaTeX environments for Jupyter

では、どのようなエクステンションが用意されているのでしょうか。nbextensionsは非常に多くのエクステンションが用意されているため、全部を覚えるとなると大変です。覚えておくと便利なものをピックアップして紹介していくことにしましょう。

まずは、「**LaTex environments for Jupyter**」というエクステンションからです。
これは、MarkdownでLaTeXによる数式の記述を多用するような場合に役立ちます。このエクステンションをONにすると、ノートブックを開いた際、メニューバーに「**LaTeX_envs**」というメニューが追加されます。

ここからメニュー項目を選ぶことで、LaTeX用の記述文が選択されたセルに出力されます。Markdownでの数式記述をよく利用する人向けのエクステンションです。

図10-30：「Kernel」メニューの隣に「LaTeX_envs」というメニューが追加される。

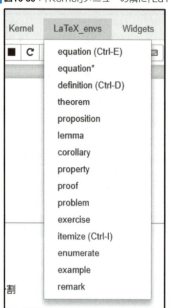

Autopep8

　Pythonのスクリプトは、「**PEP8 (Python Enhancement Proposal 8)**」と呼ばれるドキュメントによって、記述の仕方に関する基本ルールが決められています。Autopep8は、ノートブックに記述されているスクリプトをPEP8に準拠する形で整形してくれるエクステンションです。

　これを利用するためには、Anacondaに「**autopep8**」というモジュールがインストールされていなければいけません。これは、Navigatorのモジュールリストに対して、ターミナルから行います。Navigatorの「**Environments**」を開き、仮想環境の▼マーク（ここでは「**my_env**」）から「**Open Terminal**」メニューを選び、ターミナルを開いて以下のようにコマンドを実行して下さい。

```
conda install -c conda-forge autopep8
```

　Package Planが表示された後、「**Proceed([y]/n)?**」と表示されたら、EnterかReturnキーを押してインストールを行って下さい。

図10-31：conda installでautopep8をインストールする。

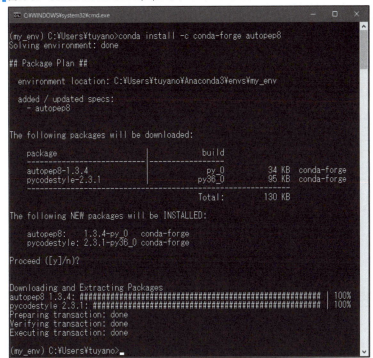

Autopep8 アイコンについて

　nbextensionsのAutopep8をONにすると、ノートブックのツールバーにAutopep8のアイコンが追加表示されるようになります。

　Autopep8の使い方はとても簡単です。スクリプトを記述したセルを選択し、Autopep8アイコンをクリックすると、そのセルのスクリプトをチェックし、PEP8準拠に自動的に修正してくれます。

　Shiftキーを押しながらアイコンをクリックすると、ノートブックに記述されているすべてのセルのスクリプトを修正してくれます。

図10-32：Autopep8のアイコン。これをクリックするとPEP8準拠となるようスクリプトが修正される。

AutosaveTime

Jupyterにオートセーブ機能を追加します。このエクステンションをONにすると、ノートブックのツールバーの右端に「**Autsave interval(min)**」というプルダウンメニューが追加されます。ここから数字(分単位)を選ぶと、その時間が経過するごとに自動的にノートブックファイルがセーブされます。

図10-33：Autosave intervalのメニュー。ここで分単位の数字を選ぶと、その時間が経過するごとに自動保存する。

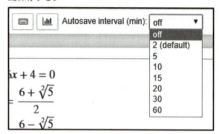

Cell Filter

多数のセルを記述していると、長いドキュメントの中から必要なセルを探すのも大変です。こんな場合に、セルをすばやく検索するのに役立つのが「**Cell Filter**」です。

これは、セルに書かれているテキストを直接検索するのではなく、「**タグ**」を検索します。ノートブックのセルには、タグを付けることができます。そのタグを検索し、必要なセルだけを表示させるのがCell Filterです。

タグの設定

まずは、セルへのタグの設定について説明しましょう。「**View**」メニューの「**Cell Toolbar**」から「**Tags**」メニューを選んで下さい。これで、選択したセルの右上に、タグを入力するフィールドが表示されるようになります。ここからテキストを記入して追加すると、そのテキストがタグとしてセルに設定されます。

図10-34：「Tags」メニューを選ぶとタグが設定できるようになる。

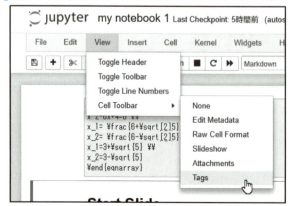

■図10-35：表示されるフィールドにテキストを書いて「Add tag」ボタンを押すとタグが追加される。

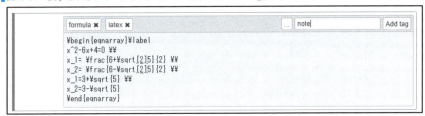

タグの検索

　Cell FilterがONになっていると、ノートブックのツールバー右端に検索用のフィールドが追加されます。ここに検索したいタグ名を記述すると、そのタグが設定されたセルだけが表示されるようになります。

　タグ名は、すべてのテキストを書く必要はありません。最初の数文字でも、そのタグが特定できればそのタグのセルだけに絞り込まれるようになります。

　フィールドの右側には2つのアイコンが見えますが、これらは「**Use regex**」「**Match case**」です。それぞれ、「**正規表現を利用する**」「**大文字小文字を区別する**」というもので、クリックして選択状態にすればこれらの機能が利用できるようになります。

■図10-36：Cell Filterのフィールド。テキストを書くとそのタグを付けたセルのみ表示される。

Code Font Size

　Jupyterのセルは、スクリプトを記述する際のフォントサイズが固定で変更できません。小さくて見づらいという人も多いことでしょう。Codeセル（セルの種類で「**Code**」を選んだセル）のフォントサイズを変更できるようにするのが、このエクステンションです。

　これがONになっていると、ノートブックのツールバー右端に、フォントサイズ変更のためのアイコンが追加されます。「＋」マークのルーペと「－」マークのルーペの形をしています。これらをクリックすることで、選択されているセルのフォントサイズを大きくしたり小さくしたりできます。

■図10-37：「＋」「－」のアイコンをクリックすることで、セルのテキストサイズを大きくしたり小さくしたりできる。

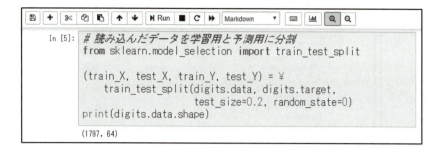

Code folding

　スクリプトが長くなってくると、いかにスクリプトを整理し見やすくするかが重要になってきます。こうしたときに、最近のエディタでよく用いられるのが「**コードフォールディング**」という機能です。これは、コードの構文を解析し、構文ごとにコードを部分的に折りたたんで表示する機能です。

　この機能を実装するのが、「**Code folding**」「**Code folding in Editor**」といったエクステンションです。前者は表示されているCodeセルのスクリプトを折りたためるようにします。後者はセルを選択し、編集中の状態で折りたためるようにします。

　この2つがONになっていると、構文ごとに小さな▼マークが左端に表示されるようになります。これをクリックすると折りたたんだり展開したりできます。

▌**図10-38**：スクリプトの左端の小さな▼をクリックすると、スクリプトを折りたたんだり展開表示したりできる。

Equation Auto Numbering

Markdownで数式について説明を行ったとき、「**\label**」を使って番号を割り振って表示できることがわかりました。これは便利ですが、いちいち\labelで指定しないといけないのが面倒ですね。そこで、**\begin{eqnarray}**で複数の式を記述したとき、自動的に番号を割り振ってくれるのがこのエクステンションです。

これは、特に使い方などを覚える必要はありません。このエクステンションをONにしておくと、Markdownで複数行の数式を記述する際、自動的に番号が表示されるようになります。

▌**図10-39**：数式を記述すると、自動的に番号を割り付ける。

$$x^2 - 6x + 4 = 0 \tag{1}$$

$$x_1 = \frac{6 + \sqrt[2]{5}}{2} \tag{2}$$

$$x_2 = \frac{6 - \sqrt[2]{5}}{2} \tag{3}$$

$$x_1 = 3 + \sqrt{5} \tag{4}$$

$$x_2 = 3 - \sqrt{5} \tag{5}$$

Hide Input/Hide Input All

Jupyterでは、アウトプットは折りたたんで隠すことができますが、インプット部分は隠すことができません。その機能を追加するのが、「**Hide Input**」と「**Hide Input All**」です。
　前者は、選択しているセルのインプットを折りたたみます。また、後者はノートブックのすべてのインプットを折りたたみます。これらがインストールされていると、ノートブックのツールバー右端に以下の2つのアイコンが追加されます。これらによってセルのインプットの折りたたみの操作をします。

目のアイコン	すべてのインプットを折りたたんだり、展開したりします。
「＾」アイコン	選択したインプットを折りたたんだり展開したりします。

Chapter 10　Jupyterのカスタマイズ

▍図10-40：通常の表示（上）と、インプットを折りたたんだ表示（下）。

Live Markdown Preview

　　Markdownによるドキュメントの作成は、一般的なMarkdownエディタと比べると少し面倒です。Jupyterのセルでは、Markdownのソースコードを書いたら、実行しないとレンダリングされません。「**書いては実行し、書いては実行し……**」を繰り返すことになります。

　　Live Markdown Previewは、Markdownのドキュメントを記述している際にも、リアルタイムでレンダリングされた表示を行ってくれます。これがあれば、いちいち書いた後で実行して表示を確認する、といった手間が省けます。

　　このエクステンションは、専用のアイコンやメニューなどはありません。ただONにしておくだけで、自動的にMarkdownのドキュメントがリアルタイムでレンダリングされるようになります。

■図10-41：Live Markdown PreviewがONだと、編集中もリアルタイムでレンダリングされた結果が表示される。

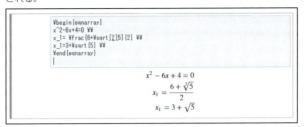

nbTranslate

　　ドキュメントをほかの言語へ翻訳するためのエクステンションです。nbTranslateは、Google翻訳を用い、選択したドキュメントをほかの言語に翻訳します。

　　このエクステンションがインストールされていると、ツールバー右端に、翻訳のアイコンと工具のアイコンが追加されます。翻訳アイコンをクリックすると、選択されたセルをほかの言語に翻訳します。

　　この翻訳ボタンがきちんと働くようにするためには、元のセルの言語と翻訳したい言語をあらかじめ設定しておかなければいけません。工具のアイコンをクリックすると、ツールバーの下段に翻訳に関する設定が表示されます。ここで元の言語と翻訳先の言語を選択すれば、選択したセルを多言語に翻訳したセルを生成できます。

■図10-42：日本語のセルと、それを英語に翻訳したセル。ツールバーの下段はnbTranslateの設定関係。

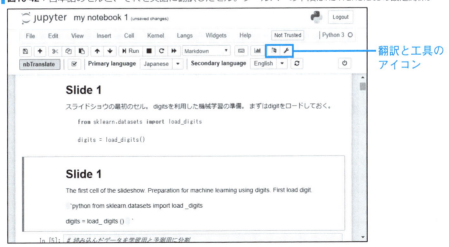

Printview

　　ノートブックをそのまま印刷して利用する場合、あらかじめ印刷のイメージがつかめると、表示などの調整がしやすくなります。それを行ってくれるのが「**Printview**」です。

このエクステンションがONになっていると、ツールバー右端にプリンタのアイコンが追加されます。これをクリックすると、プレビュー表示が作成され、新たなタブで開かれます（ブラウザによっては、ポップアップ禁止により現れない場合もあります。その場合は手動でポップアップウインドウを開いて下さい）。

図10-43：プリンタのアイコンをクリックすると、新たなタブが開かれ、印刷イメージが表示される。

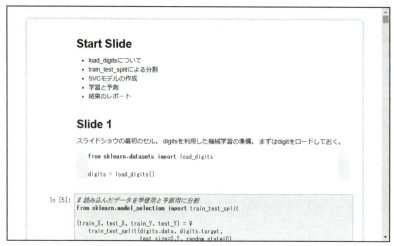

Python Markdown

　Markdownは、ドキュメントを記述する記法ですが、そこに書かれたスクリプトがその場で実行されません。Pythonなどのスクリプトはその場で実行できますが、そのスクリプトの説明などをMarkdownで記述した場合、「**スクリプトを修正したら、Markdownで書いたドキュメントの内容も修正しないといけない**」ということになります。

　例えば、Pythonで各種の関数などを用意し、それを使った処理などを行った場合、そのレポートについても、実行したスクリプトの結果などをダイレクトに埋め込んで記述できれば、「**スクリプトを修正したらドキュメントも修正**」という二度手間を避けることができます。それを実現してくれるのが「**Python Markdown**」です。

　これは、Markdownドキュメントの中にPythonの文を埋め込み、その場で実行できるエクステンションです。
　このエクステンションでは、{{ }}記号を使ってPythonの式や文をMarkdownドキュメント内に埋め込むことができます。やってみましょう。
　まず、適当なセルに簡単なPythonのスクリプトを記述します。

リスト10-7

```
def fn(x):
    return x**2


x = 123
```

　これを実行した後に、別のセルをMarkdownに設定して、以下のようにドキュメントを記述します。

リスト10-8

```
## Python Markdown
Pythonのコードを呼び出して実行できる。

{{print('<b>This is sample text by Python!</b>')}}

例えば、{{x}} の自乗は、{{fn(x)}} である。
```

図10-44：Markdownドキュメントを実行すると、Pythonの処理を実行し、結果を表示する。

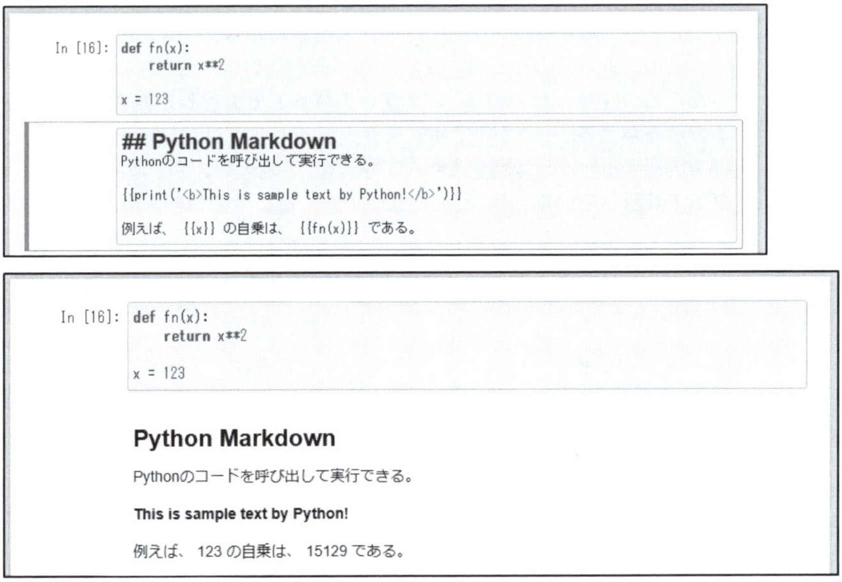

　これを実行すると、{{}}の部分にPythonの変数や関数の実行結果がはめ込まれ、ドキュメントが生成されます。Markdown実行時に、埋め込んだPythonの文が実行されていることがわかります。

　複雑な処理を実行し、その結果をレポートなどにまとめる場合も、実行結果を変数などに代入し、その変数をMarkdown内に埋め込むようにすれば、スクリプトの実行結果が変わっても、Markdownを再実行すれば、値はすべて書き換わります。いちいち手書きで修正する必要もなくなります。

> **Note**
> Python Markdownは、Trustedノートブックでなければ動作しません。Markdownを実行しても{{}}がPythonの実行結果に置き換わらないときは、「ノートブックがTrustedかどうか」を確認して下さい。

Scratchpad

ある程度複雑な処理を行うようになると、スクリプトの記述や実行中に、「**ちょっとそれとは別の処理を実行したい**」ということがあります。こういう場合、別にセルを用意してそこに処理を書いて実行し、また元のセルに戻り……といったやり方をすることになります。

Scratchpadエクステンションは、その場でスクリプトを実行できるスクラッチパッドを提供します。これがONになっていると、ノートブックの右下に▼マークが表示され、これをクリックするとノートブックの右側にスクラッチパッドがポップアップして現れます。

これは、インプットが1つあるだけのセルのようなもので、ここにスクリプトを記述し、**Ctrlキー＋Enter/Return**を押すと、その場でスクリプトを実行して結果を表示します。ここでいろいろと動作を試してから、また本編のスクリプトに戻ればいいわけです。

ただし、注意したいのは「**スクラッチパッドで実行した内容は、ノートブック本編にも影響を与える**」という点です。スクラッチパッドは、ノートブックから切り離して処理を実行するわけではありません。単純に、「**ノートブックにあるべきセルをポップアップして表示している**」というだけなのです。そこで変数や関数などを上書き実行すると、ノートブックで実行されていた内容も書き換わります。ですから、スクラッチパッド内で何かを実行する際には、それが本編のスクリプトにどう影響するかも考えながら利用して下さい。

図10-45：右下の▼をクリックするとスクラッチパッドが現れ、その場でスクリプトを実行できる。

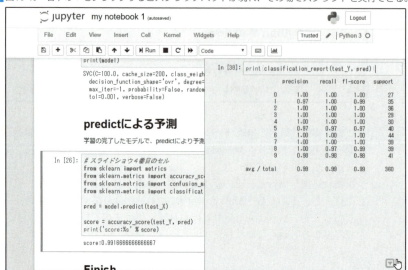

Snippets

スクリプトを作成する場合、よく利用する処理というのはだいたい同じようなものになります。そうした汎用的な短いスクリプトを登録し、いつでも書き出せるようにしたのが「**スニペット**」です。

「**Snippets**」は、主な文を登録したスニペットを呼び出すメニューを登録するエクステンションです。これがONになっていると、メニューバーに「**Snippets**」という項目が追加され、そこからスニペットが呼び出せるようになります。

用意されているのは、PythonやMarkdownなどの基本的なもののほか、numpy、scipy、sympyといった数値処理の基本的なモジュール類、pandas、matplotlibなどのデータ処理で多用されるモジュールなども含まれます。特に、モジュールを利用するimport文などは必ず書かないといけないものなので、それをメニュー選択で書き出してくれるのはとても重宝しますね。

図10-46：「Snippets」メニューには、PythonやMarkdown、主なモジュール類のスニペットが階層化されて登録されている。

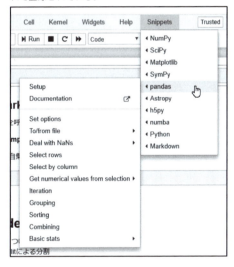

Table of Contents (2)

ノートブックでは、Markdownドキュメントとスクリプトのセルを必要に応じて並べていきます。Markdownでは、#によるヘッダーでタイトルや細かなドキュメントの構成を記述していくことになります。

ただ、ノートブックのあちこちにMarkdownのドキュメントとPythonのスクリプトのセルが作成されていくため、ノートブック全体でどういう構成になっているのが判然としないところはあるでしょう。そうした全体の構成を表示してくれるのが「**Table of Contents (2)**」というエクステンションです。

これがONになっていると、ツールバー右端にTable of Contentsのアイコンが追加され

ます。これをクリックすると、ノートブックの左側にMarkdownのヘッダーによる構成が階層的に表示されます。ここで項目をクリックすれば、そのセルにジャンプします。

これはノートブック全体のMarkdownセルすべての構成を表示してくれるので、ノートブック全体の流れも把握しやすくなります。また不要になればツールバーからアイコンをクリックするだけでいつでも消すこともができます。

図10-47：ノートブックの左側にMarkdownのヘッダー構成が表示される。

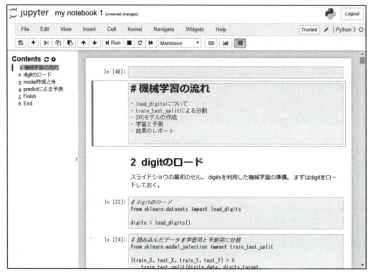

Tree Filter

これまでのエクステンションはすべてノートブックを拡張するものでしたが、これはDashboardを拡張します。

「**Tree Filter**」は、Dashboardの「**Files**」タブで表示されるファイルやフォルダの一覧リストに、フィルターのフィールドを追加します。フィールドにテキストをタイプすると、そのテキストを含むファイルやフォルダだけを表示します。

フィールドの右端には2つのアイコンがあり、正規表現の利用と、大文字小文字の区別を行えます。

図10-48：Tree Filterのフィールドを使うと、名前でファイルやフォルダを絞り込める。

Variable Inspector

　ノートブックは、変数へ代入すると、その変数を保持し続け、ほかのセルなどからも利用することができます。が、「**一体、どんな変数を作ってどういう値が入っているのか**」を確認する手段はありませんでした。

　「**Variable Inspector**」は、その名の通り、存在する変数とその値の一覧を表示するエクステンションです。これがONになっていると、ツールバーの右端にVariable Inspectorのアイコンが追加されます。これをクリックすると、パネルがポップアップして現れ、そこに変数の一覧が表示されます。

　このリストでは、値の表示はできますが書き換えることはできません。ただし、変数名の左側にあるxマークをクリックすることで、変数を削除できます。

図10-49：ツールバーの右端にあるVariable Inspectorアイコンをクリックすると、変数の一覧がポップアップして現れる。

10-4 Jupyter設定ファイル

設定ファイルの作成

Notebookには、ノートブックに関する設定のようなものがほとんどありません。Labには、専用の設定メニューが用意されていましたが、これらも表示されているノートブックのカスタマイズに関するもので、Jupyterそのものに関する設定などはありませんでした。

では、Jupyterには何の設定も用意されていないのか？　というと、そういうわけでもありません。Jupyterでは、コマンドを使って設定ファイルを作成することで、起動時にその設定ファイルを読み込み、その設定を適用して動くようにできるのです。設定ファイルさえ用意しておけば、Jupyterの実行に関する細かな設定は行えるのです。

設定ファイルを作る

では、設定ファイルはどのように作成するのか。これは、例によってターミナルからコマンドで実行します。

「**Environments**」を開き、仮想環境の▼マーク（ここでは「**my_env**」）から「**Open Terminal**」メニューを選び、ターミナルを開いて下さい。そして、以下のようにコマンドを実行します。

```
jupyter notebook --generate-config
```

図10-50：コマンドを実行し、設定ファイルを生成する。

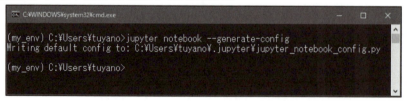

これで設定ファイルが作成されます。ホームディレクトリ内の「**.jupyter**」フォルダの中に、「**jupyter_notebook_config.py**」という名前でファイルが作成されます。これが、Jupyterの設定ファイルです。

jupyter_notebook_config.pyの中身

このjupyter_notebook_config.pyは、ファイルの拡張子を見ればわかるようにPython
のスクリプトです。これを開くと、以下のような内容が記述されているのがわかります。

```
# Configuration file for jupyter-notebook.

#---------------------------------------------------------------------
# Application(SingletonConfigurable) configuration
#---------------------------------------------------------------------

## This is an application.

## The date format used by logging formatters for %(asctime)s
#c.Application.log_datefmt = '%Y-%m-%d %H:%M:%S'

……以下略……
```

見ればわかるように、すべてコメント文として書かれています。その中に必要な設定
がコメントとして書かれており、その文の#を削除し、必要な値を記述すれば、その設
定が利用されるようになっています。

例えば、ここでは最初の設定として以下のような内容が用意されていますね。

```
#c.Application.log_datefmt = '%Y-%m-%d %H:%M:%S'
```

これは、**c.Application.log_datefmt**という値を設定します。ログの日付フォーマット
を指定するのです。冒頭の#を削除し、**'%Y-%m-%d %H:%M:%S'**という値を修正する
ことで、ログの日付の形式を変更できる、というわけです。

このような形で、設定ファイルに用意されている設定項目のコメントの#を削除し、
値を記述していくことで、Jupyterの動作環境をカスタマイズできるようになっているの
です。

パスワードを設定する

では、設定ファイルを利用する例として、「**パスワード設定**」を行ってみることにしま
しょう。

Jupyterは、起動すると自動的にブラウザが開かれてアクセスが開始されます。が、そ
れ以外のブラウザなどを起動してアクセスしようとしてもできません。もちろん、ほか
のPCから、Jupyterサーバーを実行しているホストマシンのIPアドレスを指定してアク
セスしようとしてもできないのです。アクセスすると、パスワードを入力する画面が現
れ、そこから先に進めなくなります。

図10-51：ほかのブラウザやPCからアクセスしようとすると、パスワードの入力を求められる。

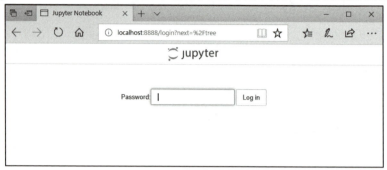

これは、外部からのアクセスを制限するための措置です。Jupyterにあらかじめパスワードを設定しておくことで、そのパスワードを入力してログインできるようになります。

パスワードの作成

では、パスワードの作成をしましょう。仮想環境の▼マーク（ここでは「**my_env**」）から「**Open Terminal**」メニューを選び、ターミナルを開いて、以下のように入力します。

```
jupyter notebook password
```

実行すると、パスワードを2回尋ねてくるので、2回とも同じパスワードを入力して下さい。両者が一致すれば、パスワードを記述した設定ファイルが作成されます。

図10-52：パスワードの生成をコマンドで行う。

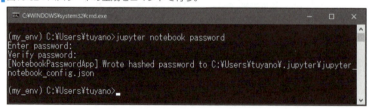

jupyter_notebook_config.json を開く

このコマンドは、jupyter_notebook_config.pyを書き換えるものではありません。同じ場所に、「**jupyter_notebook_config.json**」という別のファイルが作成されます。これが、パスワードを生成したファイルです。これを開くと、以下のように記述されています。

434

リスト10-9
```
{
  "NotebookApp": {
    "password": "sha1:7a4986……略……"
  }
}
```

この**"password"**に記述されているのが、SHA1でハッシュ化されたパスワードです。先ほどjupyter notebook passwordコマンドで入力したパスワードをハッシュ化したのが、この値です。Jupyterでパスワードを入力すると、それをハッシュ化し、この値と一致するかどうかをチェックするというわけです。

ただし、この状態のままでは、パスワードは認識されません。先ほど作成したjupyter_notebook_config.pyにもパスワードの情報を記述する必要があります。ファイルを開き、末尾に以下のように追記をしましょう。

リスト10-10
```
c.NotebookApp.password = 'sha1:7a4986……略……'
```

jupyter_notebook_config.jsonに書かれているpasswordの値をコピーし、この**c.NotebookApp.password**の値として記述して下さい。これで設定ファイルにパスワード情報が記述できました。

Jupyterを再起動し、ほかのブラウザなどからアクセスをしてみましょう。最初に現れた入力画面でパスワードを入力すると、Jupyterにログインできるようになります。

図10-53：パスワードを正しく入力すると、NotebookのDashboardにログインできる。

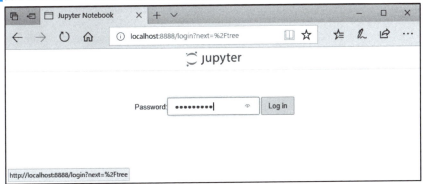

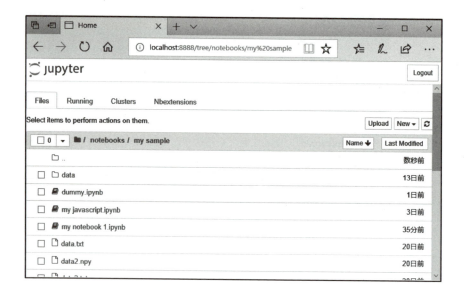

HTTPSを利用する

　パスワードが設定できたら、SSLを使い、HTTPSでアクセスするようにしてみましょう。これも設定ファイルに記述して実現できます。ただし、そのためにはあらかじめSSLの証明書と秘密鍵を用意しておく必要があります。

　Anacondaには、OpenSSLがインストールされていますので、これで作成すればよいでしょう。ターミナルから以下のように実行をして下さい。

```
openssl req -nodes -newkey rsa:2048 -keyout nb_cert.key -out nb_cert.pem
```

　実行後、Country Name、State、City、Organization、Naem、Mail Addressといった情報を入力していくと、**秘密鍵**と**証明書**が作成されます。ここでは、それぞれ「**nb_cert.key**」「**nb_cert.pem**」という名前でファイルを作成するようにしてあります。

　ファイルが作成されたら、これらをAnaconda3のフォルダに入れておきましょう。

10-4 Jupyter 設定ファイル

図10-54：opensslコマンドで秘密鍵と証明書を作る。

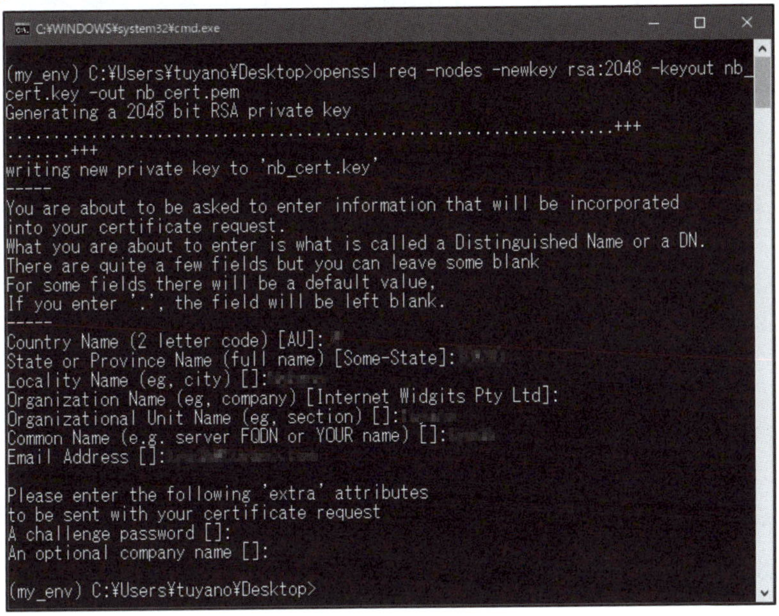

Column opensssl.cnfについて

OpenSSLを利用するためには、openssl.cnfという設定ファイルが必要になります。このファイルを、/usr/local/ssl/内に配置すると、opensslコマンド実行時にこの設定ファイルを読み込んで動作します。

Anacondaを確認したところ、OpenSSLは入っているのですがopenssl.cnfが見つかりませんでした。これはバージョンなどによるのかもしれません。

もしもopenssl.cnfが見つからなかった場合は、OpenSSLのプログラムを別途インストールするなどしてください。なお、XAMPPやApache HTTP Serverなどのサーバープログラムがインストールされている場合は、それらの中にopenssl.cnfが用意されているので、それを利用することもできます。

・OpenSSL
　https://www.openssl.org/
・Windowsバイナリ版
　https://www.openssl.org/source/

設定ファイルに追記

SSL関連のファイルが作成できたら、jupyter_notebook_config.pyを開き、末尾に以下の2文を追記しておきます。

リスト10-11

```
c.NotebookApp.certfile = r'C:\Users\ 利用者 \Anaconda3\nb_cert.pem'
c.NotebookApp.keyfile = r'C:\Users\ 利用者 \Anaconda3\nb_cert.key'
```

437

> **Note**
> これはWindowsの場合の記述。macOSの場合は、環境にあわせてパスのテキストを修正しておいて下さい。

このc.NotebookApp.certfileとc.NotebookApp.keyfileが、証明書と秘密鍵のファイルのパスを示す値です。これらを用意することで証明書と秘密鍵が利用できるようになります。

なお、このほかに、以下のような設定も併せてjupyter_notebook_config.pyに追記しておくと大変便利です。

リスト10-12
```
c.NotebookApp.ip = '*'
c.NotebookApp.open_browser = False
c.NotebookApp.port = 9876
```

これらは、JupyterのIPアドレス、Jupyterサーバー起動時にWebブラウザを開くのを禁止する設定、使用するポート番号といった情報です。これらを設定してJupyterサーバーのアドレスなどをきちんと指定しておけば、外部からのアクセスもしやすくなります。

HTTPSでアクセスする

以上の情報を記述したら、Jupyterを再起動して下さい。そして、https://localhost:9876にアクセスをして、動作を確認しましょう。サンプルでは、作成したSSL証明書はルート証明機関を介した正式のものでない、いわゆる自己証明書なので、Chromeでは「**保護されていません**」と表示されてしまいますが、HTTPSでのアクセスが行われるようになっていることは確認できるでしょう。

実際にJupyterサーバーを公開し、HTTPSでのアクセスを行う場合は、ルート証明機関から正式にSSLサーバー証明書を取得して利用して下さい。

図10-55：https://localhost:9876でJupyterにアクセスする。自己証明書なので保護されていないとの表示になるが、HTTPSでアクセスしているのは確認できる。

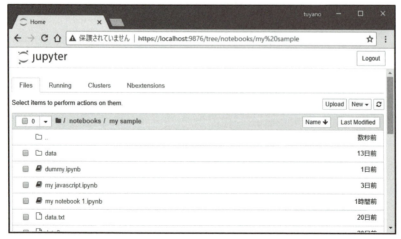

さくいん

記号

$ ⋯⋯ 式 ⋯⋯ $	83
$$	404
$$ ⋯⋯ 式 ⋯⋯ $$	83
\begin{equation}	94
\begin{matrix}	92
\color	96
\cos	86
\end{equation}	94
\end{matrix}	92
\frac	85
\int	91
\label	97
\lim	89
\ln	89
\log	89
\mathit	96
\pi	86
\sin	86
\sqrt	87
\sum	87
\tan	86
\theta	86

A

Accordion	388
accuracy_score	185
add	346
Add	157
add_control	367
Advanced Settings Editor	51
agg	237
Anaconda	7
Anaconda Navigator	16
annotate	275
append	221
arange	105
array	104, 108
arrow	274
ascending	232
Auto Close Brackets for Text Editor	50
autocontrast	336
Autopep8	418
Autosave Documents	49
AutosaveTime	420

(右列)

Axes	268
Axes3D	296
axhline	277
axhspan	279
axis	265
axvline	277
axvspan	279

B

bar	282
blend	332
bmat	125
BoundedFloatText	380
BoundedIntText	380
Box	387
BoxBlur	317
Button	379

C

c.Application.log_datefmt	433
Cell Filter	420
Cell Toolbar	409
CellTools	45
Checkbox	383
Circle	365
CircleMarker	361
classification_report	185
「Clusters」タブ	25
cmap	295
c.NotebookApp.certfile	437
c.NotebookApp.keyfile	437
c.NotebookApp.password	435
Code folding	422
Code Font Size	421
colorize	343
columns	220
Commands	44
composite	351
confusion_matrix	186
console.log	402
contourf	299
convert	313
count	235
crop	331

D

darker	345
Dashboard	24
DataFrame	215
det	135
diag	112
diff	168
difference	350
digits	196
display	374
dot	122, 133
DrawControl	367
Dropdown	384

E

ellipse	327
Environments	19
Eq	166
equalize	344
Equation Auto Numbering	423
evalf	150
Exp1	151
expand	159
Expr	157
eye	111

F

factor	160
fetch_mldata	205
Figure	268
「Files」タブ	25
Files	43
fill	280
filter	314
fit	182
fit_predict	195
flip	338
Float	148
FloatLogSlider	381
FloatRangeSlider	381
FloatSlider	381
FloatText	380

G

GaussianBlur	316
gca	296
get_group	238
Google Colaboratory	53
grayscale	340
grid	264

H

groupby	233
GroupBy	234
groups	234

head	224
Hide Input/Hide Input All	423
hist	289
hsplit	126
hstack	124

I

identity	110
ignore_index	222
IJavascript	394
iloc	225
Image	304
ImageChops	345
ImageDraw.Draw	324
ImageFilter	315
ImageFont	328
Image.new	324
ImageOps	336
ImageOverlay	366
Infinity	151
info	218
inner	118, 133
Integer	148
integrate	169
interact	368, 375
IntRangeSlider	381
IntSlider	381
IntText	379, 380
inv	135
invert	339
ipyleaflet	354
IPython	5
ipywidgets	373
iris	177

J

JpegImageFile	304
Jupyter contrib nbextensions	415
JupyterLab	40
JupyterLab Theme	48
jupyter_notebook_config.json	434
jupyter_notebook_config.py	433
jupyter notebook --generate-config	432
jupyter notebook password	434

K

Keyboard Shortcuts 37
KMeans 194
KNeighborsClassifier 182
K近傍法 182
K平均法 194

L

Lab 6
Label 374
LaTeX 84
LaTeX environments for Jupyter 417
Launcher 43
legend 262
lighter 345
limit 167
linalg 133
line 325
linspace 105
Live Markdown Preview 424
load 140, 305, 328
load_default 328
load_digits 197
load_iris 178
loadtxt 138
loc 225
LogisticRegression 188

M

Map 356
Marker 357
MarkerCluster 359
matplotlib 256
matrix 109
matrix_power 134
max 129, 231, 235
MaxFilter 320
mean 131, 230, 235
median 131, 230, 235
MedianFilter 320
merge 333
min 129, 231, 235
MinFilter 320
mirror 338
MLP 190
MLPClassifier 190
mnist 204
mpl_toolkits.mplot3d 296
Mul 157
multi_dot 133
multiply 347

N

N 150
Navigator 16
nbextensions 415
nbTranslate 425
ndarray 105, 108
Node.js 395
norm 291
Notebook 6
npm 395
numpy 100

O

observe 382
on_click 380
ones 104
on_interacction 369
open 304
OpenPyxl 214
openssl.cnf 437
outer 118, 122, 133

P

pandas 212
paste 330
pcolormesh 294
pdf 291
Perceptron 188
Pi 151
pie 288
PIL 302
pillow 302
pivot_table 240
PixelAccess 305
plot 259
plot_surface 296
plot_wireframe 296
point 321
Polyline 362
posterize 341
Pow 154, 157
predict 185
Printview 425
pyplot 258
Python Markdown 426

Q

query 239

R

RadioButtons 384

441

randint	132	soralize	342
randn	133	sort	140
random	132	sort_values	232
RankFilter	321	split	333
Rational	148, 150	std	131, 231, 235
ravel	114, 117	subplots	270
Raw View	51	subs	161
read_csv	244	subtract	348
read_excel	248	sum	128, 230, 235
readFileSync	404	Support Vector Machine	192
read_table	252	SVC	192
rectangle	326	symbols	155
Rectangle	363	sympy	146
require('fs')	404		
reshape	113		

T

resize	308	T	226
Revert to Checkpoint	31	Table of Contents (2)	429
RISE	407	Table View	52
rotate	310	Tabs	46, 390
「Running」タブ	25	tail	224
Running	44	target_names	179
		text	273, 328

S

		Text	380
save	140, 306	Textarea	380
savetxt	138	Text Editor Indentation	50
scatter	293	Text Editor Key Map	49
scikit-learn	174	Text Editor Theme	49
scipy	100	title	264
scipy.stats	291	to_csv	246
Scratchpad	428	to_excel	249
Select	385	ToggleButton	383
SelectionRangeSlider	385	ToggleButtons	385
SelectionSlider	385	toString("base64")	406
SelectMultiple	386	train_test_split	180
Series	229	transpose	311
Settings	48	Tree Filter	430
set_title	390	truetype	329
shape	223	Trusted Notebook	32
show	259		
simplify	158		

U

sklearn.cluster	194	unique	228
sklearn.datasets	178	UnsharpMask	319
sklearn.linear_model	188		

V

sklearn.metrics	185	var	131, 231, 235
sklearn.model_selection	180	Variable Inspector	431
sklearn.neighbors	182	VBox	387
sklearn.neural_network	190	vdot	133
sklearn.svm	192	view_init	298
Slide Type	409	vsplit	126
Snippets	429	vstack	124
solve	162		

X

xlabel 264
xlim 266
xlrd 214

Y

ylabel 264
ylim 266

Z

zeros 104

あ行

アンシャープマスク 318
ウィジェット 354
円グラフ 287

か行

カーネル 5, 29, 394
外積 118
確率密度曲線 290
仮想環境 19
カラーマップ 295
カラーライズ 343
逆行列 135
教師なし学習 173
教師あり学習 173
行列式 135
行列の積 122
行列のテンソル積 122
結合 117

さ行

サブスライド 412
散布図 293
シンボル 155
スライス 143
セル 28
線形代数 133
ソラリゼーション 342

た行

対角行列 112
代数 146
多層パーセプトロン 190
単位行列 110
単純パーセプトロン 188
チェックポイント 31
中央値 131
ディストリビューション 7
転置 115
等高線 299
ドット積 122
トラステッド 32

な行

内積 118

は行

バックプロパゲーション 191
ヒストグラム 289
ビュー 144
標準偏差 131
ブラー 315
フラグメント 414
分散 131
平均 131
棒グラフ 282
ポスタライズ 341

ま行

マーカー 357
マーカークラスタ 359
モルフォロジー変換 319

ら行

乱数 132
ロジスティック回帰 186

■著者紹介

掌田 津耶乃（しょうだ つやの）

　日本初のMac専門月刊誌「Mac＋」の頃から主にMac系雑誌に寄稿する。ハイパーカードの登場により「ビギナーのためのプログラミング」に開眼。以後、Mac、Windows、Web、Android、iPhoneとあらゆるプラットフォームのプログラミングビギナーに向けた書籍を執筆し続ける。

■最近の著作

『見てわかるCakePHP超入門』（秀和システム）
『CSSフレームワーク Bootstrap入門』（秀和システム）
『Spring Boot 2プログラミング入門』（秀和システム）
『見てわかるUnity 2017 C#スクリプト超入門』（秀和システム）
『Spring Framework 5プログラミング入門』（秀和システム）
『PHPフレームワーク Laravel入門』（秀和システム）
『Node.js超入門』（秀和システム）
『親子で学ぶはじめてのプログラミング』（マイナビ）

●プロフィール
https://plus.google.com/+TuyanoSYODA

●著書一覧
http://www.amazon.co.jp/-/e/B004L5AED8/

●筆者運営のWebサイト
http://www.tuyano.com
https://card.tuyano.com
https://weaving.tuyano.com
http://blog.tuyano.com

●ご意見・ご感想の送り先
syoda@tuyano.com

カバーデザイン　高橋 サトコ

データ分析ツールJupyter入門
（ぶんせき　　　　　ジュピター にゅうもん）

発行日　2018年　5月31日　　第1版第1刷

著　者　掌田　津耶乃
　　　　（しょうだ　つやの）

発行者　斉藤　和邦
発行所　株式会社　秀和システム
　　　　〒104-0045
　　　　東京都中央区築地2丁目1-17　陽光築地ビル4階
　　　　Tel 03-6264-3105（販売）　Fax 03-6264-3094
印刷所　図書印刷株式会社

©2018 SYODA Tuyano　　　　　　　　Printed in Japan

ISBN978-4-7980-5476-6 C3055

定価はカバーに表示してあります。
乱丁本・落丁本はお取りかえいたします。
本書に関するご質問については、ご質問の内容と住所、氏名、電話番号を明記のうえ、当社編集部宛FAXまたは書面にてお送りください。お電話によるご質問は受け付けておりませんのであらかじめご了承ください。